基于分子动力学模拟的金界面结构研究

王 悦 著

Research on Gold Interface Structure Based on Molecular Dynamics Simulation

化学工业出版社
·北京·

内容简介

本书采用分子动力学模拟与量子化学计算相结合的方法，以电化学性质稳定且常用的咪唑类离子液体与金电极构成的体系为研究对象，从原子（分子）尺度系统揭示阳离子环上取代位点数增加、烷基链增长以及阴离子类型不同对咪唑离子液体 / 金电极界面双电层结构和体系电化学性质的影响，确定了构成咪唑离子液体的阴阳离子在金电极表面的图案，且该图案及其与 Au(100) 表面的相互作用有直接联系；详细解析了咪唑阳离子环上不同烷基取代对其在 Au(100) 表面形成的双电层结构的影响及变化规律；从理论层面发现阴离子中心元素电负性越大，咪唑离子液体与 Au(100) 电极相互作用越强，越易吸附在电极表面。

本书适合电化学、新能源材料化学等相关领域的研究人员、工程师及高校师生阅读。

图书在版编目（CIP）数据

基于分子动力学模拟的金界面结构研究 / 王悦著. 北京 ：化学工业出版社，2025. 10. -- ISBN 978-7-122-49401-6

Ⅰ. 0646；0313

中国国家版本馆CIP数据核字第2025SF4868号

责任编辑：彭爱铭　　　　装帧设计：张　辉
责任校对：李雨晴

出版发行：化学工业出版社（北京市东城区青年湖南街13号　邮政编码100011）
印　　装：涿州市般润文化传播有限公司
710mm×1000mm　1/16　印张11½　字数202千字　2026年2月北京第1版第1次印刷

购书咨询：010-64518888　　　　售后服务：010-64518899
网　　址：http://www.cip.com.cn
凡购买本书，如有缺损质量问题，本社销售中心负责调换。

定　　价：98.00元

前言

离子液体作为一种性能优异、功能可设计型绿色电解质，已广泛应用于能源器件和电化学系统。离子液体 / 电极界面是这些体系中电化学反应发生的场所，其结构和性质对界面化学反应有重要影响。不同的阴离子和阳离子可以组合形成多达 10^{18} 种离子液体，阴阳离子变化势必改变界面的双电层结构，从而影响体系的电化学反应。因而系统揭示阴、阳离子对离子液体 / 电极界面双电层结构及其对电化学过程的影响意义重大。本书采用分子动力学模拟与量子化学计算相结合的方法，以电化学性质稳定且常用的咪唑类离子液体与金电极构成的体系为研究对象，从原子（分子）尺度系统揭示阳离子环上取代位点数增加、烷基链增长以及阴离子类型不同对咪唑离子液体 / 金电极界面双电层结构和体系电化学性质的影响，为离子液体在电化学领域的应用提供理论依据和指导。

采用量子化学和分子动力学模拟的方法研究了 1- 乙基 -3- 甲基咪唑双（三氟甲基磺酰）亚胺盐 ([Emim]TFSI) 与三个不同低指数晶面 (Au(100)、Au(110) 和 Au(111)) 形成的离子液体 / 金电极体系界面双电层的结构和性质。研究显示，不施加电场时，电极表面的表面能越高，阴、阳离子与其相互作用能越低。三种金电极表面中 $[Emim]^+$ 与电极表面的相互作用均比 $TFSI^-$ 与电极表面的相互作用略大，这时 $[Emim]^+$ 和 $TFSI^-$ 在电极表面均呈现蠕虫状图案。施加电场时，表面能越高的电极表面，阳离子与其相互作用能越高，但阴离子与电极表面的相互作用能还与阳离子取向有关。无论施加电场与否，阳离子在 Au(110) 上均呈平行分布，在 Au(100) 和 Au(111) 上均呈倾斜分布。阴阳离子与带电电极相互作用越强，阴阳离子在电极表面的聚集更紧密、双电层越薄、微分电容增大。

应用量子化学计算和分子动力学模拟的方法考察了不同取代位点数的咪唑离子液体（甲基咪唑双（三氟甲基磺酰）亚胺盐([Mim]TFSI)、[Emim]TFSI 和 1- 乙基 -2,3- 二甲基咪唑双（三氟甲基磺酰）亚胺盐 ([Emmim]TFSI))/Au(100) 界面的结构和性质。结果显示，阳离子取代位点数增加，咪唑环上电荷密度增加，阳离子与电极相互作用增强，相互作用能增加。不施加电场时，离子在 Au(100) 上基本倾斜分布而呈现蠕虫状图案，但当一种离子与 Au(100) 的相互作用是另一种离子的大约 2 倍及以上时，该离子在 Au(100) 上平行分布呈直线形图案。[Mim]TFSI 体系中 $E_{\mathrm{TFSI}^-/\mathrm{Au(100)}} \approx 2E_{[\mathrm{Mim}]^+/\mathrm{Au(100)}}$，因而其阴离子呈线形图案。[Emmim]TFSI 体系中 $E_{[\mathrm{Emmim}]^+/\mathrm{Au(100)}} \approx 2E_{\mathrm{TFSI}^-/\mathrm{Au(100)}}$，故阳离子在 Au(100) 上平行分布呈现线性图案，同时阳离子与 Au(100) 的强相互作用导致 $TFSI^-$ 构象由反式转变为顺式，使其有序性增加而呈线形图案。施加电场时，阴离子、阳离子与电极的相互作用及取向变化趋势与未施加电场时大致相同，但受电场影响，$[Emmim]^+$ 由平行取向变为稍微倾斜。由于 [Emmim]TFSI 体系中的阴离子、阳离子与电极的相互作用强于其余体系，阴阳离子排列紧密，Au(100) 表面的双电层较薄，电化学性能较好。

将量子化学和分子动力学模拟的方法用来揭示了阳离子侧链长度不同的咪唑离子液体 ([Emim]TFSI、1- 丁基 -3- 甲基咪唑双（三氟甲基磺酰）亚胺盐 ([Bmim]TFSI) 和 1- 己基 -3- 甲基咪唑双（三氟甲基磺酰）亚胺盐 ([Hmim]TFSI))/Au(100) 界面的微观结构特性和性质差异。研究发现，阳离子侧链增长，咪唑环上电荷密度增加，阳离子与电极相互作用增强，相互作用能增加。不施加电场时，[Bmim]TFSI 和 [Hmim]TFSI 体系中阳离子与 Au(100) 的相互作用能均约为其阴离子与电极的 2 倍，故阳离子 $[Bmim]^+$ 和 $[Hmim]^+$ 均呈现线形图案，而其他离子呈蠕虫状图案。施加电场时，阴阳离子与电极相互作用随阳离子侧链增长而降低，阳离子呈倾斜取向，表面上阴阳离子排列稀疏，Au(100) 表面的双电层厚度增加，电化学性能下降。

采用量子化学和分子动力学模拟的方法研究了不同结构阴离子构成的离子液体 (1- 丁基 -3- 甲基咪唑四氟硼酸盐 ($[Bmim]BF_4$)、1- 丁基 -3- 甲基咪唑六氟磷酸盐 ($[Bmim]PF_6$) 和 [Bmim]TFSI)/Au(100) 体系的界面结构和性质。结果显示，无论是否施加电场，四面体（楔形）四氟硼酸阴离子（BF_4^-）底部三个氟原子和八面体（球形）六氟磷酸阴离子（PF_6^-）底部氟原子均面向 Au(100) 电极，双三氟甲基阴离子（$TFSI^-$）直立在电极表面，其中一个三氟甲基（CF_3）朝向电极，另一个 CF_3 朝向体相。不施加电场时，阴离子中心元素电负性越大，阳离子与电极相互作用越弱，阴离子与电极相互作用越强。由于所研究体系的阳离子与 Au(100) 相互作用都是阴离子的相互作用的 2 倍以上，因此阳离子呈线形图案，而阴离子呈蠕虫状图案。施加电场时，阴离子中心元素电负性越大，阴离子、阳离子与电极相互作用均降低。[Bmim]BF_4 体系中 $[Bmim]^+$ 与 BF_4^- 的体积比较大，其在 Au(100) 电极表面形成的双电层最薄；[Bmim]TFSI 体系中 $[Bmim]^+$ 与 $TFSI^-$ 的体积比较小，其在 Au(100) 电极表面形成的双电层最厚。因此，阳离子、阴离子体积比较大的体系电化学性能更优。

由于时间仓促和水平所限，书中难免存在不足之处，敬请读者批评指正。

著　者

2025 年 7 月

目录

第一章 绪论 / 1

第二章 理论计算方法 / 32

第一章 绪论

1.1 引言

电极 / 溶液界面是电化学反应（通常为反应物质得失电子的过程）发生的场所，因此电极 / 溶液界面的结构和性质对界面反应有重要影响。一方面，界面电场强度对电化学反应的活化能有很大影响，电场直接影响电荷的转移、改变电极反应速率；例如，在传统水溶液体系中，即使金属电极界面不足 0.5nm 厚，也有 0.2V 以上的电位差，该电场强度使得通常条件下难以反应的化学过程得以发生[1]。其反应速率也可通过调节电极电势得以控制。另一方面，电极材料的电极表面形貌形状、物理化学性质，以及电解质溶液的组成和浓度等均会对电极 / 溶液界面结构和性质产生重要影响，从而影响电极反应和电极反应的动力学[2-4]。因此，理解和研究电极 / 溶液界面结构和性质，有助于清楚地理解界面反应的特性，进而对实际应用提供指导。

在电解质溶液中，当固体电极与电解质溶液接触时，会在固液两相的界面上很短的距离内形成正负电荷相对分布的双电层。双电层（electrical double-layer）一词源于 Quincke[5]，最早是指由两层带相反电性电荷组成的界面。随后，被更精确地定义为带相反电性电荷的表面和界面层[6-8]。传统水溶液体系中，电极 / 溶液界面结构的实验和理论研究较为深入，其物理图像和认知比较成熟和清晰。理论上，19 世纪到 20 世纪上半叶，Helmholtz 提出双电层概念之后[9-10]，Gouy、Chapman 和 Stem 等逐步发展和完善了双电层模型[6-7,10-13]，其他学者不断对紧密层结构模型补充和修正，使界面结构的理论模型日趋成熟。实验方面，随着旋转圆盘电极系统、交流阻抗法、线性电位扫描法、电化学暂态技术的迅速发展，尤其是高能量和高空间分辨的光谱技术和扫描探针显微镜技术的出现并广泛应用于电化学研究，双电层理论和电化学动力学研究水平得到进一步提升。单晶电极和微电极等特殊结构的电极越来越多地被应用，再次推动了电化学研究逐渐向分子水平发展。利用高能量、时间和高空间分辨现代测试技术，以及现代分子模拟和计算技术在分子水平上研究界面结构、性质及其效应是现代电化学研究的核心内容。

离子液体，又称室温离子液体（room temperature ionic liquids，RTILs）是一种新型绿色溶剂和电解质。它具有不易挥发、热稳定性好、电化学窗口宽、自身具有一定的导电性（无需添加支持电解质）等优点，近些年来被广泛应用于电化学能源器件，金属电沉积、电解、电催化等电化学系统中，并取得了系列令人惊奇的效果和进展[1-8]。随着离子液体在金属电沉积、电池、超级电容器等方面的应用，离子液体 / 电极界面双电层结构的研究一直是当前的研究热点。

1.2 离子液体概述

1.2.1 离子液体的定义

离子液体是指完全由有机阳离子和无机或有机阴离子构成的在室温或接近室温的条件下呈液体的熔融盐[5,14-18]。组成离子液体的阳离子不对称且体积较大，阴离子体积较小，导致空间阻碍较大，无法在微观上形成密堆积[19]。与传统固态物质相比较，它是液态的；与传统的液态物质相比较，它由阴阳离子组成，具有离子特性。因此，与传统固态或液态材料相比，它具有一系列颇具代表性的特征，例如：熔点低、蒸汽压极低、热稳定性和化学稳定性高、电导率高及电化学窗口宽、无毒无味、可循环等[1]。基于上述优点，离子液体近年来已成为国际绿色化学的研究前沿，可广泛作为新型电解液应用于电池、电沉积、电化学合成和超级电容器等领域中[20-27]，为能源、资源、环境等重大战略性问题提供了新的发展机遇[18,20-28]。

1.2.2 离子液体的组成

由于离子液体具有可设计性的良好优势，不同的阴阳离子可以组成近 10^{18} 种之多的离子液体。根据阳离子不同，可以分为四大类[29]：①烷基取代咪唑类阳离子，例如 *N*, *N′*- 二烷基取代咪唑阳离子（或 1,3- 二烷基取代咪唑阳离子）$[RR'im]^+$

和 2 位也被取代的 1,2,3- 三烷基取代咪唑阳离子 $[RR'R''im]^+$；②烷基取代吡啶类阳离子 $[RPy]^+$；③烷基季铵盐类阳离子 $[NR_xH_{4-x}]^+$；④烷基季鏻盐类阳离子 $[PR_xH_{4-x}]^+$。近年来也出现了对叔锍鎓盐阳离子的研究 [30]。在上述类型中，由于咪唑类离子液体性质较稳定且可以通过调整取代基长度、对称性、取代位置与不同阴离子结合，改变其性质，因此该类离子液体应用最广、研究最热（例如：1- 丁基 -3- 甲基咪唑阳离子（$[Bmim]^+$）、1- 乙基 -3- 甲基咪唑阳离子（$[Emim]^+$）、1- 乙基 -2- 甲基 -3- 甲基咪唑阳离子（$[Emmim]^+$）等）。常用的阴离子主要有两类 [18,31-32]，一类是较为稳定的单核阴离子，例如：BF_4^-、PF_6^-、$TFSI^-$、NO_3^-、NO_2^-、CH_3COO^-、$CF_3SO_3^-$ 等；另一类是对水敏感性较高的多核阴离子，例如：$Au_2Cl_7^-$、$Cu_2Cl_3^-$、$Al_2Cl_7^-$ 等。表 1-1 给出了常见的构成离子液体的部分阴阳离子。

表1-1　部分常见的构成离子液体的阴阳离子

阳离子		
 *N*, *N'*-二烷基取代咪唑阳离子	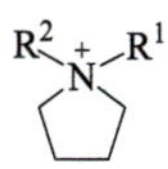 *N*, *N'*-二烷基取代吡咯阳离子	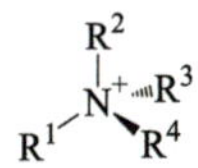 季铵阳离子
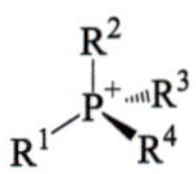 季鏻阳离子	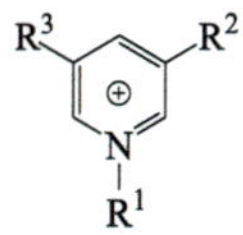 吡啶阳离子	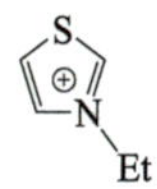 噻唑阳离子
阴离子		
F^-,Cl^-,Br^-,I^- 卤素阴离子(X^-)	 四氟硼酸盐阴离子(BF_4^-)	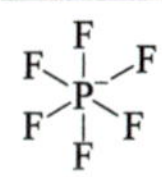 六氟磷酸盐阴离子(PF_6^-)
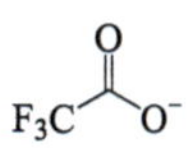 三氟乙酸阴离子(TF^-)	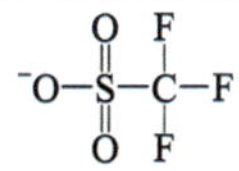 三氟甲磺酸阴离子(TFO^-)	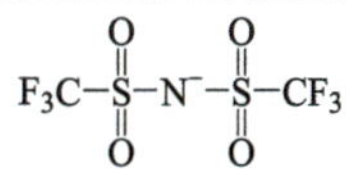 双三氟甲基磺酰亚胺阴离子($TFSI^-$)

根据离子液体在水中的溶解度，还可以将离子液体分为疏水性离子液体和亲水性离子液体两类。报道显示，离子液体的溶解度主要受阴离子控制。常见的离子液体中，由阴离子 BF_4^- 构成的离子液体亲水性较好，而以 PF_6^- 和 $TFSI^-$ 构成的离子液体疏水性较好。

离子液体的可设计性和多样化为它开辟了不同的适用领域，但如何根据不同用途选择合适的离子液体也成了新的科学难题。因此，根据不同的用途，对离子液体进行设计和嫁接，是新型离子液体合成研究的重点之一。与此同时，针对不同用途预测离子液体的组成也是计算化学的研究热点。

1.2.3 离子液体的物化性质

离子液体具有独特的物理化学性质，被广泛应用在不同的领域，主要特征如下[2,5,17-18,29,30,33-45]。

（1）绿色环保。离子液体不燃、无味，蒸气压极低，几乎不挥发，不仅能满足一般的分离提纯及化学反应，还适用于高真空、高温体系，因此它被称为“绿色溶剂”。

（2）可设计性。离子液体的物理化学特性如熔点、黏度、密度、溶解性和热稳定性等取决于阴、阳离子的结构，可以通过选择合适的阳离子和阴离子调配，在很宽的范围内相应改变。因而，可以根据需要精心设计出适用于不同领域的功能性离子液体。

（3）熔点低。阴阳离子的不同组合会影响离子液体的熔点。一般情况下，有机阳离子的体积越大、电荷越分散、对称性越低，熔点就越低。对于咪唑类离子液体，阴离子体积越大、对称性越低，熔点就越低。

（4）热稳定性和化学稳定性高。大多数离子液体在300℃以下可以保持稳定的液体状态，可以用作反应介质在高温常压条件下实现液相反应。且对水和空气稳定，无可燃性，无着火点。

（5）溶解性能佳。离子液体是大多数化学反应的优良溶剂，可代替有较高毒性的有机溶剂，溶解高分子材料、有机物、有机金属化合物和无机金属化合物等。同时，离子液体还是气体（CO_2、SO_2、H_2）的优良捕集剂。

（6）电化学性能优良。离子液体具有较强的电化学稳定性且导电率高。离子液体的电化学窗口较传统溶剂宽（4～6V），加之其导电性能优良，使得它在电化学领域有广泛的应用前景。

离子液体作为电化学体系的新型电解液之一，具有“绿色”和“可设计”等独特的物化性质[1,5]，近年来受到极大关注。离子液体的电化学行为和电子传递发生在界面处，对离子液体界面性质的深入理解对设计功能化离子液体、提高电化学系统性质有积极作用。

1.2.4 离子液体的分类

离子液体作为一种由阴阳离子构成的室温液态盐类物质，因其独特的结构设计自由度和广泛的可调控性能，已成为现代材料化学与绿色化工研究的重要方向之一。其分子构型的多样性使其在结构上具备几乎无限的组合可能性，理论上可构建的离子液体种类已达到百亿数量级，实际报道和应用的离子液体亦多达数千种。为了更好地理解和应用这一类物质，依据不同维度对其进行科学分类具有重要的理论和实践价值。

从阳离子的结构组成角度出发，离子液体的分类具备较强的体系化和代表性。常见的阳离子体系主要包括咪唑类、季铵类、季鏻类和吡啶类等类型。这一分类方式基于阳离子骨架的特征结构，通过对主链及侧链的精确调控，可以显著影响离子液体的熔点、极性、黏度、热稳定性及电化学性能等关键参数。因此，阳离子种类的差异不仅决定了离子液体的物理化学性质，也决定了其在具体领域中的适用性与功能表现。

从酸碱性质的角度对离子液体进行划分，也是目前较为通行的一种分类方式。根据体系在水溶液或无机反应体系中的 pH 响应特征，离子液体可分为酸性离子液体、中性离子液体与碱性离子液体。这种分类不仅反映了离子液体在溶液环境中所能提供或吸收质子的能力，也直接关联其在催化反应、生物体系调控及电化学应用中的性能表现。酸碱性可调的离子液体体系能够为反应介质或催化环境提供更为精准的化学微环境，有助于提升整体体系的选择性与效率。

近年来，随着功能导向合成策略的发展，基于特定功能团修饰的功能型离子液体也日益受到重视。这类离子液体通过在阴离子或阳离子结构上引入特定功能基团，从而赋予其特定物理化学行为，例如吸附能力、光学响应、电化学活性或磁响应特性等。功能型离子液体在气体分离、催化转化、生物兼容体系及新型储能材料等领域中展现出显著优势，尤其是在多功能集成与智能响应材料的开发方面提供了新的解决思路。

除了分子离子型的离子液体外，聚合离子液体亦是近年来研究的热点之一。聚合离子液体是指在传统离子液体基础上引入聚合特性而形成的聚合物体系，具有离子液体与高分子材料的双重优势。这类材料不仅保留了离子液体的基本溶剂属性和导电性能，还具备良好的机械强度、成膜性和稳定性，适用于固态电解质、离子导体膜及功能复合材料等多个技术领域。聚合离子液体的出现拓宽了离子液体材料的应用场景，也为构建高性能、多功能的新型材料体系提供了理论基础和材料支撑。

此外，按照组成离子来源或合成方式的不同，离子液体还可进一步细分为天然基离子液体、金属基离子液体等类别。天然基离子液体通常以氨基酸、糖类或其他天然有机物为基础构建而成，具备良好的生物相容性与环境友好性，适用于绿色合成、生物质转化和药物制剂等应用场景。而金属基离子液体则通过引入金属配位离子，展现出独特的电子结构调控能力和催化性能，有助于发展新型电催化剂与功能纳米材料。

在实际研究与工程应用中，不同的分类方法并非孤立存在，而是相互交织、互为补充。例如，在设计某一特定用途的离子液体时，研究者往往需综合考虑其阳离子骨架、酸碱性质、功能团构型及聚合性能，以实现对其溶解能力、热稳定性、电导率及环境相容性等多方面性能的协调优化。因此，构建一个多维度、系统化的离子液体分类体系，不仅有助于加快新型离子液体的发现与筛选，也为推动其在多学科交叉领域的深入应用提供理论支撑。

离子液体的分类不仅仅是对其结构的划分，更是对其性能潜力的科学归纳与功能预测。通过对其结构维度、功能特性及应用需求的系统分析与归类，可以有效引导离子液体在绿色化学、能源材料、环境工程及生命科学等领域实现更加精准和高效的应用。这种分类体系的不断完善与发展，将进一步推动离子液体科学从材料设计走向应用集成，从而在高性能功能材料构建和可持续技术发展中发挥核心作用。

1.2.5 离子液体的发展

离子液体作为一种结构新颖、性能可调的液态离子体系，自其概念提出以来，逐步发展成为功能材料研究中的重要分支。在结构特性上，离子液体由具有较大尺寸和复杂几何构型的阳离子与阴离子构成，二者在无序状态下形成弱有序的静态液体结构，使其具备较低的熔点及独特的热力学行为。这种不对称结构不仅削弱了晶格能，也有效提升了其在液态下的热稳定性和化学稳定性，构成了离子液体区别于传统离子化合物的根本物理基础。

在发展初期，离子液体因其极低的蒸气压与高热稳定性而受到重视，随后其在溶剂化能力、电化学稳定性以及结构可设计性方面的优势逐渐显现。离子液体中的阴阳离子可以通过精细的分子设计进行结构调控，这种高度可调性使其具备了功能定制的能力。借助官能团修饰、碳链长度调节、离子对结构重构等手段，研究人员能够合成具有特定极性、黏度、亲疏水性、催化活性或生物相容性的离子液体，从而满足不同应用场景的需求。

伴随绿色化学理念的深化，离子液体的发展逐步向环境友好与可持续方向转型。其本身非易燃、不可挥发、可循环的理化特性，契合绿色溶剂的核心要求，为传统有机溶剂替代品的研发提供了切实路径。在众多应用领域中，离子液体已逐步展现出其作为多功能介质的应用潜力，尤其是在催化反应、金属离子提取、电池电解质、碳捕集与分离技术等方向，展现出广阔的应用前景。

在离子液体的发展历程中，其研究范式也经历了由基础性能探索向功能化设计转变的过程。早期研究聚焦于其熔点、黏度、导电性等基础物理化学参数，而近年来，研究焦点逐步转向结构 - 性能关系的构建与功能机制的揭示。借助现代计算化学与分子模拟技术，离子液体分子间作用力、溶剂化效应及微观结构演化过程得以精准表征，为性能预测和材料优化提供了理论支持。

随着材料合成技术和分离纯化手段的进步，离子液体的合成途径更加多元化、高效化。在保证产率与纯度的前提下，实现绿色合成成为研究的又一重点方向。一些研究开始关注天然资源基离子液体的开发，探索可再生生物质作为离子液体前体的新途径，从而实现资源节约与环境友好并重的材料创新路径。

1.2.6 离子液体的应用

离子液体作为一类结构多变且性质可调的新型材料，其在多个前沿领域展现出显著的应用潜力。基于其低蒸气压、高热稳定性、宽电化学窗口、优良的溶解性能以及良好的导电性等独特优势，离子液体不仅在传统化学工艺中实现了工艺优化与绿色替代，还在新能源、分离工程、生物质加工等多个交叉学科方向中发挥着日益重要的作用。

在分离技术领域，离子液体凭借其选择性溶解特性以及可调的亲疏水性，实现了对复杂体系中多组分物质的高效分离。其高极性与低挥发性确保了在萃取过程中不仅能够高选择性地富集目标组分，同时避免了传统溶剂的挥发损耗和环境污染问题。由于其良好的热稳定性与化学稳定性，离子液体在多次使用后仍能保持基本性能，为实现绿色循环利用提供了可靠支撑。这种高效且环保的分离方式契合了当前化学工业向绿色、可持续方向转型的总体趋势。

在催化反应中，离子液体既可充当催化剂的反应介质，也可作为催化活性位点的重要组成部分。其独特的溶剂环境可有效调控反应物的空间取向和电子状态，显著提高反应速率与选择性。同时，离子液体在催化体系中表现出的离子强化效应、电荷屏蔽作用和微环境效应，使其成为多种复杂催化反应过程中的关键助剂。其在提高催化效率、降低能耗、提升产物选择性方面的作用，正在不断拓宽其在催化科学领域的应用边界。

在生物质转化领域，离子液体通过破坏天然高聚物中的氢键网络，有效实现了纤维素、木质素等天然高分子材料的高效溶解，为后续的生物质精细化利用奠定了基础。相较于传统溶剂体系，离子液体能够在温和条件下完成对生物质结构的解聚和功能化改造，显著提高了反应效率和产品收率。这一性能使其在绿色能源开发、可降解材料合成等方向展现出广阔的应用前景。

在气体吸收与分离方面，离子液体由于其高度可调的离子结构和非对称性分布，能够实现对特定气体分子的选择性捕集，尤其在温室气体 CO_2 及其他有害气体如 SO_2、NH_3 等的分离处理中，显示出良好的吸附容量和反应活性。此类应用不仅具有显著的环境效益，也为构建高效的工业尾气净化技术提供了理论基础与材料保障。

在能源与电化学领域，离子液体因其较高的电导率与宽广的电化学稳定窗口，在新一代储能器件中的应用愈加受到重视。作为电池中的电解质材料，离子液体具有不易燃、不易挥发、热稳定性强等多重优势，显著提升了电池的安全性与循环寿命，突破了传统有机电解质在稳定性与安全性方面的限制。特别是在电还原 CO_2 过程中，离子液体可通过增强 CO_2 溶解度及对其分子结构的静电和氢键激活作用，有效促进其转化效率。这一特性对于实现碳中和目标具有重要战略意义。

在超级电容器应用方面，离子液体凭借其高离子迁移率与较大的电位窗口，不仅提升了器件的能量密度与功率密度，也为储能系统的小型化与高性能化提供了材料基础。其电化学稳定性和可调控结构使其在长周期稳定运行、快速充放电与高能效储能方面表现出极大潜力，进一步推动了高性能储能材料的发展。

离子液体的应用价值已突破传统溶剂范畴，逐步演化为一种具备多功能、可持续性与绿色化的先进材料体系。未来，随着对其结构与性能关系理解的不断深入，以及新型离子液体的持续开发，其在更多高技术领域中的应用前景将更加广阔。借助其独特的物理化学特性，离子液体将在实现清洁生产、资源高效利用与能源转型升级等关键战略目标中发挥不可替代的作用。

1.2.7 离子液体电极界面

离子液体作为一种新型的电解质材料，在电化学领域的应用展现出了独特的优势。特别是在超级电容器的设计中，离子液体的电极界面结构对其性能的影响尤为重要。离子液体的电极界面不仅决定了电容器的能量存储和释放效率，还直接关系到设备的稳定性和长寿命。因此，深入探讨离子液体电极界面的结构分布特征及其对电化学性能的影响，已成为当前学术界的研究热点之一。

离子液体的电极界面由于其特殊的分子组成和物理化学性质，展现出与传统电解质体系显著不同的行为。在传统电解质中，溶剂分子与离子之间存在较强的相互作用，这种溶剂化效应导致了界面处双电层的形成。具体来说，当电压作用于电极时，溶剂化离子在电极表面形成一个稠密的第一离子吸附层，第二层主要由带有相反电荷的离子组成。该模型在水基电解质或有机溶剂体系中适用，但在离子液体体系中并不完全适用。离子液体具有完全由离子组成的特点，其中没有溶剂分子来稀释或溶解离子，因而在施加电压后，离子液体的离子会在带电电极表面形成多层反离子电荷层。这一特殊的结构使得离子液体电极界面具备了与传统电解质体系完全不同的电荷分布特征。

离子液体在电极界面上的层状交替分布是其最显著的结构特点之一。通过实验与模拟工作，已证明离子液体在电极界面形成的电荷层具有较高的空间有序性和稳定性。不同于传统电解质体系中溶剂化离子在界面处的无序排列，离子液体中的离子由于相互作用力的不同，会在电极表面形成多层次、层叠的电荷结构。电场作用下，界面处的离子排列可以根据电压的变化而动态调整，从而影响离子传递和电荷储存的效率。

为了深入理解这一现象，近年来的研究聚焦于离子液体电极界面微观结构的动态形成机理。离子液体的离子间相互作用不仅决定了电荷层的分布模式，还在很大程度上影响了电极界面处的电子和离子传递行为。尤其是在高电压条件下，离子液体内部复杂的静电作用会引发离子分布的剧烈变化，这对电极的表面反应和能量存储过程产生深远影响。具体而言，当电极表面受到高电压时，离子液体的离子会根据电场强度重新排列，从而形成多个带电层，增强了界面的电荷分布均匀性与稳定性。这种动态的电荷层结构不仅提高了电极的能量密度，还改善了其循环稳定性和长效性能。

此外，离子液体电极界面的结构与电化学性能之间的关系是复杂且多维的。离子液体电极界面的电导率与其离子分布密切相关。在电极表面形成的多层次反离子电荷层能够有效促进离子的快速迁移和传输，从而提高电容器的功率密度和充放电速率。与此同时，离子液体的高化学稳定性使得其在极端条件下仍能保持良好的电化学稳定性，进一步增强了其在高功率密度应用中的潜力。离子液体的电极界面结构不仅影响电容器的性能，还在电化学反应过程中扮演着重要角色。例如，离子液体的电极界面可用于优化电催化过程，提高电化学反应的效率和选择性，为未来离子液体电催化应用提供了新的方向。

从离子液体 - 电极界面匹配性的角度出发，研究者们致力于揭示离子液体电极界面的微观机制，以优化电极材料和电解质的相互作用，进而提高电化学储能设备的整体性能。具体来说，离子液体电极界面的微观结构可以通过调控离子液体的组成、结构和电极表面的表面性质来实现优化。例如，通过引入特定的功能性离子或调整电极表面的表面电荷密度，可以有效地改变界面离子的分布和迁移特性，从而提高离子液体在超级电容器中的应用性能。

在这一过程中，离子液体电极界面的传质过程也是一个至关重要的研究方向。电极界面的离子传递不仅受电极表面形貌和电荷密度的影响，还受到离子液体自身物理化学性质的制约。例如，离子液体的黏度、电导率和离子活度都会直接影响界面处的离子迁移速率。研究人员通过对电极界面处离子传递行为的细致分析，提出了一些优化策略，如设计多孔电极材料、优化电极与电解质的界面相容性等，以提高离子传递效率和储能能力。

离子液体电极界面的研究不仅对超级电容器的性能提升具有重要意义，而且对其他电子器件和传感器的设计也提供了理论依据。在离子液体基电化学设备中，电极界面的结构优化能够显著改善电化学性能，拓宽其在高能量密度储能装置和高效电化学反应过程中的应用潜力。因此，深入探讨离子液体电极界面的结构分布及其对电化学性能的影响，不仅为优化电化学储能器件提供了理论支持，也为未来电化学技术的创新和发展奠定了基础。

1.3 界面双电层理论的研究概况

在“溶液 / 电极”体系中，溶液所带的电荷和电极电荷的电性相反，所以该界面也被称为界面双电层。随着电位或溶液组成发生变化，界面双电层的微观结构也随之变化，在宏观上表现为微分电容等性质的变化。对于某一电极和溶液组成的固定体系，界面双电层结构往往随界面电势变化而变化。电极表面剩余电荷量为零时的电位被称为零电荷电位（potential of zero charge，PZC），该电位比三电极体系中以参比电极电位为电位参考点更有参考意义，因此也是电化学界面的重要性质之一。通过实验可测量的宏观界面参数（例如：界面张力、界面单侧剩余电荷密度、界面单侧物种吸附量和界面电容等）与已知或可推测的界面结构模型相互印证，是研究“溶液 / 电极”界面双电层结构的重要手段。若界面模型理论值与实验结果吻合较好，可认为该理论模型在一定程度上反映了界面双电层的真实结构。

对于理想极化电极，改变电极电位会引起界面双电层各层带电量的变化，这种行为与电容器非常类似，因而用界面电容来表征界面在一定电势扰动下的电荷储存能力，该参数可以提供界面电荷性质、界面离子排布等信息。微分电容是表

征双电层结构最有利的手段之一[46]，定义为界面上电位的微小变化造成的电荷密度的变化，即

$$C_d = \left(\frac{dq}{dE}\right)_\mu \tag{1-1}$$

式中，q 为电荷密度，E 为两极板间的电极电位。从数学关系来看，C_d 曲线的极小值应对应 PZC。然而，在大多数情况下，微分电容极小值对应的电位均略微偏离 PZC，这与阴阳离子的不对称性、离子特性吸附等有关。通过 C_d 曲线测量，水溶液体系的界面双电层特征不断被挖掘，界面结构模型也在不断修正完善。下文简要介绍“溶液 / 电极”界面双电层的理论模型。

1.3.1 Helmholtz双电层理论

1879 年，Helmholtz 发现，当电极放入电解液中时，其表面上的电荷会在电解液中吸引带异种电荷的离子，最终在电极 / 电解液界面两侧形成电荷数量相等、电性相反的界面层[9]。界面层的异种电荷分别分布在电极和溶液中，无法中和，形成较稳定的双电层结构。他将该模型称为“平板电容器”模型（也称为“紧密双电层模型”）。在该模型中，电极表面上和溶液中的剩余电荷都紧密排列在界面两侧，如图 1-1（a）所示。此模型中的双电层由两个分子量级距离分开的、极性相反的电荷层构成，可近似看作一个简单的平行板电容器[10]。由于该模型的提出，“双电层”被广泛应用于各类科学文献中。Helmholtz 紧密双电层模型的微分电容表达式为：

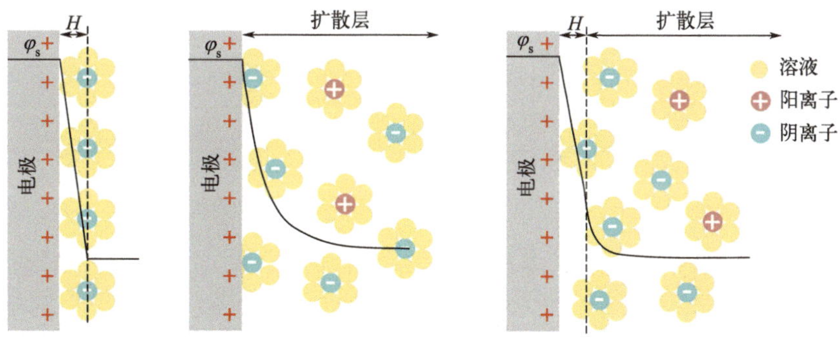

(a) Helmholtz模型[9]　(b) Gouy-Chapman模型[6-7]　(c) Gouy-Chapman-Stem模型

图 1-1　双电层模型图[10]

$$C_d = \frac{d\sigma}{d\varphi} = \frac{\varepsilon\varepsilon_0}{d} \tag{1-2}$$

式中，σ为电荷密度，φ为两极板间的电势降，d为两极板间距离（离子半径），ε和ε_0分别为介质的介电常数和真空介电常数。通过微分电容的计算式可知该模型预测的微分电容为常数，与真实体系中微分电容随电势及电解液浓度变化而变化相悖，加之该模型无法解释为何稀电解液中的微分电容曲线在 PZC 出现极小值[6-7]，而在离子液体电解液中呈现最大值[11,47]。因此，需要一个更加完善的模型描述真实体系的界面结构。

1.3.2 Gouy-Chapman理论

Gouy 和 Chapman 考虑到溶液一侧的电荷并非完全被局限于电极表面，这些带电粒子同时受到电极对它的静电吸引或排斥作用和热运动导致的随机分布作用。二者综合的结果使溶液一侧电荷分布在一定的厚度内，并且按照势能场中的分布规律分散其中，形成“分散层”[图 1-1（b）所示]。结合统计热力学对分散层中的电势分布和粒子分布进行了定量描述[6-7]。应用该模型，可以较好地预测稀溶液体系在低电势下的电容行为[12]。但鉴于该模型仅把溶液离子近似成任意接近电极表面的点电荷，未考虑离子本身大小对电容性质的影响[12]。当电解液浓度增加、电势较高或离子液体作为电解液的体系时，该模型的预测结果与实际相差甚远[10-12]。

1.3.3 Gouy-Chapman-Stern理论

在 Gouy-Chapman 理论中，由于未考虑溶剂尺寸，仅将离子近似成任意接近电极表面的点电荷，导致预测的微分电容随电极电势的增大而增大，这与实际情况相悖。实际上，受离子尺寸的影响，离子无法忽略自身半径（包括溶剂化壳层）而无限靠近电极表面，因此 Stern 将 Helmholtz 紧密层模型与 Gouy-Chapman 分散层模型结合，提出了 Gouy-Chapman-Stern (GCS) 模型[13]，如图 1-1（c）所示。在该模型中，将距离表面H处的离子中心作为最靠近电极的平面（称为外 Helmholtz 面，OHP）。在低浓度电解液体系中，由于分散层厚度大于H，使得此限制作用对 PZC 附近预测的电容有影响。在电解液浓度较高或极化较大的情况下，溶液中的电荷变得更加紧密地靠向 OHP，使得整个体系与 Helmholtz 模型近似，并预期得到相对水平的电容图像。由于电极表面与 OHP 之间的任意点电荷密度为零，即溶液一侧的电荷全部存在于分散层中，所以 GCS 模型的电势如图 1-1（c）实线所示。紧密层中的电势呈线形分布，分散层中电容与电势的关系符合 Gouy-Chapman 模型。但是，在极化强度或电解液浓度较高时，仍然存在与实际情况不符的电容与电势无关的现象，这应该是该模型忽略双电层内离子相互作用、离子与电极表面电荷之间的特异性吸附等因素的结果。

1.3.4 Kornyshev平均场理论

基于稀电解液发展的 Gouy-Chapman-Stern 模型及双电层理论不完全适用新型离子液体电解液体系。Bikerman 模型虽然纳入了离子尺寸的影响因素，但只考虑了离子和溶剂尺寸相等时的微分电容，而 Freise 模型虽然将溶剂分子和离子尺寸不相等纳入考虑，但仍然是围绕每层离子数相等（即溶剂和离子相等）的假设开展的。在新型离子液体电解液体系中，应用上述模型均与实际情况相悖。2007 年，Kornyshev 等 [47,48] 提出了基于格点气体模型的平均场理论，该模型忽略了离子的短程相互作用，考虑了离子的体积效应，适用于离子液体体系。在该模型中，离子液体的阴阳离子都有离子尺寸，而且阴阳离子间存在空穴，双电层由阳离子、阴离子和空穴组成，且阴阳离子和空穴可以自由填充在格点间。通过该模型，可以得到以阴阳离子尺寸相等的对称型离子液体为电解液体系的双电层结构及微分电容特性。

在该模型中，Kornyshev 等引入了格点饱和参数 γ（$\gamma=\dfrac{\tilde{N}}{N}$，$\tilde{N}$为体相中阴、阳离子总数，$N$ 为体系中离子可占据位点个数）表征离子体积效应对双电层电容的影响，揭示了微分电容曲线由驼峰形变为钟形的转折点，即γ=1/3 为转折点，当γ<1/3 时，微分电容曲线呈驼峰形；当$1>\gamma>\dfrac{1}{3}$时，微分电容曲线呈钟形［如图 1-2（a）所示］[47]。随后 Kornyshev 应用分子动力学模拟（molecular dynamics simulations，MD）的方法对离子液体 / 电极体系开展了进一步的研究 [47]。研究结果表明，即使假设阴阳离子是尺寸一致的单电荷球体，模拟得到的微分电容曲线也不同于 Gouy-Chapman 模型的模拟结果，进一步证明了 Gouy-Chapman 模型不适用于离子液体体系。

图 1-2（b）中黑色实线为通过实验观测到的驼峰形微分电容曲线，Kornyshev 课题组采用蒙特卡罗法（Monte Carlo，MC）模拟了粗粒化离子液体模型，进一步解释了驼峰形微分电容曲线产生的原因 [49,50]。他们认为，组成离子液体的阳离子包括中性尾部和带电头部两部分（图 1-3）。随着中性尾部长度增加，微分电容曲线会从钟形变为驼峰形，而且电容值会下降。具体而言，中性尾部为阳离子重排提供空间。在 PZC 附近，电极的微小极化引起阳离子构型改变，使得电极表面异性电荷密度增大，未引起双电层显著压缩，使得界面电容上升；随着极化强度增大，受空间位阻效应影响，离子重排受阻，在晶格饱和效应的主要影响下，双电层厚度增加，电容下降，形成驼峰形微分电容曲线［如图 1-2（b）所示］。

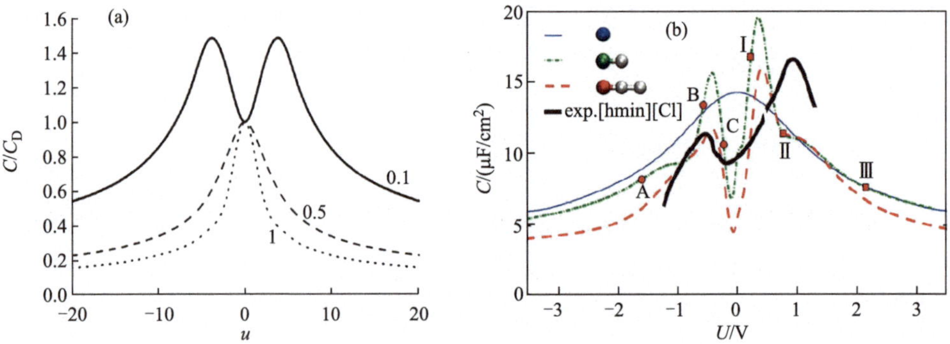

图 1-2　格点饱和参数 (γ) 为 1.0、0.33、0.1 时的微分电容曲线 [47](a) 和 Monte Carlo 模拟的粗粒化离子液体模型微分电容曲线 [49](b)

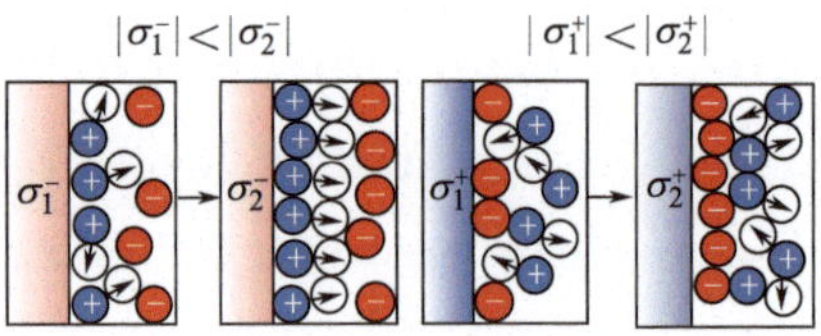

图 1-3　不同表面电荷密度时的双电层结构示意图 [49]

图 1-3 为不同表面电荷密度时的双电层结构示意图。在低表面电荷密度时（PZC 附近），受库仑相互作用的影响，界面反离子（与电极表面所带电荷相反的离子）屏蔽电极表面的剩余电荷，使界面附近的离子发生重排，带电的头部靠近电极，中性的尾部为带电离子提供空间，使反离子有效屏蔽，最终使得微分电容随电极电势的增加而增大。随着电极表面电荷密度的增加，界面反离子聚集增加，离子的中性尾部被带电离子取代且达到饱和，微分电容达最大值。此时，若电极表面电荷密度继续增大，中性尾部会阻碍离子堆积，使双电层膨胀，最终导致有效双电层厚度增加，微分电容降低 [50-51]。简而言之，他们认为，中性尾部相当于潜在的空穴，可认为是可压缩基团，这是驼峰形微分电容曲线形成的主要原因。

除此之外，通过大量的模拟和分析，Kornyshev 发现离子液体的双电层包括了多层阴阳离子排列，而非单层离子的厚度。2011 年，Kornyshev 课题组首次发布了应用 Landau-Ginzburg 理论和分子动力学模拟预测的离子液体双电层结构模型 [22]，对离子液体体系的过度屏蔽（overscreening）和过度拥挤（overcrowding）结构进行了分析 [如图 1-4 所示]。他们认为，当表面电荷密度较低时（PZC 附近），决定体系双电层结构的主要因素是过屏蔽效应。此时，界面为过度屏蔽结构，即电极表面的过量电荷被最内层的反离子过度屏蔽，第一层的过量电荷又被第二层的同离子（与电极表面所带电荷同号的离子）过度屏蔽，如图 1-4（a）所示。由此可知，离子液体体系的双电层由多个振荡的阴阳离子层组成，这些离子层依次衰减至体相中。因此过度屏蔽效应会增大体系的有效双电层厚度，最终导致微分电容降低。随着表面电势增加，表面剩余电荷逐渐增加，界面逐渐转变为过度拥挤结构，即在第一层反离子之外，受强静电作用的影响，第二层的离子也与第一层离子所带电荷完全相同，第三层才出现同离子，如图 1-4（b）所示。因此，在高电势下，过度屏蔽效应被过度拥挤效应替代，对双电层电容起关键作用。

(a) 在中等电势下的离子液体双电层结构　(b) 在高电势下的离子液体双电层结构

图 1-4　Landau-Ginzburg 理论和分子动力学模拟预测的离子液体双电层结构 [22]

离子液体作为电化学体系的新型电解液之一，具有绿色和可设计等独特的物化性质 [1]，近年来受到极大关注。由于离子液体的电化学行为和电子传递发生在界面处，对离子液体界面性质的深入理解对设计功能化离子液体、提高电化学系统性质有积极作用。

1.4 离子液体/电极界面双电层的研究进展

鉴于离子液体 / 电极界面结构复杂多变，电化学分析方法 [52-56]、原位结构表征方法（原子力显微镜 [57-59]、扫描隧道显微镜 [57,60-62]）、光谱技术（表面增强拉曼 [63-64]、红外光谱 [65]、和频光谱 [66-68]）等实验手段近年来被用于研究离子液体 / 电极界面结构和性质。除此之外，随着高性能计算机的迅猛发展，分子动力学模拟逐渐成为研究纳米尺度下固液界面双电层内各种粒子行为的重要工具 [69]。通过分子动力学模拟，不但可以从分子或者原子尺度揭示界面特性，还可以预测普通或者极端条件下的实验结果，为优化电化学体系性能、设计或优化功能性电解液指明方向 [69]。本节从实验和理论研究两个方面介绍离子液体 / 电极界面双电层结构及性质的国内外研究进展。

1.4.1 离子液体/电极界面双电层的研究现状

1.4.1.1 理论研究

离子液体 / 电极界面双电层的理论研究在近年来逐渐成为电化学与材料科学领域的重要研究方向之一。作为一种具有高离子浓度、低蒸气压、宽电化学窗口以及良好热稳定性的非水系电解质，离子液体在界面形成过程中所展现出的电荷排列行为远较传统稀溶液体系复杂。因此，构建和完善适用于描述离子液体 / 电极界面双电层结构的理论模型，对于深入理解其电化学特性、优化电极材料设计及提升储能装置性能具有重要的理论价值和实际意义。

在传统的 Guoy-Chapman-Stern 模型中，假设电解质为稀溶液、离子服从泊松 - 玻尔兹曼分布，进而得出 U 形的微分电容曲线。然而，离子液体体系由于其组成复杂、高离子浓度以及较强的离子 - 离子关联作用，该理论模型难以准确描述其电极界面上的离子分布行为及其对应的电容响应。基于此局限，研究者在原有理论基础上发展出多种适应高离子浓度环境的模型，如平均场理论（MFT）、密度泛函理论（DFT）、Landau-Ginzburg 连续介质理论以及分子动力学模拟方法（MD）等，用以揭示离子液体电极界面的微观结构与电化学行为之间的关联性。

平均场理论在离子液体界面研究中具有奠基性意义。该理论从统计热力学视角出发，通过引入饱和参数描述离子的体相密度与界面区域最大堆积密度之间的关系，能够有效模拟双电层结构在不同电极电位下的演化过程。当电极电位较低时，界面表现出过度屏蔽特征，即第一吸附离子层中反离子总电荷超过电极表面电荷量，进而诱导第二层共离子的吸附以实现电荷平衡。而当电极电位升高至某一临界点，晶格饱和效应开始主导，离子排列趋于密集，形成所谓的 crowding 结构。该理论模型不仅成功解释了微分电容曲线从钟形向驼峰形的转变机制，还揭示了界面离子结构对电极极化响应的非线性行为特征。

密度泛函理论进一步推动了对离子液体双电层结构的深入认知。该方法通过构建电子与离子密度的泛函表达式，能够在不依赖大量经验参数的前提下，对不同大小、形状及极性特征的离子在电极界面上的分布情况进行定量分析。模拟结果表明，离子液体界面处的双电层并非由单层离子构成，而是呈现出多层阴阳离子交错排列的结构特征，这一发现与实验观察高度一致。此外，DFT 还指出离子尺寸及不对称性对于微分电容曲线形状及峰值位置具有显著影响，从而为调控界面结构提供了理论依据。

分子动力学模拟则从原子尺度出发，追踪离子在外加电场及热扰动下的动态行为，对于揭示界面微结构的演化过程具有独特优势。通过简化的硬球模型或包含具体化学细节的全原子模型，模拟结果显示电极表面的第一吸附层中，离子表现出较强的有序性；而随着距离电极表面的增加，这种有序性逐渐减弱。此外，不同电极材料、晶面取向以及表面结构也对双电层的稳定构型与电容响应造成影响，进一步印证了离子液体界面行为的高度依赖性和复杂性。

在 Landau-Ginzburg 理论框架中，通过引入空间电荷密度梯度与自由能密度函数的耦合关系，实现对双电层结构连续变化过程的描述。该理论强调了离子间关联效应、空间排斥与电场梯度在界面结构形成中的协同作用机制，尤其是在小电位区间内对过度屏蔽现象的合理再现，凸显其在理论分析中的适用性。同时，该理论还揭示了界面区域中存在多种稳定态构型之间的跃迁行为，为理解双电层的多稳态特征提供了新的理论视角。

近年来，多种先进的理论与模拟方法被逐步融合使用，以提升研究的准确性与广度。例如，结合 DFT 与 MD 的多尺度模拟策略可以兼顾结构精度与动态演化过程，从而更为全面地解析离子在界面区域的有序排列、溶剂化行为及电荷重排机制。与此同时，借助机器学习等数据驱动方法，对已有模拟与实验数据进行系统化挖掘与模式识别，也为复杂体系中规律的总结提供了新的技术手段。

离子液体 / 电极界面双电层的理论研究正逐步从单一模型走向多理论协同，从静态结构分析拓展至动态响应机制的全面探讨。未来的研究有望在三个方面取得突破：首先，在理论模型构建方面，进一步考虑多组分、极性效应及分子间氢键等微观作用力的引入，以提升模型的物理真实性与普适性；其次，在模拟方法层面，加强跨尺度耦合模拟能力，实现从原子尺度到宏观响应的统一描述；再次，在实验验证方面，通过原位电化学表征技术与理论模型相结合，增强理论预测的可验证性与应用指导性；最后，在工程应用导向上，基于理论模型设计具有特定界面结构调控能力的离子液体体系，以实现超级电容器、电催化与离子输运等多领域的性能优化。

离子液体双电层结构的理论研究不仅为解释其复杂的电化学行为提供了坚实基础，也为电极材料的功能化设计与高性能器件开发提供了前瞻性指导。随着计算能力的提升与实验技术的进步，离子液体界面研究将在更高维度和更深层次上推动电化学科学的发展，进而在新能源、储能、生物电子等多个关键领域展现出广阔的发展前景。

1.4.1.2 实验研究

离子液体作为一种新型的绿色电解质，其在电极界面形成的双电层结构，因其高度有序性、复杂的电荷分布特性以及广泛的应用潜力，成为近年来电化学研究领域的前沿热点。尽管已有理论研究为理解离子液体/电极界面双电层的微观结构提供了基础框架，但目前实验手段对该界面的表征仍显初步，尤其在微分电容行为、电荷分布特征以及离子排列机制等方面，仍需更为系统和深入的实证支持。

在实验手段方面，当前主要通过微分电容测量、阻抗谱分析、原位红外光谱、和频光谱(SFG)以及原子力显微镜等技术对离子液体界面双电层进行研究。微分电容曲线作为评估界面结构变化的核心参数之一，其形貌可反映界面离子重新分布、电极极化过程以及离子液体本征结构对电极响应的影响。实验中常观察到U形、驼峰形、钟形等不同形态的微分电容曲线，这不仅体现出离子液体分子结构和极性差异对电极响应的影响，也反映出电极材料、电极表面状态、离子液体的组成以及操作温度等多因素耦合作用的复杂性。

U形微分电容曲线通常对应于界面双电层在零电荷点附近呈现出最小电容，反映出离子液体在中性界面状态下形成对称排列结构，而当电极带电后，界面离子重新定向，导致电容显著升高。相比之下，钟形曲线则显示出零电荷点附近的电容最大，提示在中性状态下离子密集排布最为紧凑，而外加电势则引发结构解聚或定向变化，从而使电容降低。此外，驼峰形曲线的出现则多与离子液体内部结构复杂、长链阳离子结构限制、电极材料表面电子密度分布等因素相关，表现出双电层结构在一定电位范围内形成多层次、非均匀排布的界面现象。

不同电极材料对离子液体双电层结构具有显著调控作用。金属电极如金和铂，因其高导电性及表面电子结构差异，能诱导离子在界面形成特定取向的有序结构；而碳基电极由于表面缺陷位点多样、极性较弱，常表现出更复杂的界面行为。此外，界面双电层结构还受到电极表面粗糙度、电极清洁度及预处理工艺的显著影响，因此高精度实验需辅以标准化电极预处理流程，以排除非结构性变量对实验结果的干扰。

从实验手段的发展角度来看，传统的电化学方法如循环伏安、恒电位电容测量等技术已难以满足对离子液体界面微观结构的深入解析需求。为实现更高空间分辨率和时间分辨率的观测，近年来原位表面增强红外光谱(SEIRAS)、同步辐射X射线吸收精细结构谱(XAFS)、扫描探针显微术(SPM)等高端分析技术逐步引入电化学界面研究。这些先进技术为揭示离子液体界面双电层的动态重构、离子耦合机制以及电荷转移路径提供了更为直观和量化的实验依据。

在离子液体本体特性方面，阳离子结构对界面双电层具有决定性影响。特别是阳离子中烷基链长度的变化不仅改变了分子体积和极性分布，也直接影响界面处的离子堆积行为和静电相互作用强度。实验表明，随着阳离子链长的增加，微分电容值呈下降趋势，反映出空间位阻效应的增强抑制了离子靠近电极表面的能力。此外，阴离子种类及其体积、电荷密度和极化性亦对双电层结构起关键调控作用。高极化性、大体积的阴离子往往倾向于在电极界面形成较松散的排布状态，影响电容响应幅度和结构稳定性。

当前实验数据虽已揭示离子液体/电极界面双电层的多种特征，但其系统性和可重复性尚不充分。一方面，由于实验装置与操作条件的差异，导致测量结果在不同研究中存在显著偏差；另一方面，不同研究所采用的离子液体种类、电极材质和界面环境差异较大，尚难以构建统一的电容行为模型。因此，未来实验研究亟需在标准化测量体系、材料参数控制、数据交叉验证等方面形成系统机制，以推动实验数据的可比性和理论模型的稳健性。

此外，实验研究的深入发展离不开理论模拟的协同支持。近年来，分子动力学模拟、密度泛函理论 (DFT) 及粗粒度模型等理论方法不断优化，为实验设计提供了结构预测依据，并为实验结果的物理机制解释提供坚实支撑。通过将理论预测与实验测量结果相互印证，能够有效揭示离子液体双电层中复杂的电荷重排、离子定向、溶剂化效应等关键机制，进而推进界面结构控制策略的形成与优化。

离子液体/电极界面双电层的实验研究虽处于发展初期，但其研究进展已逐步揭示出界面结构的多样性和复杂性。微分电容测量作为理解界面电化学特性的核心工具，正在不断被新的实验技术所强化，其在揭示离子取向、界面结构稳定性及电极响应机制方面展现出巨大潜力。未来实验研究应在技术手段提升、测量标准构建及理论融合等方面持续深化，从而为实现对离子液体界面行为的系统性认知和功能化调控奠定坚实基础。这对于新型电化学储能器件、电催化体系以及智能传感技术的发展均具有重要的推动作用。

1.4.2 离子液体/电极界面双电层的实验研究进展

目前，离子液体中界面双电层的研究主要通过电化学方法 [52-56]、扫描隧道显微镜成像技术 [57,60-62]、原子力显微镜成像技术 [57-59]、光谱学技术（红外、表面增强拉曼、和频光谱等）[63-68] 等测试手段，对离子液体/电极界面双电层结构、电容曲线形状、界面吸附等科学问题展开。

扫描隧道显微镜（scanning tunnelling microscopy，STM）可以在原子分辨水平上研究离子液体/电极界面结构和过程，是表面电化学的重要研究手段之一 [61]，通过 STM 技术可以获得电极表面原子结构、阴阳离子在电极表面的吸附行为以及离子液体与电极的相互作用等重要信息，对深入了解界面双电层结构有重要意义。应用STM技术，Pan和Freyland课题组发现在1-丁基-3-甲基咪唑六氟磷酸盐（$[Bmim]PF_6$）/Au(111)体系中，阴离子在电极表面形成有序吸附且吸附随电位负移而发生相变[70]。Kolb课题组发现$[Bmim]PF_6$/Au(111)体系在PZC以正时，表面成像模糊，当电位移至PZC以负时，表面清晰度显著提高。作者认为这是离子液体在电极表面的吸附导致的[71]。Claus Muller课题组发现在Au(100)电极表面，1-丁基-3-甲基咪唑双（三氟甲基磺酰）亚胺盐（[Bmim]TFSI）和$[Bmim]PF_6$在PZC周围形成有序的阴阳离子层。而与水溶液不同，上述体系吸收层溶解及双电层重排均非常缓慢[72]。毛秉伟课题组发现1-丁基-3-甲基咪唑四氟硼酸盐（$[Bmim]BF_4$）在Au(111)电极表面存在与电极相关的重构现象[73]。他们认为，上述现象是由于Au电极表面的部分电子转移到阳离子上，削弱金属-金属间结合能，最终使得电极表面呈现蠕虫状图案。

原子力显微镜（atomic force microscopy，AFM）以探针和表面原子的作用力为信号，不但可以实现表面成像，还可以通过探针/表面间的静电作用力研究分散层中电荷的分布。近年来，常将STM和AFM技术相结合以阐述离子液体/电极界面结构[74-76]。2003年，Kubo课题组率先应用AFM技术观测到1-乙基-3-甲基咪唑四氟硼酸盐（$[Emim]BF_4$）在Au(100)表面形成岛状结构[77]。Yokota课题组通过AFM发现$[Bmim]BF_4$和[Bmim]TFSI在云母和热解石墨烯（HOPG）表面有稳定的层状结构，但在不同表面上层状结构不同[78]。综上可知，利用AFM成像手段观察到离子液体在多种电极表面都可形成有序的层状结构，且该结构和电极、离子对的尺寸有关。

实际上，AFM技术不仅可以用于表面成像，还可以通过测定力曲线，获得垂直电极表面的界面结构。2007年Atkin课题组首先在离子液体/电极体系中开展力曲线测定[74]，并首次探测到硝酸乙铵（$[EtNH_3]NO_3$）在云母电极表面有9层结构，该结果与Liu等观察到的现象一致[79]。他们发现，与硅和石墨表面相比，云母表面平整度和表面电荷更高，利于形成稳定的层结构，因此认为不同表面电荷和表面粗糙程度都对离子液体/电极表面结构有重要影响[74]。此外，他们还研究了温度和阴阳离子结构对界面层结构的影响[75]。结果表明，界面层数和强度随温度升高而降低；阳离子咪唑环侧链越长，研究体系界面层数越少，但双电层的可压缩性增加。毛秉伟课题组应用力曲线测定，观测了多种离子液体在不同电极表面的层结构。例如，1-乙基-3-甲基咪唑双（三氟甲基磺酰）亚胺盐（[Emim]TFSI）和1-乙基-2, 3-二甲基咪唑双（三氟甲基磺酰）亚胺盐（[Emmim]TFSI）在Au(111)电极表面呈现明显的3层结构，但[Emim]TFSI的结构不如[Emmim]TFSI稳定[80]；[Emim]TFSI在Ag电极表面呈有序的层状结构，但与[Emim]TFSI

在 Au(111) 电极表面相比，内层反应较慢且在 Ag (111) 表面上不出现结构重组和强吸附[81]；[Bmim]TFSI 和 1- 己基 -3- 甲基咪唑双（三氟甲基磺酰）亚胺盐（[Hmim]TFSI）在 Au(100) 电极表面的层结构稳定性与链长有关，即短侧链的离子液体在零电荷电势以负的层结构稳定，长侧链的离子液体在零电荷电势以正的层结构稳定[82]。除研究纯离子液体在电极表面的行为外，他们还考察了含少量水的 1- 甲基 -1- 丁基吡咯双（三氟甲基磺酰）亚胺盐（[Pyr_{14}]TFSI）在 Au(111) 电极表面的行为[83]。他们发现，电极表面上有 3 ～ 5 层的层结构，包括 2 个带电层（该体系的第一、第二层）和 3 个中性层（该体系的 3 ～ 5 层）。由于水分子要么吸附在 Au(111) 表面，要么与离子液体相互作用，削弱了阴阳离子和电极表面间的相互作用，降低了层结构的稳定性，使得带电层稳定性随含水量增加而降低。但带电层厚度随含水量增加而增加，中性外层的厚度几乎保持不变。综上，力曲线测定不仅可以判断体系的 PZC，还可以从分子水平上揭示离子液体 / 电极界面双电层结构，因此具有重要意义。

阴阳离子在电极表面的取向是离子液体界面结构的基本问题之一。尽管采用 STM 技术可以观察到电极表面的有序结构，但无法确定离子吸附的取向；而电化学光谱技术（红外、和频光谱、表面增强拉曼）则可以在分子水平层面提供离子吸附的取向信息。2003 年，Nanbu 课题组通过原位傅里叶变换红外反射吸收光谱的变化，发现在 [Emim]BF_4/Au 体系中，阳离子倾斜施加电场体系的电极分布，且烷基基团（甲基或乙基）指向 Au 电极[84]。随后，通过表面增强红外吸收光谱技术（surface enhanced infrared absorption spectroscopy，SEIRAS）发现随着电极电位正移，该体系阳离子逐渐垂直于电极分布[85]。Baldelli 课题组采用表面和频发生振动光谱技术（surface and frequency generated vibration spectroscopy，SFGVS），研究了一系列以 $[Bmim]^+$ 为阳离子的咪唑离子液体在多晶铂（Pt）表面的吸附。他们发现，[Bmim]BF_4 和 [Bmim]PF_6 体系中，阳离子为中和表面电荷，几乎平行于电极表面；随着电极电位增加，为便于阴离子吸附在电极表面，咪唑环逐渐向电极倾斜[68,86]。除此之外，Baldelli 课题组还利用 SFG 技术研究了 1- 丁基 -3- 甲基咪唑二氰胺盐（[Bmim]DCA）/ 多晶 Pt[87]、[Bmim]DCA/TiO_2[88] 和 1- 丁基 -3- 甲基咪唑甲基硫酸盐（[Bmim]CH_3SO_4）/ TiO_2[88] 体系，发现阴阳离子均会吸附到电极表面，但不同体系吸附情况各不相同。具体而言，在 Pt 电极表面，$[Bmim]^+$ 随电极电位正移由平行变为倾斜电极分布，而 DCA^- 强吸附在正 Pt 电极表面；在 TiO_2 电极表面，$[Bmim]^+$ 平行电极分布。除此之外，Ouchi 课题组通过 SFG 技术观察到 [Bmim]CF_3SO_3 中的阴、阳离子在多晶 Pt 电极表面的吸附和脱附过程[89]。此外，其余课题组报道电位变化会引起研究体系吸附和脱附过程滞后，他们认为滞后现象与电位扫描方向变化引起的微分电容曲线变化滞后有关[90-92]。此外，应用表面增强拉曼光谱技术（surface enhanced raman spectroscopy，SERS），Rubim 课题组研究了 [Bmim]PF_6/Ag 体系界面上的离子吸附，观察到在粗糙 Ag 电极上 $[Bmim]^+$ 随电位负移逐渐在电极上平行分布（与 SFG 结果一致）[93]。姚建林课题组应用 SERS 研究了 [Bmim]BF_4 在 Au 电极上的双电层结构。他们发现 [Bmim]BF_4 在离 Au 电极 0.5 ～ 0.6nm 处电势下降且一直延伸到溶液体相中。其中，电极表面第一层电势下降明显，即该体系电极电势主要依靠双电层中第一层的反离子屏蔽[64]。总体而言，利用上述光谱技术可以观测到离子液体中的阴阳离子在电极表面的吸附状态，也可观测到吸附取向随表面电荷变化而变化。但不同光谱技术具有各自缺点。例如，SFG 技术虽然适用于电化学界面，但是价格昂贵；SEIRAS 技术虽然可以通过探测分子在某些金属表面增强的红外吸收达到研究固液界面特征的目的，但水的存在对红外检测干扰巨大，该检测方法的准确性与离子液体的干燥程度和实验环境密不可分[94]；SERS 技术受到粗糙电极的限制，无法获得原子尺度平整的单晶电极信号。因此，不可能完全依靠光谱技术获得离子液体 / 电极界面结构，尤其是阴阳离子在不同电极表面的分布信息。

微分电容是表征电化学性能的重要参数，通过电化学交流阻抗（EIS）技术可以研究离子液体 / 电极界面的双电层结构及电容性质[46]。根据 Komyshev 等的综述[12]，早在 1980 年，Gale 和 Osteryoung 课题组测得了 $AlCl_3$ 和氯化 -1- 丁基吡啶盐混合物在滴汞电极上的双电层电容[95]。1997 年，Nanjundiah 课题组研究了 [Emim]BF_4、1- 乙基 -3- 甲基咪唑三氟甲烷磺酸盐（[Emim]TF）和 [Emim]TFSI 三种离子液体在汞电极上的积分电容和微分电容。他们发现在负电位范围内阴离子类型对微分电容影响不大[96]。自 Kornyshev 平均场理论提出以来[47]，涌现了大批有关离子液体 / 电极界面微分电容的实验研究。

Ohsaka 课题组围绕离子液体 / 电极体系开展了系列工作。首先报道了以侧链长度不同的咪唑离子液体 (([Emim]BF_4)、1- 甲基 -3- 丙基咪唑四氟硼酸盐 ([Pmim]BF_4)、[Bmim]BF_4、1- 己基 -3- 甲基咪唑四氟硼酸盐 ([Hmim]BF_4)、1- 辛基 -3- 甲基咪唑四氟硼酸盐 ([Omim]BF_4) 在多晶 Au、玻璃碳（GC）和 Hg 电极上的微分电容曲线[2]，结果表明微分电容与电极材料息息相关。具体而言，在 CG 电极上，研究体系获得与熔融盐电解液体系类似的抛物线形微分电容曲线，且微分电容最小值在 PZC 处。但是，与熔融盐体系不同，离子液体在 GC 电极上微分电容两翼随电位变化较慢。他们认为，上述现象是由于离子与 GC 电极表面仅存在弱静电相互作用，不存在与电荷转移相关的强吸附导致。其次，在 Hg 电极上，咪唑阳离子侧链长度会影响微分电容曲线形状。受 $[Emim]^+$ 在电极表面吸附的影响，

$[Emim]BF_4$ 体系的微分电容呈驼峰形；随侧链长度增加（$[Pmim]BF_4$ 和 $[Bmim]BF_4$ 体系），在静电相互作用和疏水作用的双重影响下，阴极区微分电容的驼峰形消失，且 PZC 不再对应微分电容最小值；当侧链进一步增长（$[Hmim]BF_4$ 和 $[Omim]BF_4$ 体系），受阳离子侧链强吸附在电极表面的影响下，体系在 PZC 以负再次呈驼峰形，且随着链长增加逐渐向负电位移动。最后，在多晶 Au 电极上，随链长增加 PZC 增大，电容值下降，电容曲线在 PZC 以正呈驼峰形，随着咪唑阳离子侧链增长驼峰负移。他们认为，咪唑阳离子平躺在 PZC 以负区域，随着电位正移，咪唑阳离子在电极表面的分布发生变化，逐渐从电极表面脱附，导致电容减小，阳极侧电容峰形成。但是，无论在非金属电极还是金属电极表面，Ohsaka 课题组测得的微分电容曲线与 Komyshev 等的模拟结果大相径庭。然而，Pilon 课题组测定了四种非咪唑类离子液体在多晶 Au 和 Pt 电极表面的微分电容。他们发现，与 Komyshev 等的模拟结果一致，研究体系的微分电容曲线呈钟形[97]。他们认为，阴阳离子相对大小对微分电容曲线有重要影响。具体而言，当阴阳离子相对大小一致时，非咪唑类离子液体在多晶 Au 和 Pt 电极表面的电容曲线与预测值一致。然而，在 GC 电极表面，受电极材料对双电层结构的影响，即使阴阳离子尺寸相近，也无法获得与预测值一致的微分电容曲线。

Lockett 课题组研究了氯化 -1- 乙基 -3- 甲基咪唑（[Emim]Cl）、氯化 -1- 丁基 -3- 甲基咪唑（[Bmim]Cl）、氯化 -1- 己基 -3- 甲基咪唑（[Hmim]Cl）在 GC 电极表面的电容[90]，发现如下现象：①体系微分电容呈驼峰形，且电容最小值出现在 PZC 处，与 Komyshev 预测的一致[47]。微分电容随咪唑阳离子侧链增长而增加、随反应温度升高而升高。他们认为，温度升高使离子间相互作用降低，离子对解离，更多离子吸附到电极表面以屏蔽电极表面电荷，最终导致双电层有效厚度变薄，微分电容增大。然而，上述现象与平均场理论相悖[47,98]。②体系电化学窗口随温度升高而变窄，与阳离子侧链长度无关。③阳离子侧链越长，吸附作用越弱。最后，该课题组以 $[C_nmim]R$（n=2、4、6；R=Cl^-、Br^-、I^-、BF_4^-、PF_6^-、$TFSI^-$）为电解液，以 GC、Pt 和 Au 为电极，研究了离子液体组成、电极材料、温度、电极表面吸附等对微分电容的影响[3]，发现了如下现象：①研究体系的电容曲线呈驼峰形。② $[Bmim]BF_4$/Pt 体系微分电容随温度升高而升高。③由于阴离子结构不同，$[Bmim]BF_4$ 和 $[Bmim]PF_6$ 体系的微分电容大相径庭。当以 Cl^-、Br^-、I^- 为阴离子，以 $[Bmim]^+$ 为阳离子，以 GC 为电极时，微分电容随阴离子体积增大而减小。④ $[Bmim]PF_6$ 在 GC、Pt 和 Au 电极表面的微分电容相似，对电极材料依赖性不强。除此之外，Lockett 课题组分析了不同研究团队针对同一研究体系结论不同的原因。他们认为，一是离子液体中水含量对其物化性质影响较大，最终导致研究结论不同；二是微分电容的测试方法及拟合方式影响结论；三是电极材料的平整度及种类，在玻璃碳电极和金属电极表面，相同离子液体的微分电容差异不大 [3]。

近年来，电化学交流阻抗结合原位结构表征技术逐渐成为研究离子液体 / 电极体系界面结构的主流方法。2009 年，毛秉伟课题组结合原位 STM 及微分电容测试研究了 [Bmim]BF_4 和 [Bmim]PF_6 在 Au(100) 电极上的结构和性质。他们发现研究体系电容曲线呈钟形，$[Bmim]^+$ 在 Au(100) 电极表面呈现选择性吸附，且 $[Bmim]^+$ 几乎在电极表面平行分布 [99]。Rolillg 课题组联合应用原位 STM、AFM 及电化学交流阻抗法研究了 1- 甲基 -1- 丁基吡咯三 (五氟乙基) 三氟磷酸盐（$[Pyr_{14}]$FAP）和 1- 乙基 -3- 甲基咪唑三 (五氟乙基) 三氟磷酸盐（[Emim]FAP）在 Au(111) 电极上的微分电容。通过 AFM 观察到体系界面处存在多层结构，且层数与表面电荷有关；通过原位 STM 技术观察到阴阳离子在电极表面发生重构，且在 Au(111) 电极表面出现人字形重排 [57,100]，上述现象与 Fedorov 课题组的模拟结果一致 [4]。随后，Roling 课题组又测试了六种离子液体在 Au(111) 电极上的微分电容曲线 [101]，发现如下现象：①阴离子对微分电容曲线形状有较大影响。②实验测得的微分电容曲线较复杂，不像平均场理论预测的呈简单的钟形或驼峰形。③与其余课题组研究成果相反 [90,102-104]，在负电位范围内，离子液体在 Au(111) 电极表面的微分电容随阳离子侧链增长而增大，即 1- 己基 -3- 甲基咪唑三 (五氟乙基) 三氟磷酸盐（[Hmim]FAP）＞ [Bmim]PF_6 ＞ [Emim]FAP。金先波课题组 [105] 用循环伏安法和交流阻抗法研究了 [Bmim]PF_6、[Bmim]BF_4、1- 丁基 -3- 甲基咪唑高氯酸盐（[Bmim]ClO_4）、[Bmim]TFSI、[Bmim]Cl、溴化 -1- 丁基 -3- 甲基咪唑（[Bmim]Br）等九种离子液体在 Pt 电极上的双电层结构和微分电容。他们发现在 PZC 附近，若阴阳离子大小相近且在电极表面没有特异性吸附时，体系微分电容曲线的形状与 Komyshev 预测的驼峰形或钟形相符 [47]，且 PZC 位于电容曲线的极小值或极大值处。此外，他们还发现，在上述体系中添加锂离子，会造成双电层结构改变，微分电容降低。周尉课题组应用电化学交流阻抗技术测试了 [Emim]BF_4、[Bmim]BF_4 在多晶 Pt 电极表面的微分电容，发现体系电容既不是钟形也不是抛物线形，且微分电容曲线形状与电势扫描方向有关 [106]。言天英课题组应用电化学交流阻抗技术测试了 [Bmim]PF_6、1- 甲基 -1- 丁基吡咯六氟磷酸盐（$[Pyr_{14}]PF_6$）在 GC 电极表面的微分电容，讨论了离子的特性吸附对离子液体 / 电极双电层结构的影响 [52]。Nishi 课题组发现 [Emim]BF_4/Hg 体系微分电容仅有一个局部最大值，曲线呈钟形，[Omim]BF_4/Hg 体系的微分电容有两个局部最大值，曲线呈驼峰形。受双电层中离子层致密化影响，上述两体系微分电容在电势远离 PZC 区域升高[107]。

综上所述，离子液体/电极界面研究在实验表征上取得了许多成果，但研究工作仍存在许多矛盾。一是实验研究的工作电极多采用多晶电极、粗糙电极、汞电极或玻璃碳电极，不同课题组电极的制备方法、清洁度、平整度等不同，造成了不同的实验差异。二是受方法限制，无法单独使用光谱技术、STM 或 AFM 技术表征离子液体/电极界面双电层界面结构和性质。特别是光谱技术的应用目前仍然局限于粗糙电极或者多晶电极，通过 STM 获得的单晶电极体系的界面结构较难通过光谱技术进行验证和关联。三是大部分离子液体具有吸湿性，水的存在对离子液体/电极界面结构和电化学性能有明显影响。实验过程中难以完全避免水参与反应，水对研究体系界面结构和电化学性能的影响规律有待研究[108]。近年来，随着高性能计算机的迅猛发展，分子动力学模拟逐渐成为研究纳米尺度下固液界面双电层内各种粒子行为的重要工具[69,109-110]。通过理论计算，不但可以从分子或者原子尺度揭示界面特性，还可以预测普通或者极端条件下的实验结果，为优化电化学体系性能、设计或优化功能性电解液指明方向[69]。

1.4.3 离子液体/电极界面双电层的分子动力学模拟研究进展

虽然电化学分析手段、原位结构表征技术、扫描隧道显微镜和光谱技术已被用来研究离子液体/电极体系双电层结构与性质，并获得了大量实验现象。但在纳米尺度上直接测量体系中各离子的分布与吸附状态仍有技术难点[69,111]。计算机模拟是实验的有利补充，不但可以研究在实验方法难以达到的复杂情况下原子级粒子在固液界面的分布和运动情况，更可以指导实验或验证某些理论假设，从而降低实验的盲目性。分子动力学模拟是一种重要的计算机模拟研究方法，近年来被广泛应用于离子液体/电极界面双电层结构和性质的研究中[112-114]，并获得了大量可喜的成果。

Lynden 课题组最早在分子水平上模拟离子液体/石墨界面结构与动力学性质，并获得了离子液体/石墨界面结构，但未获得研究体系的微分电容[113,115-119]。Kornyshev 课题组不但在离子液体/电极界面双电层理论方面有突出贡献，在分子动力学模拟离子液体/电极界面结构和性质的研究领域也大有作为[47]。他们应用分子动力学模拟的方法，用粗粒化模型模拟了对称和非对称离子液体的界面结构，并对研究体系的微分电容进行了拟合[51,120-121]，发现如下现象：①研究体系的微分电容呈钟形；②过度屏蔽效应出现在 PZC 附近；③研究体系的界面呈多层结构。除此之外，他们还应用蒙特卡罗模拟了不对称阳离子结构对离子液体/电极界面结构和性质的影响。他们将阳离子分为带电头部（咪唑环）和中性尾部（烷基链），认为中性尾部会形成空穴，且中性尾部越长，空穴越多，双电层越容易被压缩，越易产生驼峰形微分电容曲线。该课题组还将密度泛函理论和平均场理论相结合，研究了离子液体 / 石墨体系界面微分电容特性，发现该体系的微分电容在低电势范围内呈 U 形 [122]。上述粗粒化模型虽然可以刻画出离子液体 / 电极体系的界面双电层结构和性质，但在实际工作中，离子液体结构对研究体系性质有较大影响。因此，在上述粗粒化模型的基础上，Salanne 课题组新建了一种新的粗粒化模型，该模型考虑了阳离子侧链 [123-125]。通过分子动力学模拟，该模型在多孔石墨电极表面的微分电容与 Kislenko 课题组应用全原子模型模拟结果一致 [114]。除此之外，Salanne 课题组还应用上述粗粒化模型模拟了 [Emim]BF_4 和 [Bmim]BF_4 体系的表面张力、密度和径向分布函数，结果均与实验性质吻合较好 [124]。

Cummings 课题组 [126-127] 以 [Emim]TFSI 为电解液，分别以洋葱形状的碳和单壁碳纳米管为电极，应用分子动力学模拟的方法研究了电极曲率对离子液体 / 电极界面双电层结构和微分电容的影响。他们发现，[Emim]TFSI 与洋葱形状的碳电极组成的体系双电层随电极曲率增加而增厚。但 [Emim]TFSI 与单壁碳纳米管组成的体系有如下特点：①微分电容几乎为直线；②微分电容随纳米管半径减小而增大；③微分电容受温度影响不大。该课题组还研究了双阳离子型离子液体在平面石墨电极上的微分电容 [128]，他们发现该体系微分电容曲线随双阳离子链长增加从驼峰形变为钟形。他们认为这与离子在电极表面的吸附及离子间相互作用变化有关。

Kislenko 课题组 [114] 应用分子动力学模拟的方法研究了 [Bmim]PF_6/ 平面石墨电极体系的双电层结构。他们发现电极表面有大约 1.5nm 的三层致密结构，靠近电极表面的阳离子在石墨电极表面平行分布（该现象与言天英课题组研究结论一致 [129]），且阴离子中由三个氟原子形成的平面也平行于电极分布。随着表面电荷增加，阳离子逐渐倾斜电极，阴（阳）离子逐渐从负（正）极表面排出。在阳离子与电极间强非静电相互作用的影响下，正电极表面依旧观察到部分阳离子。他们认为，离子与电极间相互作用对离子液体 / 电极界面双电层结构有较大影响。

Vatamanu 课题组应用分子动力学模拟的方法系统研究了温度 [130-132]，咪唑离子液体侧链长度（[$C_n$mim]TFSI（n=2、4、6））[133]，组成吡咯离子液体的阴离子结构 [134]，及电极 [131,135] 对离子液体 / 电极体系界面结构和微分电容的影响。他们发现以下现象：① 1- 甲基 -1- 丙基吡咯双（三氟甲基磺酰）亚胺盐（[Pyr_{13}]TFSI）和 1- 甲基 -1- 丙基吡咯双氟磺酰亚胺盐（[Pyr_{13}]FSI）在石墨电极表面的微分电容呈驼峰形。当温度升高时，双驼峰形状消失，转变为钟形曲线，且微分电容随着温度升高而降低。此外，由于阴离子结构不同，上述体系界面双电层结构各具特色。具体而言，阴离子结构对正极化的微分电容影响不大，但 $[Pyr_{13}]FSI$ 体系的负极化微分电容比 $[Pyr_{13}]TFSI$ 体系高约 30%。② $[C_n mim]TFSI$（n=2、4、6）在平面或者粗糙电极表面的微分电容均呈驼峰形。在负极化范围内，电容随阳离子侧链增长而减小。③ 1- 乙基 -3- 甲基咪唑双氟磺酰亚胺盐（[Emim]FSI）在平面石墨电极表面的微分电容呈驼峰形，但在粗糙石墨电极表面呈钟形。

刘祥东课题组应用分子动力学模拟的方法系统研究了 $[Bmim]BF_4$ 分别在平面石墨烯和粗糙石墨烯电极表面的双电层结构和性质 [136]。结果显示，离子液体在电极表面形成交替的阴阳离子层，微分电容曲线呈驼峰形，且离子液体 / 粗糙电极体系的微分电容明显高于离子液体 / 平面电极体系（该现象与冯光课题组研究结果一致 [177]）。

沙茂林等人应用分子动力学模拟的方法系统研究了 $[Bmim]PF_6$ 在石墨烯电极表面和 Au(100) 电极表面的双电层结构和性质 [138-140]。他们发现如下现象：① $[Bmim]PF_6$ 在 Au(100) 电极表面的吸附明显强于在石墨烯电极表面。② $[Bmim]^+$ 和丁基侧链平行于电极表面，随着电极表面电荷增加，阳离子和丁基侧链逐渐倾斜于电极。③在 PZC 附近，Au(100) 电极表面相邻的各粒子（$[Bmim]PF_6$ 分子和阴阳离子）共吸附在同一屏蔽层上，使电极表面致密层出现过度筛选效应，并形成钟形微分电容曲线。除此以外，该课题组还研究了 [Dmim]Cl 在石墨烯电极表面的双电层结构 [141]。他们发现该体系在距电极 1.1nm 内形成层结构，且 Cl^- 在 $[Bmim]^+$ 周围形成六边形环。

Jung 课题组应用分子动力学模拟的方法研究了含氰阴离子 (1- 乙基 -3- 甲基咪唑氰酸盐 ([Emim]SCN)，1- 乙基 -3- 甲基咪唑双氰胺盐 ($[Emim]N(CN)_2$)，1- 乙基 -3- 甲基咪唑三氰胺盐 ($[Emim]C(CN)_3$) 和 1- 乙基 -3- 甲基咪唑四氰硼酸盐 ($[Emim]B(CN)_4$)) 在石墨烯电极表面的双电层结构和性质 [142]。他们发现如下现象：①研究体系的阴阳离子在电极附近形成 3 层以上的阴阳离子交替层。②研究体系的微分电容曲线在负电位下具有最大值，随氰基数量增加，最大峰位置逐渐负移。除此之外，该课题组还研究了咪唑类阳离子烷基侧链长度对离子液体 / 石墨烯电极表面的双电层结构和性质 [143]。他们发现，受空间位阻影响，随烷基侧链增长，咪唑环更平行电极表面，但阴离子聚集减少，电容降低。具体而言，烷基链越长，空间位阻越大，阴阳离子聚集度越低，微分电容越小。

Borodin 课题组 [130] 应用分子动力学模拟的方法研究了 $[Pyr_{13}]TFSI$ 在石墨烯电极表面的双电层结构和性质。结果显示，离子液体在电极表面呈现出厚度 2.0 ～ 3.0nm 的多层结构，当表面电势为 1.0V 时，微分电容出现最小值，且阴离子在该位置垂直紧密排列。随温度升高，微分电容降低，电容曲线由驼峰形变为钟形。在PZC附近，阴阳离子垂直于电极表面分布，且第一层中的抗衡离子随着电极电位增加逐渐在表面平行分布。

冯光课题组研究了1-丁基-3-甲基咪唑硝酸（[Bmim]NO_3）在平面电极表面的双电层结构[112]，发现如下性质：①正负电极表面形成厚度约1.1nm的类似Helmholtz层结构的反离子层，该层结构与Shim课题组估算的离子液体有效双电层厚度一致[144-145]。②在低电势范围内，阳离子平行于电极，随着表面电势增加，阳离子逐渐倾斜于电极分布，当电势足够大时，为使第一吸附层可容纳更多阳离子，阳离子在电极表面垂直分布。③离子所受的平均力与离子电荷离域有关，该电荷离域也对双电层的形成有强烈影响。④体系双电层电容值在负极化范围内几乎恒定，但在正极化范围内电容值随电势增加而增加。⑤正负电极表面的双电层结构变化均受NO_3^-离子控制。除此之外，该课题组还用分子动力学模拟的方法研究了电极表面梯度[177]、阴离子尺寸[146]和添加剂[146]对离子液体/电极界面双电层结构和性质的影响。他们发现：①电极表面存在与离子尺寸一致的阶梯缺陷会使离子层状分布振幅增大，当阶梯厚度约为离子尺寸一半时，电极表面的离子层状分布变得不明显。②阴离子的尺寸尽管对过度屏蔽现象影响较小，但是对阳离子的吸附位置与吸附程度有一定影响，且空间位阻较小的离子液体拥有更高的电容。③研究了纯[Bmim]BF_4和添加乙腈的[Bmim]BF_4体系界面双电层结构。他们发现，加入乙腈虽然可以显著提高体系的电导率，但对微分电容没有明显影响[147]。

言天英课题组通过分子动力学模拟的方法研究了$[Bmim]^+$在电极表面的特征吸附[102]、温度[148]、[Bmim]PF_6/石墨体系离子间的相互作用[149]、阴离子结构[150]对咪唑离子液体/石墨电极体系界面结构和微分电容的影响。他们发现以下现象：①[Bmim]PF_6/石墨体系的微分电容曲线在不同温度下均呈不对称的驼峰形，且受$[Bmim]^+$在负极分布的影响，体系在负极的双电层变薄，微分电容值高于正极。②当石墨与[Bmim]PF_6的相互排斥较弱时，$[Bmim]^+$平行于负电极分布，负极双电层有效厚度比正极薄，微分电容高于正极；随着石墨与[Bmim]PF_6的排斥作用增强，$[Bmim]^+$逐渐倾斜于电极，有效双电层变厚，微分电容减小。③1-丁基-3-甲基咪唑双氟磺酰亚胺盐（[Bmim]FSI）和1-丁基-3-甲基咪唑三氟甲烷磺酸盐（[Bmim]TF）在石墨电极表面的微分电容呈驼峰形，由于阴离子空间位阻较小，正极双电层有效厚度较薄，体系在正极的微分电容高于负极。除此之外，与Vatamanu课题组研究结论一致，阴离子空间位阻较小的体系微分电容较高[131,135]。

综上所述，通过计算机模拟可以在一定程度上提供离子液体/电极界面双电层结构的物理图像，具有重要的理论意义和实用价值。然而，尽管大量的文献报道了离子液体/电极界面双电层结构和性质，但目前对离子液体/电极界面结构和性质的研究主要围绕石墨（烯）电极展开，在金属电极界面结构和性质方面还存在许多亟待研究和解决的问题。

1.5 研究目的、内容和创新点

1.5.1 研究目的和内容

从前面的介绍中可以看出，研究离子液体/电极界面结构的科学方法有了很大的发展，先进的实验技术、量子化学计算与分子模拟方法为离子液体/电极界面特征提供重要见解。但是由于离子液体是一种新兴的绿色介质，无论是对自身的结构与性质还是其作为电解质的电化学系统中的界面结构和性质的研究均处于初始阶段。目前还难以清晰地揭示该界面特殊双电层结构下的电极过程动力学的规律性。此外，离子液体作为一种功能可设计型绿色电解质，不同阴阳离子组合可以形成多达 10^{18} 种离子液体，不同的阴阳离子势必对界面双电层产生影响，进而影响电化学过程。因而系统揭示阴、阳离子对离子液体/电极界面双电层结构及其对电化学过程的影响意义重大。

咪唑离子液体结构稳定、电化学窗口较宽，被广泛作为电解液使用。金电极良好的电导性、稳定的化学惰性、良好的生物相容性及高温稳定性等优点，在电化学器件中得到了广泛的应用[151,152]。但金电极在咪唑离子液体中存在表面蚀刻和重构等行为，该行为使得界面过程变得复杂。此外组成咪唑离子液体的不同阴阳离子在金电极表面呈现不同的图案，该图案形成的原因尚不清楚，该图案形成原因与体系界面结构、电化学特征的关联尚不明确。物质的结构决定性质，对结构的深入研究可以揭示并预测性质，因此对咪唑离子液体/金电极体系界面结构的认识对揭示体系电化学性质、设计功能性电化学设备至关重要。采用分子动力学模拟与量子化学计算结合的方法，系统研究阳离子环上取代位点数增加、烷基链增长以及阴离子类型不同对咪唑离子液体/金电极界面双电层结构和电化学性质的影响。工作的顺利完成，不但有助于从原子（分子）尺度系统理解构成离子液体的阴、阳离子的结构变化对离子液体/金电极界面双电层结构、体系电化学性质的影响，还可以为离子液体在电化学系统实际使用方面提供理论基础和优化方案，具有重要的科学意义和应用价值。

研究工作主要包括以下几方面。

（1）以 [Emim]TFSI 为电解液，以 Au(111)、Au(110) 和 Au(100) 三个不同低指数金晶面为电极，研究电极表面形貌对离子液体 / 金电极体系的微观结构和电化学性质的影响。

（2）以 [X]TFSI（X=$[Mim]^+$、$[Emim]^+$ 和 $[Emmim]^+$）为电解液，以 Au(100) 晶面为电极，研究阳离子烷基取代位点数增加对咪唑离子液体与电极相互作用的变化规律，揭示烷基取代位点数增加对咪唑离子液体 / 金电极体系双电层结构和性质的影响。

（3）以 [X]TFSI（X=$[Emim]^+$、$[Bmim]^+$ 和 $[Hmim]^+$）为电解液，以 Au(100) 晶面为电极材料，研究阳离子侧链长度不同对咪唑离子液体与电极相互作用的变化规律，揭示组成咪唑离子液体的阴阳离子不对称性增加对咪唑离子液体 / 金电极体系微分电容的影响。

（4）以 [Bmim]Y（Y= BF_4^-、PF_6^- 和 $TFSI^-$）为电解液，以 Au(100) 晶面为电极材料，研究阴离子结构不同对界面双电层结构、体系电化学性质的影响和变化规律。

1.5.2 创新点

采用分子动力学模拟与量子化学计算结合的方法，从原子（分子）尺度系统研究了构成离子液体的阴阳离子的结构变化对离子液体 / 金电极界面双电层结构、体系电化学性质的影响和变化规律。主要创新点如下。

（1）确定了构成咪唑离子液体的阴阳离子在金电极表面的图案，且该图案及其与 Au(100) 表面的相互作用有直接联系。证实了不施加电场时，离子在 Au(100) 上基本倾斜分布而呈现蠕虫状图案，但当一种离子与 Au(100) 的相互作用是另一种离子的大约 2 倍及以上时，该离子在 Au(100) 上平行分布呈直线形图案。

（2）详细解析了咪唑阳离子环上不同烷基取代对其在 Au(100) 表面形成的双电层结构的影响及变化规律。发现环上取代位点数增加和烷基链增长均会使咪唑环上电荷密度增加，促使咪唑离子液体与 Au(100) 电极相互作用增强。证实了 C1 位甲基化后，阳离子在电极表面平行分布，阴阳离子排列紧密，Au(100) 表面的双电层较薄，电化学性能较好；而烷基链增长使阳离子在电极表面倾斜分布，阴阳离子排列松散，Au(100) 表面的双电层厚度增加，电化学性能降低。

（3）从理论层面发现阴离子中心元素电负性越大，咪唑离子液体与 Au(100) 电极相互作用越强，越易吸附在电极表面。楔形 BF_4^- 底部 3 个 F 原子形成的平面、球形 PF_6^- 底部 F 原子面向 Au(100) 电极。而 $TFSI^-$ 直立在电极表面，其中一个三氟甲基（CF_3）朝向电极，另一个 CF_3 朝向体相。受上述阴离子吸附的影响，[Bmim]BF_4 在 Au(100) 电极表面形成的双电层最薄，电化学性能较好；[Bmim]TFSI 在 Au(100) 电极表面形成的双电层最厚，电化学性能降低。结合阳阴离子体积比及它们在电极表面的图案，证实该类离子液体电化学性能随阳阴离子体积比减小而降低，若阴阳离子在电极表面图案一致，选用阳阴离子体积比较大的体系电化学性能更优。

第二章

理论计算方法

2.1 引言

随着高性能计算机迅猛发展，经典密度泛函理论（经典 DFT）、第一性原理、MC 和 MD 等理论计算方法已逐渐成为研究纳米尺度下固液界面特征的重要工具[69,153]。通过理论计算，不但可以从分子或者原子尺度揭示界面特性，还可以预测普通或极端条件下的实验结果，为设计功能性电解液、提高电化学设备性能指明方向[69]。目前，应用分子动力学模拟技术，从原子（分子）层面对离子液体/电极体系进行模拟计算，已成为揭示（预测）体系界面特性和电化学性能的有效手段[69]。

2.2 分子动力学模拟原理及模拟流程

分子动力学模拟是研究体系中所有粒子的运动状态随时间的演变，在一定的统计力学系综下，通过对相空间取系综平均，获得体系的物理性质和化学性质。

1957 年，Alder 和 Wainwright 利用硬球模型研究气体和液体时首次提出了分子动力学模拟的概念[154]。分子动力学模拟将分子或原子视为符合经典牛顿运动定律的经典粒子，在不考虑原子核量子效应的情况下，利用数值计算求解运动方程，获得运动轨迹，通过统计热力学方法对运动轨迹进行分析，最终可得到包括密度、扩散系数、电容等在内的动力学参数和热力学性质[155]。

目前，Materials Studio、LAMMPS、Gromacs 等模拟软件包均被广泛应用于分子动力学模拟。其中，Gromacs 软件包[156]是一款集成了高性能分子动力学模拟和结果分析功能的免费开源软件，高度优化的代码使 Gromacs 成为迄今为止分子模拟速度最快的程序，在界面、溶液、生物体中广泛应用。因此，本课题选用 Gromacs 软件包进行研究。

2.2.1 分子动力学模拟的基本原理

分子动力学模拟是在牛顿运动定律的基础上模拟分子运动时间演化的方法，属于经典力学的范畴。考虑一个含有 N 个分子或原子的运动系统，系统的总能量由分子的动能和系统的总势能组成，其总势能 U；可由系统中各分子位置计算得到[157]。势能可分为分子间相互作用（U_{inter}）与分子内相互作用（U_{intra}）两部分，即：

$$U = U_{intra} + U_{inter} \tag{2-1}$$

U_{intra}通常由键伸缩能、键角弯曲能和二面角扭矩能及其交叉作用项组成。U_{inter}通常包括静电相互作用和范德华相互作用。

$$U = U_{bond} + U_{angle} + U_{dihedral} + U_{LJ} + U_{Coulomb} \tag{2-2}$$

式（2-2）中，U_{bond}、U_{angle}与$U_{dihedral}$分别为键伸缩能、键角弯曲能和二面角扭矩能，它们共同构成了U_{bonded}。U_{LJ}与$U_{Coulomb}$分别表示范德华作用能和库仑相互作用能，它们共同构成了$U_{unbonded}$。

体系中原子所受力 F_i是势能的梯度[157]，即：

$$F_i = -\nabla_i U = -\left(i\frac{\partial}{\partial x_i} + j\frac{\partial}{\partial y_i} + k\frac{\partial}{\partial z_i}\right)U \tag{2-3}$$

再运用牛顿运动定律来计算 i 原子的加速度a_i为：

$$a_i = \frac{F_i}{m_i} \tag{2-4}$$

将牛顿运动定律方程式对时间积分，就可以预测出 i 原子经过时间后的速度与位置 r_i。

$$\frac{d^2}{dt^2}r_i = \frac{d}{dt}v_i = a_i \tag{2-5}$$

$$v_i = v_i^0 + a_i t \tag{2-6}$$

$$r_i = r_i^0 + v_i^0 t + \frac{1}{2}a_i t \tag{2-7}$$

式中，r_i及v_i分别为粒子 i 的位置与速度，上标“0”为各物理量的初始值。

最后在式（2-6）和（2-7）中令$t=\delta t$（δt代表一个非常短的时间间隔），则可得到经过δt后各分子的位置及速度。不断重复上面的计算，选一个新的位置计算系统的势能，计算各原子所受的力及加速度，预测再经过δt后各分子的位置及速度。最终就可获得体系随时间变化的运动轨迹。因此，分子动力学模拟能够提供体系中分子随时间变化的最基本信息，可以模拟关于模型体系性质的特定问题，并且比实验更容易实现更准确。

2.2.2 运动方程的求解方法

采用分子动力学模拟时，必须对一组粒子运动的微分方程做数值求解[157]。从数学的观点来看，分子动力学模拟是一个初值的问题，主要用有限差分法来求解。即采用时刻 t 的位置 $r(t)$、速度 $v(t)$（位置对时间的一阶导数）、加速度（位置对时间的二阶导数）以及其他动力学参数，推算在时刻（$t+\delta t$）时的动力学参数。其基本算法如下：

$$r(t+\delta t)=r(t)+\delta tv(t)+\frac{1}{2}\delta t^2a(t)+\frac{1}{6}\delta t^3b(t)+\ldots \tag{2-8}$$

$$v(t+\delta t)=v(t)+\delta ta(t)+\frac{1}{2}\delta t^2b(t)+\ldots \tag{2-9}$$

$$a(t+\delta t)=a(t)+\delta tv(t)+\ldots \tag{2-10}$$

$$b(t+\delta t)=b(t)+\ldots \tag{2-11}$$

其中δt是一个小变量，$b(t)$是位置对时间的三阶导数。在分子动力学模拟中，常用的算法有以下几种。

2.2.2.1 Verlet 算法

这种算法由 Verlet 在 1967 年提出，它是分子动力学模拟中应用最广泛的方法之一[157,158]，很多算法都可以追溯到这种算法的基本思想。它用原子在 t 时刻的位置、加速度及（$t-\delta t$）时刻的位置，计算出（$t+\delta t$）时刻的位置，即：

$$r(t+\delta t)=2r(t)-r(t-\delta t)+\delta t^2a(t) \tag{2-12}$$

在这里注意到速度 $v(t)$ 并不出现，实际上速度由下式给出：

$$v(t)=\frac{r(t+\delta t)-r(t-\delta t)}{2\delta t} \tag{2-13}$$

Verlet 算法的优点是算法执行简明，节省存储空间，稳定，它具有很好的时间可逆性。它能很好地保证能量及动量的守恒条件。Verlet 算法的缺点是算法本身会引入相对较大的计算误差而且算法中没有显式速度项。

2.2.2.2 Leap-Frog 算法（蛙跳算法）

该算法是由 Hochney 在 Verlet 算法的基础上改进得到的[157,158]。它在半个积分时间步得到速度，并利用这一速度计算新的位置。其算法如下：

$$r(t+\delta t)=r(t)+\delta t v\left(t+\frac{1}{2}\delta t\right) \tag{2-14}$$

$$v\left(t+\frac{1}{2}\delta t\right)=v\left(t-\frac{1}{2}\delta t\right)+\delta t a(t) \tag{2-15}$$

在跳蛙算法中，首先利用$t-\frac{1}{2}\delta t$时刻的速度$v\left(t-\frac{1}{2}\delta t\right)$和 t 时刻的加速度来计算$t+\frac{1}{2}\delta t$时刻的速度$v\left(t+\frac{1}{2}\delta t\right)$，然后通过上式中 t 时刻的位置来获得$t+\delta t$时刻的位置，而 t 时刻的速度可由下式计算：

$$v(t)=\frac{1}{2}\left[v\left(t+\frac{1}{2}\delta t\right)+v\left(t-\frac{1}{2}\delta t\right)\right] \tag{2-16}$$

这样就“跳过”位置给出了$t+\frac{1}{2}\delta t$时刻的速度，位置则“跳过”速度给出了 $t+\delta t$ 时刻的新位置等。这样通过速度的衔接，可以像“蛙跳”一样交互得到每个时刻的位置及速度。这种算法的优点是包括显式速度项，而且不需要计算两个较大的数值。它的缺陷是位置与速度是不同步的。它是分子动力学模拟中应用最为广泛的算法之一。Gromacs 软件包中用于求解积分运动方程的默认方法是蛙跳算法，在本文的模拟中，也应用蛙跳算法求解运动方程。

2.2.2.3 Gear 预测——校正算法

该算法是由 Gear 基于预测——校正积分方法得出的。这种算法可分为三步：首先根据泰勒级数展开式预测新的位置、速度与加速度。然后，根据新位置计算得到的力来计算加速度。最后，将所得加速度与由泰勒级数展开式预测的加速度进行对比，应用两者之差来校正位置与速度项。其算法如下：

$$r^p(t+\delta t)=r(t)+\delta t v(t)+\frac{1}{2}\delta t^2 a(t)+\frac{1}{6}\delta t^3 b(t)+\ldots \tag{2-17}$$

$$v^p(t+\delta t)=v(t)+\delta t a(t)+\frac{1}{2}\delta t^2 b(t)+\ldots \tag{2-18}$$

$$a^p(t+\delta t)=a(t)+\delta t v(t)+\ldots \tag{2-19}$$

$$b^p(t+\delta t)=b(t)+\ldots \tag{2-20}$$

由$t+\delta t$的粒子的位置$r^p(t+\delta t)$可计算出粒子之间的相互作用势，进而计算出每个粒子受到的力，从而得到修正的加速度$a^p(t+\delta t)$，这样就可以采用下式衡量预测值的误差：

$$a(t+\delta t)=a^c(t+\delta t)-a^p(t+\delta t) \tag{2-21}$$

将此差值和预测项相加得修正项为：

$$r^c(t+\delta t)=r^p(t+\delta t)+c_0 a(t+\delta t) \tag{2-22}$$

$$v^c(t+\delta t)=v^p(t+\delta t)+c_1 a(t+\delta t) \tag{2-23}$$

$$a^c(t+\delta t)=a^p(t+\delta t)+c_2 a(t+\delta t) \tag{2-24}$$

$$b^c(t+\delta t)=b^p(t+\delta t)+c_3 a(t+\delta t) \tag{2-25}$$

c_0、c_1、c_2、c_3为修正系数。这种算法存在一个修正的步骤，可使位移、速度及加速度尽可能小地偏移实际运动轨迹。由于该算法每步要计算两次作用力，因此它占用的计算机内存较大，但是它允许的时间步长可以比其他算法要长 2 倍以上。

2.2.2.4 速度Verlet算法

这一算法是 Swope 等人提出的 [157,158]，其算法如下：

$$r(t+\delta t)=r(t)+\delta tv(t)+\delta ta(t) \tag{2-26}$$

$$v(t+\delta t)=v(t)+\frac{1}{2}\delta t\left[a(t)+a(t+\delta t)\right] \tag{2-27}$$

这一算法消去速度后可以还原成 Verlet 算法，这种方法的操作分为两个阶段来完成。首先利用式（2-26）计算$t+\delta t$时刻的位移，接着计算$t+\frac{1}{2}\delta t$时刻的速度：

$$v\left(t+\frac{1}{2}\delta t\right)=v(t)+\frac{1}{2}\delta ta(t) \tag{2-28}$$

之后计算$t+\delta t$时刻的受力和加速度，最后给出$t+\delta t$时刻的速度：

$$v(t+\delta t)=v\left(t+\frac{1}{2}\delta t\right)+\frac{1}{2}\delta ta(t+\delta t) \tag{2-29}$$

这种算法的优点是可以同时给出位置、速度与加速度，而不牺牲计算的精度，并且计算量比较适中，因此它较为广泛地应用在分子动力学模拟中。

2.2.3 元胞和周期性边界条件

分子动力学模拟常用于研究大体积下系统的宏观性质，在实际计算中不可能在无穷大的系统中进行，因此在模拟中引入了体积元（元胞），以保证在限定的周期性边界条件下尽可能模拟无穷大的体系。图 2-1 为周期性边界条件的示意图。

图 2-1 中，A_0 是基础元胞内的粒子，A_1 ～ A_8 是 A_0 镜像元胞中的粒子。在分子动力学模拟中，当一个粒子穿过其所在体系的某个边界时，该粒子会以相同的速度从该边界的对立面重新进入模拟系统，保证元胞内粒子数不变。这种边界条件能够有效扩展模拟体系，使其接近真实的无限大系统。采用周期性边界条件可以在一定程度上减小模拟体系规模，提高计算效率。

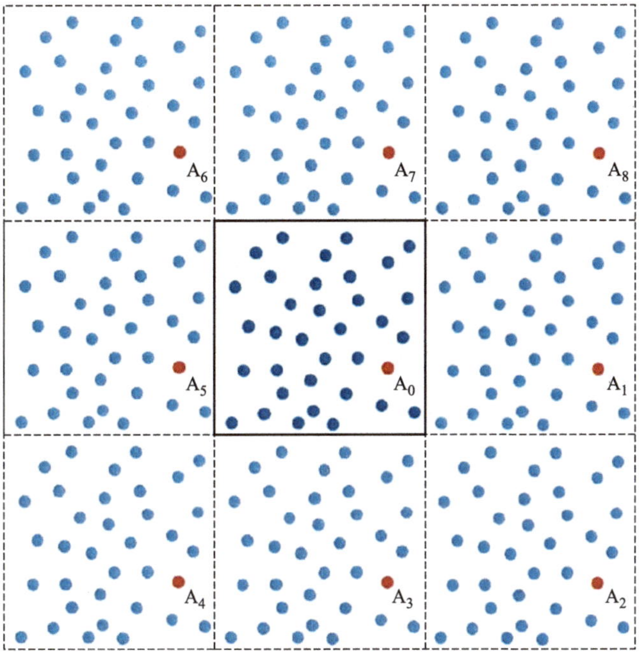

图 2-1 周期性边界条件示意图

2.2.4 分子力场

在分子动力学模拟中，选择合适的力场至关重要。不同的力场代表着体系不同的相互作用，也决定着每个粒子的受力。简言之，力场就是把粒子间相互作用的势函数用一系列数学形式进行表达，它决定了体系的运动状态。准确描述粒子间相互作用，对获得可靠的模拟结果至关重要[157]。众所周知，分子的势能为分子中每个原子坐标的函数，主要由两部分组成：一是分子内部的键键相互作用、键角相互作用和二面角相互作用引起的能量项，即分子内相互作用（U_{bonded}），二是非键相互作用（U_{unbonded}），它包括静电相互作用和范德华相互作用等。因此一般的力场的表达式为：

$$U = U_{\text{bonded}} + U_{\text{unbonded}} = U_{\text{bond}} + U_{\text{angle}} + U_{\text{dihedral}} + U_{\text{LJ}} + U_{\text{Coulomb}} \tag{2-30}$$

$$U_{\text{bond}} = \sum_{bonds} \frac{1}{2} k_{ij}^{b} (r_{ij} - b_{ij})^2 \tag{2-31}$$

$$U_{\text{angle}} = \sum_{angle} \frac{1}{2} k_{ijk}^{b} (\theta_{ijk} - \theta_{ijk}{}^{0})^2 \tag{2-32}$$

$$U_{\text{dihedral}} = \sum_{dihedral} \sum_{n} \frac{A}{2} \left(1 + \cos\left(n\varphi - \varphi_s\right)\right) \tag{2-33}$$

$$U_{\text{LJ}} = \sum_{i} \sum_{j} \left\{ 4\varepsilon_{ij} \left[\left(\frac{\sigma_{ij}}{r_{ij}} \right)^{12} - \left(\frac{\sigma_{ij}}{r_{ij}} \right)^{6} \right] \right\} \tag{2-34}$$

$$U_{\text{Coulomb}} = \sum_{i} \sum_{j} \left\{ \frac{q_i q_j}{4\pi\varepsilon_0 r_{ij}} \right\} \tag{2-35}$$

式（2-30）至式（2-35）中，U为体系总能量；U_{bond}与U_{angle}分别代表键伸缩项和键角弯曲项，二者皆以简谐势表示；k_{ij}^{b}与k_{ijk}^{b}均为力常数；b_{ij}和$\theta_{ijk}{}^{0}$分别表示平衡时的键长和键角；U_{dihedral}为二面角扭矩能，以余弦函数的形式表示；A是二面角扭转的势垒，n是多重度，φ_s是平衡态的二面角；U_{LJ}与U_{Coulomb}分别表示范德华相互作用能和库仑相互作用能，q_i 和 q_j 为原子 i 与 j 所带的电荷数，r_{ij} 为原子 i 和原子 j 之间的距离；原子间的 Lennard-Jones 势能参数 σ_{ij} 与 ε_{ij} 由 Lorentz-Berthelot 组合规则得到。

目前已有包括 OPLS、Amber 和 Charmm 力场在内的多种适用于离子液体的分子模拟力场。针对本文所模拟的离子液体电解液和双电层体系，许多课题组开发了可靠性和通用性较高的力场，其中包括非极性力场和极性力场 [111,159]。以 Lopes 与合作者为代表的课题组开发了一系列基于 OPLS 的离子液体非极性力场 [159-160,166]。该类力场适用于咪唑类、吡啶烷类和磷类等多种不同阳离子以及大量的阴离子，且对离子液体的微观结构和热力学性质复现性良好。然而，由于该力场中的离子电荷被设定为单位电荷（固定不变且未考虑去离子化），通过该力场模拟的离子液体体系较实验结果有一定误差（例如：黏度略高、自扩散系数略低）[161]。Youngs 课题组在 Lopes 力场的基础上，通过调整电荷分布使离子液体的动力学性质得到改善[155]。在上述工作的启发下，极性力场也应运而生。在极性力场中，原子电荷要么允许随外场变化而改变，要么在固定电荷的原子上引入诱导偶极[111,162-163]。通过上述手段，不但可以更准确地反映研究体系中分子间相互作用[111]，还可以更好地再现离子液体动态特性（例如：电导率、黏度、扩散系数）。然而，极化力场的计算代价比非极化力场更昂贵[111]。Borodin 等人报道，即使不考虑力场的极化，也可以准确地得到包括扩散系数在内的许多离子液体体相性质[111]。除此之外，也有许多研究证明，非极化力场参数同样可以准确获得离子液体在施加电场体系纳米界面的电荷分布和双电层结构[112,118]。因此，在综合考虑计算效率和计算精度下，本文采用非极化力场对离子液体 / 电极界面体系结构和性质进行研究。

2.2.5 分子动力学模拟的基本流程

图 2-2 是分子动力学模拟的基本流程。从图 2-2 可知，分子动力学模拟主要包括以下几个步骤。

（1）体系初始化，主要是粒子位置、速度初始化。一般粒子之间的初始位置要保持合适的距离，以免互相之间作用力过大，导致不合理的系统崩溃。粒子的初始速度代表着粒子的动能，由体系的温度决定，一般由麦克斯韦 - 玻尔兹曼分布给出。读入模拟的条件参数（如粒子数、力场、时间等）。

（2）根据初始位置和读入的力场参数计算作用在所有粒子上的力。

（3）选择合适的时间积分算法，求解牛顿运动方程。

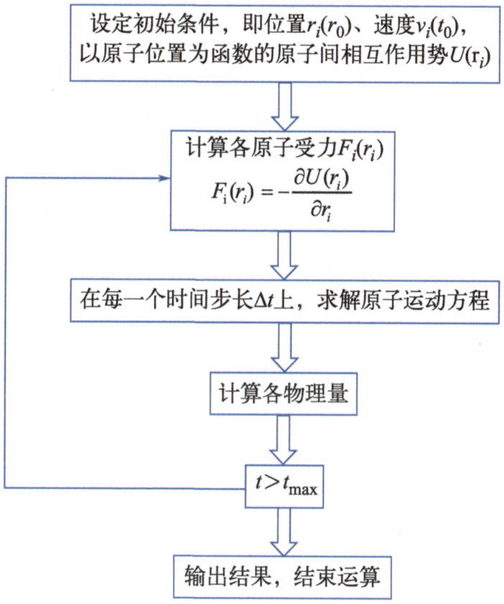

图 2-2 分子动力学流程图示意图

（4）计算相关模拟量。根据模拟参数（如温度耦合、压强耦合、能量耦合等）校正粒子速度与位置，监测平衡与否。

（5）重复（2）至（4）步，直至计算体系演化到指定的模拟时长，计算测定物理量的平均值。

2.3 模拟细节

2.3.1 力场和原子类型

研究工作所涉及的 [Mim]TFSI，[Emim]TFSI、[Emmim]TFSI、[Bmim]TFSI 和 [Hmim] TFSI 离子液体的力场数据源于 Ludwig 等人开发的 OPLS-AA 力场 [165]，该力场保持电荷不变，减少了 Lennard-Jones 的相互作用，优化了 Lopes 等人 [160,166] 开发力场参数所得的密度和阴阳离子自扩散系数的准确性。[Bmim]BF_4 和 [Bmim]PF_6 的力场数据源于 Wu 等人 [167] 和 Lopes 等人 [160,166] 的研究。金电极表面的 Lennard-Jones 参数取自冯光等人的报道 [181]。本文中分子动力学模拟所用的力场表达式为：

$$U=\sum_{ij}\frac{1}{2}k_{ij}^{b}(r_{ij}-b_{ij})^{2}+\sum_{ijk}\frac{1}{2}k_{ijk}^{b}(\theta_{ijk}-\theta_{ijk}{}^{0})^{2}+\sum_{ijkl}\sum_{n}\frac{A}{2}\left(1+\cos\left(n\varphi-\varphi_{s}\right)\right)$$
$$+\sum_{i}\sum_{j}\left\{4\varepsilon_{ij}\left[\left(\frac{\sigma_{ij}}{r_{ij}}\right)^{12}-\left(\frac{\sigma_{ij}}{r_{ij}}\right)^{6}\right]+\frac{1}{4\pi\varepsilon_{0}}\frac{q_{i}q_{j}}{r_{ij}}\right\} \quad (2\text{-}36)$$

式（2-36）中第一项为键伸缩项，k_{ij}^{b}为简谐力常数，r_{ij}为粒子i和j当前的距离，b_{ij}为粒子i和j处于平衡状态的距离。第二项为键角弯曲项，为θ_{ijk}为 i、j、k 三个原子间当前的键角，$\theta_{ijk}{}^{0}$为 i、j、k 三个原子间平衡时的键角，k_{ijk}^{b}为力常数。第三项为二面角扭转项，A是二面角扭转的势垒，n是多重度，φ_{s}是平衡态的二面角，φ 为三个连续共价键间形成的二面角。第四项为非键相互作用，包括范德华势和库仑势，其中范德华势主要包括Lennard-Jones势和Buckingham势 [155]。通常情况下，两原子间的 Lennard-Jones 势等于：

$$U_{\mathrm{LJ}}=4\varepsilon_{ij}\left[\left(\frac{\sigma_{ij}}{r_{ij}}\right)^{12}-\left(\frac{\sigma_{ij}}{r_{ij}}\right)^{6}\right] \quad (2\text{-}37)$$

在公式（2-37）中，ε_{ij}为粒子i和j的势阱深度，σ_{ij}为粒子i和j在相互作用能为零时的距离。$\left(\frac{\sigma_{ij}}{r_{ij}}\right)^{12}$表示粒子$i$和$j$距离较近时的斥力，$\left(\frac{\sigma_{ij}}{r_{ij}}\right)^{6}$表示粒子$i$和$j$距离较近时的引力。不同原子间的$\sigma_{ij}$和$\varepsilon_{ij}$计算方法如下 [155]：

$$\sigma_{ij}=\left(\sigma_{ii}+\sigma_{jj}\right)^{\frac{1}{2}} \quad (2\text{-}38)$$

$$\varepsilon_{ij} = \left(\varepsilon_{ii}\varepsilon_{jj}\right)^{\frac{1}{2}} \tag{2-39}$$

两个原子间的 Buckingham 势U_{bh}被描述为：

$$U_{\mathrm{bh}} = A_{ij}\exp\left(-B_{ij}r_{ij}\right) - \frac{c_{ij}}{r_{ij}^{6}} \tag{2-40}$$

与 Lennard-Jones 势相比，Buckingham 势的排斥项更加柔性，也更贴近实际情况，但会耗费较多的计算资源。因此，在误差允许的范围内，本文首选 Lennard-Jones 势函数。

当粒子i和j带电时，它们的库仑相互作用（U_{Coulomb}）符合公式（2-41）：

$$U_{\mathrm{Coulomb}} = \frac{1}{4\pi\varepsilon_0}\frac{q_i q_j}{r_{ij}} \tag{2-41}$$

在公式（2-41）中，ε_0为真空介电常数，q_i和q_j分别为粒子i和j的电荷量，r_{ij}为粒子i和j的距离。

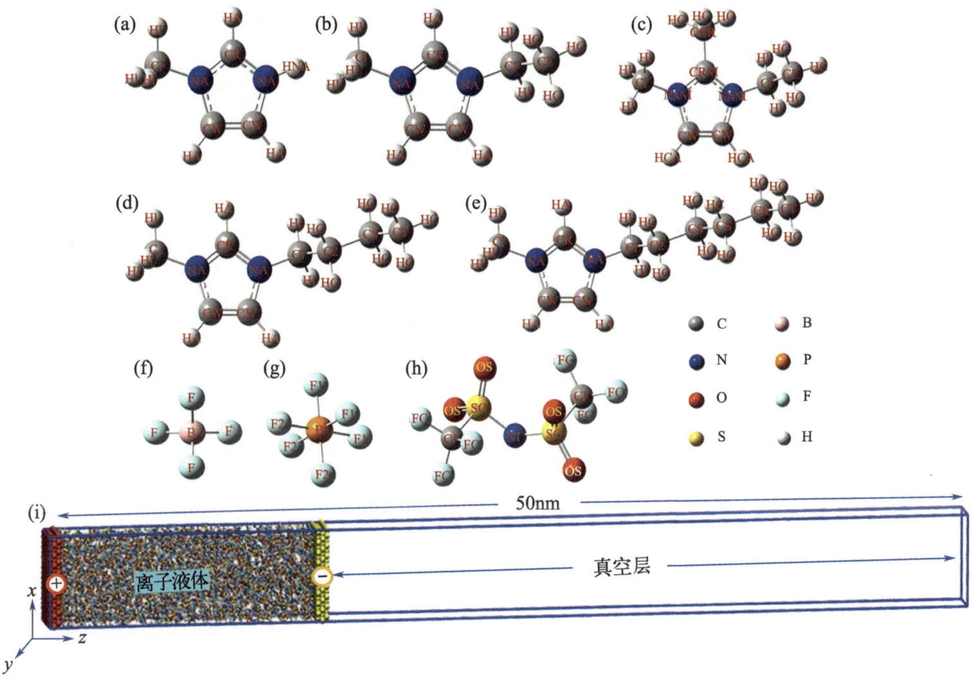

图 2-3　[Mim]$^+$(a)、[Emim]$^+$(b)、[Emmim]$^+$(c)、[Bmim]$^+$(d)、[Hmim]$^+$(e)、BF_4^-（f）、PF_6^-（g）和 TFSI$^-$（h）的结构示意图以及研究体系的分子动力学模拟模型（i）

研究结果表明，应用相同的力场参数可以描述不同分子中相同类型的化学键，而且这样的研究方法不会引入过大误差 [157]。因此，本文根据化学键类型采用力场参数对其进行描述（原子标签如图 2-3 所示，阴阳离子的力场参数详见附录 B）。

2.3.2 双电层电势施加方法

对离子液体 / 电极体系界面双电层结构和电化学性质进行模拟，需要对电极施加不同的电势。目前，对双电层模拟的电势施加方法有恒电势法和恒电荷法两种 [111]。恒电势法是在两电极间施加恒定的电势降，且电极表面原子上的局部电荷随模拟时间推移而变化。恒电荷法是在电极表面分配均一且恒定的净电荷，不考虑电极表面的极化现象，实现施加电场的目的。上述两种双电层电势施加方法都成功地应用在双电层体系的模拟中。对于平板电极和离子液体电解液体系，Larid[168] 和 Yang [169] 等人的研究表明，恒电荷法与恒电势法得到几乎一致的双电层微观结构。然而，恒电势法能更好地描述粗糙电极表面原子因极化作用而产生的电荷不对称因素 [164]，更适用于非平面电极体系，但采用恒电势法需要更长的模拟时间。综上，由于本文主要研究平板电极与纯离子液体组成的双电层体系，因此选择恒电荷法对电极表面施加电势。

2.3.3 建模方法

（1）收集力场参数，优化分子结构。优化阳离子（$[Mim]^+$、$[Emim]^+$、$[Emmim]^+$、$[Bmim]^+$、$[Hmim]^+$）和阴离子（$TFSI^-$、BF_4^-、PF_6^-）结构，建构 [Mim]TFSI、[Emim]TFSI、[Emmim]TFSI、[Bmim]TFSI、[Hmim]TFSI、$[Bmim]BF_4$、$[Bmim] PF_6$ 模型。

（2）构建纯离子液体模型，验证力场的可靠性。在足够大且具有周期性边界条件（PBC）的立方体模拟盒中随机放入 512 对阴阳离子，采用蛙跳积分算法对运动方程进行积分，LINCS 算法进行键约束；V-rescale 进行温度耦合；长程静电相互作用采用粒子网格法（PME）处理；范德华和静电相互作用的截断半径为 1.4nm，时间步长为 0.001ps。在 0.1MPa 和 350K 的条件下，进行 20ns 的恒温恒压（NPT）平衡，得到体系密度值（如表 2-1 所示）。模拟的密度值与实验值是否相符，是分子动力学模拟中验证力场可靠的重要依据之一。由表 2-1 可知，模拟结果与实验值的吻合较好，说明本文采用的力场可以较好地描述研究体系内各组分的相互作用，可以用来预测体系物化性质。

表2-1　研究体系模拟密度与实验密度值

ILs	T/K	P/MPa	ρ/（g·cm^{-3}）			误差/%
			模拟结果	其他模拟结果	实验结果	
[Bmim]BF_4	298.00	0.1	1.169	1.178[170]	1.170[171]	−0.09
[Bmim]PF_6	298.00	0.1	1.358	1.352[138]	1.360[171]	−0.15
[Mim]TFSI	298.00	0.1	1.707	1.711[160]	—	
[Emim]TFSI	298.00	0.1	1.513	1.570[160]	1.517[172]，1.520[174]	−0.26，+0.46
[Bmim]TFSI	298.00	0.1	1.432	1.480[160]	1.430[175]，1.440[174]	+0.14，−0.56
[Hmim]TFSI	298.00	0.1	1.370	1.390[160]	1.366[174]	+0.29
[Emmim]TFSI	298.00	0.1	1.491	1.490[166]	1.472[176]	+1.29

（3）建立体相模拟模型并平衡。保持第（2）步所得密度和 512 对阴阳离子数量不变，根据目标长方体的体积（其中 x、y 方向的长度均为 4.2nm；z 方向的长度根据各离子液体密度计算得到，各体系 z 方向长度详见每章计算方法部分）得到目标体系，再对体系进行 10ns 恒温恒压（NPT）平衡，模拟参数与第（2）步一致。值得注意的是 z 方向的距离需保证模拟体系在模拟盒子的中心产生体相行为，并可以独立地研究双电层结构和体系电化学性质[112]。

（4）建立界面模型并模拟。不同低指数金晶面的电极用三层原子模型表示[如图 2-3（i）所示]，电极表面原子数及厚度如表 2-2 所示。将该电极置于第（3）步得到的模拟盒两端。电极与 xy 平面平行，距离离子液体体相约 0.30nm。为避免模拟单元间产生周期性影响，将真空层延长至 50nm[模拟体系图像见图 2-3（i）]。金电极表面电荷分别为 0、±2e、±4e、±6e、±8e、±10e、±12e、±14e、±16e、±18e、±20e。正极上的每个金原子被分配了一个定量正电荷，为了使体系呈电中性，负极表面的金原子被赋予相同的负电荷值。在 0.1MPa 和 350K 的条件下，进行等温等体积（NVT）平衡。模拟参数与第（2）步一致。为确保系统平衡，所有配置首先进行 80ns 的 NVT 平衡，然后再运行 20ns 进行生产分析。在最后 20ns 内，每 30 步收集一次轨迹数据用于分析。

表2-2　金不同表面原子数及厚度

金电极表面	原子数/个	电极厚度/nm
Au(100)	588	0.408
Au(110)	420	0.288
Au(111)	810	0.471

2.3.4 物理量计算方法

2.3.4.1 数密度分布

数密度分布$[n(z)]$指单位体积内某粒子的数量。在研究体系中，数密度是一定时间内某区域离子数的平均值[173]，即：

$$n(z)=\frac{1}{L_xL_y\Delta z}\sum_i\delta_i(z-z_i) \tag{2-42}$$

其中，L_x和L_y分别表示电极在 x 和 y 方向上的尺寸；Δz为间距($\Delta z=z-z_i$)；δ_i为 i 原子的个数；$\sum_i\delta(z-z_i)$表示在 z 方向上长度为Δz的单元内离子的数量。

2.3.4.2 质量密度分布

质量密度分布$[\rho(z)]$指单位体积内某粒子的质量。在研究体系中，质量密度是一定时间内某区域离子质量的平均值[173]，即：

$$\rho(z)=\frac{1}{L_xL_y\Delta z}\sum_i m_i(z-z_i) \tag{2-43}$$

其中，L_x和L_y分别表示电极在 x 和 y 方向上的尺寸；Δz为间距($\Delta z=z-z_i$)；m_i为 i 原子的质量；$\sum_i m_i(z-z_i)$表示在 z 方向上长度为Δz的单元内离子的质量。

2.3.4.3 电荷密度分布

电荷密度分布$[\rho_e(z)]$指单位体积内某粒子的电荷。在研究体系中，电荷密度是一定时间内某区域离子电荷的平均值[173]，即：

$$\rho_e(z)=\frac{1}{L_xL_y\Delta z}\sum_i q_i(z-z_i) \tag{2-44}$$

其中，L_x和L_y分别表示电极在 x 和 y 方向上的尺寸；Δz为间距 ($\Delta z=z-z_i$)；ρ_i为 i 原子的电荷；$\sum_i\rho_i(z-z_i)$表示在 z 方向上长度为Δz的单元内离子的电荷。

2.3.4.4 零电荷电势

零电荷电势（PZC）指电极表面剩余电荷为零时的电极电位。在不施加电场的电极表面进行模拟时，PZC 可以由电极上的泊松电位与离子液体体相的泊松电位差确定。首先在与离子液体 / 电极垂直的矢量方向（z 轴方向，如图 2-3 所示）上对局部电荷密度进行积分，得到局部多余电荷所产生的电场[177]：

$$E(z)=\varepsilon_0^{-1}\int_{\mathrm{ILs}}\rho_e(z)dz \tag{2-45}$$

其中，$\rho_e(z)$ 为 z 轴方向上的局部电荷密度，ε_0为离子液体的真空介电常数。

其次对上述电场进行积分，获得在不施加电场的电极表面模拟时的泊松电位降：

$$\varphi(z) = -\int_{\text{ILs}} E(z)\,dz \tag{2-46}$$

最后将电极上的泊松电位与离子液体体相的泊松电位相减，即可得到 PZC：

$$\text{PZC} = \varphi_{\text{electrode}} - \varphi_{\text{bulk}} \tag{2-47}$$

其中，$\varphi_{\text{electrode}}$为电极上的泊松电位，$\varphi_{\text{bulk}}$为离子液体体相的泊松电位。

2.3.4.5 双电层电势和电容计算

在模拟体系中，利用分子动力学模拟的轨迹，模拟体系的电荷密度分布（ρ_e）可以通过将模拟体系沿垂直电极表面（z 轴方向，如图 2-3 所示）分为一定间距的间隔（在本文中，间距为 0.001nm），统计体系内离子液体中各原子上电荷得到。获得电荷密度分布后，通过求解泊松方程可以获得双电层的电势分布[112]。

$$\frac{d^2\varphi(z)}{dz^2} = -\frac{\rho_e(z)}{\varepsilon_0} \tag{2-48}$$

其中，$\varphi(z)$ 为空间中任意一点的电势，ε_0 为真空介电常数。

通过对公式（2-48）进行双重积分，空间中任意一点的电势为：

$$\varphi(z) = -\frac{\sigma}{\varepsilon_0} - \frac{1}{\varepsilon_0}\int_0^z (z - z')\rho_e(z')\,dz' \tag{2-49}$$

双电层内相对于 PZC 时的电势降（U）表示为：

$$U = \varphi_{\text{electrode}} - \varphi_{\text{bulk}} - \text{PZC} \tag{2-50}$$

因此，双电层微分电容（C_{d}）的计算表达式为：

$$C_{\text{d}} = \frac{d\sigma}{dU} \tag{2-51}$$

在施加恒定电荷的模拟系统中，首先通过四阶多项式拟合体系表面电荷密度 - 电势降（σ-U）曲线，然后对该多项式一阶求导即可得到体系的微分电容[112]。

2.3.4.6 相互作用能

离子液体中各离子（分子）与电极的相互作用能由以下公式得到[156-157]：

$$E_{A-B} = E_{AB} - E_A - E_B \tag{2-52}$$

其中，E_{A-B}为 A 和 B 之间的相互作用，E_{AB}为 A 和 B 形成的复合物的能量，E_A、E_B分别为 A 和 B 独立存在时的能量。

Gromacs 软件包具有能量分配功能，可以将不同能量分开。在模拟中，可以根据实际需要定义不同的能量组，通过 Gmx energy 命令得到能量组中各组分的能量。为便于计算，本文加和了能量组中研究组分的 Lenard-Jones 相互作用和库仑相互作用，并除以第一层中的阴阳离子对数目，用以表征研究体系中每一个阴离子、阳离子或者分子与电极间的相互作用能：

$$E_{A-B} = \frac{U_{\mathrm{LJ}}(AB) + U_{\mathrm{Coulomb}}(AB)}{N} \quad (2\text{-}53)$$

其中，$U_{\mathrm{LJ}}(AB)$为 A 和 B 的 Lennard-Jones 相互作用，$U_{\mathrm{Coulomb}}(AB)$ 为 A 和 B 的库仑相互作用，N 为用于计算相互作用能的离子（分子）数。

第三章

咪唑离子液体在不同金表面的结构与性质

3.1 引言

[Emim]TFSI 具有较宽的电化学窗口和较稳定的结构特征，被广泛作为电解液使用[3,53,71,101,104,178-180]。离子液体与金属电极接触，形成离子液体 / 金属电极界面结构，该结构随电极表面形貌、阴阳离子结构改变而改变，对电化学系统性能有较大影响。金电极具有良好的电导性、稳定的化学惰性、良好的生物相容性及高温稳定性等优点，在电化学器件中得到了广泛的应用[151-152]。金有不同的晶面，三个不同低指数金晶面形貌不同 [Au(100) 晶面为原子平面，Au(111) 晶面略有褶皱，Au(110) 晶面为波纹状[151]]，且在电化学条件下，上述形貌特征变得更加明显。在电化学体系中，电极表面的平整度、洁净度均会对界面结构造成影响，进而影响电化学性能[152]。Jenel Vatamanu 课题组研究发现，电极表面的平整度对界面结构影响较大，即相同电解液与原子粗糙表面组成体系的微分电容比与平面电极组成体系的微分电容大 3 ～ 4 倍，且极小值和极大值之间的微分电容变化为 2.0 ～ 3.0μF/cm^2（在 −2.0 ～ 2.0V 电极电位窗口内）[130-133,135-136]。除此之外，粗糙表面也更容易引起阴阳离子重排。冯光课题组发现当电极表面粗糙程度与离子尺寸相当时，阴阳离子的界面分层更明显；当电极表面粗糙程度接近离子尺寸的一半时，分层不明显[177]。因此，为研究金电极三个不同低指数金晶面结构对离子液体金电极界面双电层结构和性质的影响，本章选取 [Emim]TFSI 为电解液，

Au(111)、Au(110) 和 Au(100) 晶面为电极材料，应用分子动力学模拟结合量子化学计算的方法，解析不同金晶面对 [Emim]TFSI/ 金电极界面双电层结构和性质的影响。在文献中，金晶面被用作电极时通常被称为表面 [27,53,57,58,61,70-77,99,104,140,151,181]，因此本文中也称为表面。

3.2 计算方法

本章涉及的 $[Emim]^+$ 和 $TFSI^-$ 的稳定几何构型采用 Gaussian 09 软件包 [182] 中的 DFT 方法，在 B3LYP/6-31+G（d）水平下进行全优化并经振动频率分析无虚频得到。Gaussian View 6.0[183] 用于初始结构建模。稳定构型如图 3-1（a）和（b）所示。

分子动力学模拟应用 Gromacs 软件包 [156] 进行。[Emim]TFSI 离子液体的力场数据源于 Ludwig 等人开发的 OPLS-AA 力场 [164-165]，金电极表面的 Lennard-Jones 参数取自冯光等人的报道 [181]（力场参数详见附录 B）。在模拟盒子中随机放入 512 对阴阳离子作为纯体系的初始构型，用以验证力场的可靠性。保持上一步所得密度，将 512 对 $[Emim]^+$ 和 $TFSI^-$ 随机放入 4.2nm × 4.2nm × 13.590nm 的模拟盒子中。将三层不同低指数金晶面置于上一步得到的模拟盒两端组成界面模型进行模拟，模拟参数详见 2.3.3 节。根据运动轨线计算了质量密度、电荷密度及微分电容等物理量，计算方法见 2.3.4 节。

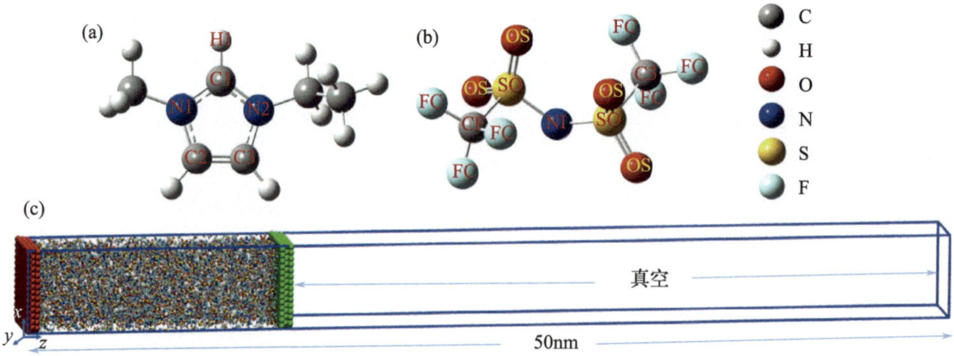

图 3–1　$[Emim]^+$(a)、$TFSI^-$ 的稳定几何构型 (b) 和两个平面 Au 电极组成的分子动力学模拟模型 (c)

3.3 结果与讨论

3.3.1 [Emim]TFSI与不同金表面的相互作用能

相互作用能可以用于描述离子（分子）与电极间相互作用的强度。根据式（2-53）计算了[Emim]TFSI体系中各离子（分子）与Au(100)、Au(110)和Au(111)表面的相互作用（如表3-1～表3-3所示）。同时，为便于对比，表3-4以表面电荷0e和±8e为例，汇总了各体系的相互作用能（单位：kJ/mol）。表中RSD为三次相互作用能计算后的相对标准偏差，用于说明计算结果的精密度。

从表3-1～表3-4可知，$[Emim]^+$、$TFSI^-$、[Emim]TFSI与Au(111)表面的相互作用最强，而与Au(100)和Au(110)表面的相互作用基本一致。随着表面电荷增加，阴阳离子与各表面相互作用均增加。$[Emim]^+$与不同金表面的相互作用强弱为$E_{[Emim]^+}$[Au(110)] > $E_{[Emim]^+}$[Au(100)] > $E_{[Emim]^+}$[Au(111)]，其中$E_{[Emim]^+}$[Au(111)]和$E_{[Emim]^+}$[Au(100)]相差不大）；$TFSI^-$与不同金表面的相互作用强弱为E_{TFSI^-}[Au(110)] > E_{TFSI^-}[Au(111)] > E_{TFSI^-}[Au(100)]。根据文献报道，三个金的低指数晶面表面能大小为Au(111) < Au(100) < Au(110)[151]。不施加电场时，在静电相互作用的主要影响下，表面能越低，阴阳离子与电极相互作用能越高。随表面电荷增加，表面能越高，金属越不稳定，越容易与粒子发生相互作用[184]。为克服过度屏蔽作用，施加电场后，阴阳离子在电极表面大量聚集，在金属表面能和表面电荷的共同影响下，阴阳离子与电极间相互作用强弱和表面能大小基本一致。

表3-1 [Emim]TFSI中各粒子与Au(100)的相互作用能

σ	相互作用粒子	E /(kJ/mol)	RSD	相互作用粒子	E /(kJ/mol)	RSD	相互作用粒子	E /(kJ/mol)	RSD
8e	Au(100)/[Emim]TFSI	−161.54	−0.010	Au(100)/$[Emim]^+$	412.48	0.002	Au(100)/$TFSI^-$	−574.02	−0.002
6e		−103.42	−0.001		325.28	0.001		−428.70	−0.001
4e		−87.50	−0.003		215.75	0.001		−303.25	−0.001
2e		−87.11	−0.001		86.67	0.002		−173.78	−0.001
0		−90.95	−0.002		−50.62	−0.005		−40.33	−0.001
−2e		−88.44	−0.003		−182.90	−0.001		94.46	0.000
−4e		−98.41	−0.004		−323.03	−0.002		224.62	0.000
−6e		−118.49	−0.007		−472.25	−0.002		353.86	0.000
−8e		−172.69	−0.007		−617.04	−0.001		444.52	0.003

表3-2 [Emim]TFSI中各粒子与Au(110) 的相互作用能

σ	相互作用粒子	E /(kJ/mol)	RSD	相互作用粒子	E /(kJ/mol)	RSD	相互作用粒子	E /(kJ/mol)	RSD
8e	Au(110)/[Emim]TFSI	−153.77	−0.004	Au(110)/[Emim]$^+$	458.12	0.008	Au(110)/TFSI$^-$	−611.89	−0.005
6e		−113.15	−0.006		354.02	0.003		−467.17	−0.004
4e		−82.60	−0.006		233.93	0.000		−316.53	−0.002
2e		−78.12	−0.005		98.41	0.003		−176.53	−0.004
0		−89.34	−0.009		−49.43	−0.012		−39.91	−0.005
−2e		−93.23	−0.007		−197.21	−0.002		103.98	0.002
−4e		−94.00	−0.015		−335.41	−0.001		241.41	0.006
−6e		−136.05	−0.020		−486.19	−0.007		350.14	0.002
−8e		−178.31	−0.013		−636.86	−0.001		458.55	0.006

表3-3 [Emim]TFSI中各粒子与Au(111) 的相互作用能

σ	相互作用粒子	E /(kJ/mol)	RSD	相互作用粒子	E /(kJ/mol)	RSD	相互作用粒子	E /(kJ/mol)	RSD
8e	Au(111)/[Emim]TFSI	−155.95	−0.006	Au(111)/[Emim]$^+$	402.16	0.004	Au(111)/TFSI$^-$	−558.08	−0.004
6e		−148.23	−0.054		305.61	0.018		−453.84	−0.005
4e		−130.68	−0.042		193.11	0.028		−323.79	−0.001
2e		−127.36	−0.008		62.95	0.008		−190.32	−0.003
0		−113.74	−0.006		−63.16	−0.006		−50.71	−0.003
−2e		−134.08	−0.001		−211.61	−0.001		77.51	0.004
−4e		−138.79	−0.002		−347.63	−0.001		208.84	0.000
−6e		−165.72	−0.005		−488.60	−0.002		322.87	0.001
−8e		−207.96	−0.052		−621.76	−0.003		413.80	0.022

表3-4 [Emim]TFSI中各粒子与Au(100)、Au(110)、Au(111)表面的相互作用能(σ=0e, ±8e)

σ	[Emim]TFSI			[Emim]$^+$			TFSI$^-$		
	Au(100)	Au(110)	Au(111)	Au(100)	Au(110)	Au(111)	Au(100)	Au(110)	Au(111)
8e	−161.540	−153.770	−155.950	412.480	458.120	402.160	−574.020	−611.890	−558.080
0	−90.950	−89.340	−113.740	−50.620	−49.430	−63.160	−40.330	−39.910	−50.710
−8e	−172.690	−178.310	−207.960	617.040	−636.860	−621.760	444.520	458.550	413.800

总之，阴阳离子与电极相互作用强弱与电极的表面能大小有关。不施加电场时，表面能越低，粒子与电极相互作用能越高；施加电场后，表面能越高，阳离子与电极相互作用能越高，而阴离子与电极的相互作用还与阳离子在电极表面的分布有关。阳离子平行电极分布时，表面能越高，阴离子与电极相互作用越强；随阳离子在电极表面的倾斜角增加，阴离子与电极相互作用逐渐降低。

3.3.2 [Emim]TFSI在不同金表面的微观双电层结构

3.3.2.1 阴阳离子在不同金表面上的图像

图 3-2（a）、（b）、（c）分别为 [Emim]TFSI 在 Au(100)、Au(110) 和 Au(111) 电极表面第一层的图像。图中黄线、红线分别代表不施加电场时阴阳离子在电极表面的图案。红色和黄色的球体分别代表正极和负极的金原子。不施加电场时，由图 3-2 可知，阴阳离子在 Au(100)、Au(110) 和 Au(111) 表面上均呈现蠕虫状图案。通过 STM，许多课题组在 Au(100) [72,178,185] 及 Au(111) [76,80,185] 电极表面也观察到类似图案。图 3-3 为部分文献报道的通过 STM 观察到的 [Emim]TFSI 在 Au(100) 和 Au(111) 表面上的图案，如图 3-3 所示，通过实验观察到 [Emim]TFSI 在 Au(100) 和 Au(111) 电极表面均呈蠕虫状图案，该体系的模拟结果与实验相符。

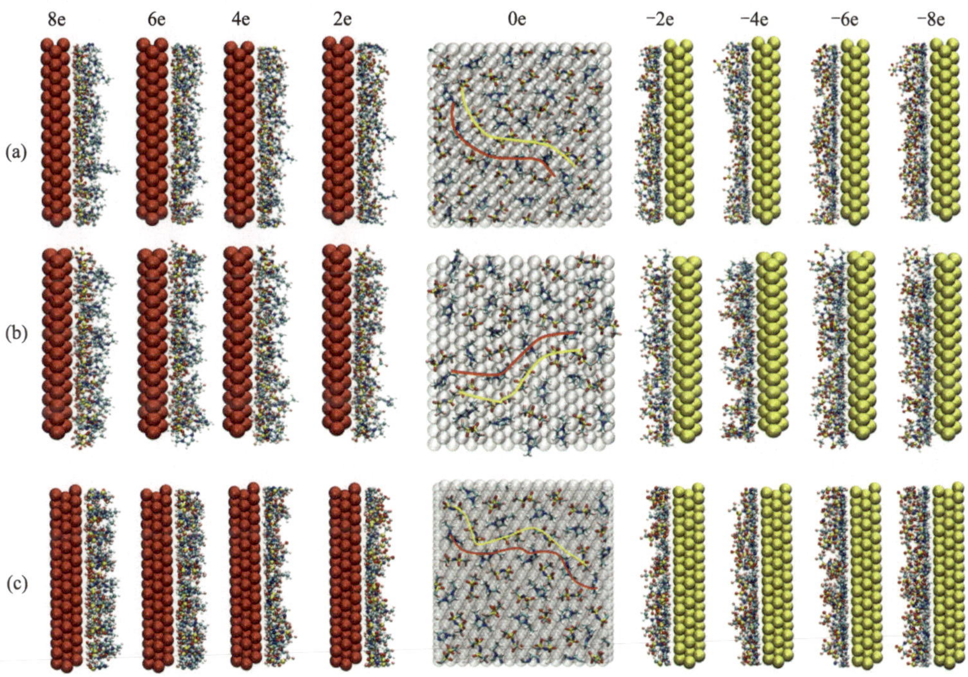

图 3-2 [Emim]TFSI 在 Au(100)(a)、Au(110)(b)、Au(111)(c) 电极表面第一层的图像

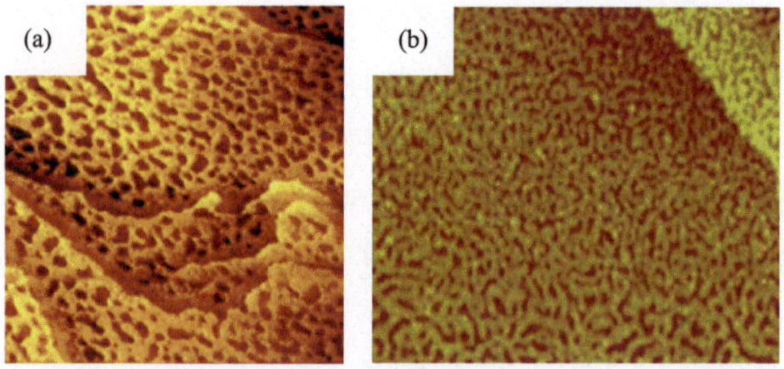

图 3-3 通过 STM 观察到的 [Emim]TFSI 在 Au(100)(a) 和 Au(111)(b) 电极表面的图像 [80,185]

在前期的研究中证实，离子液体和电极表面之间的相互作用是导致电极表面呈现不同图案的原因，即弱相互作用使阴阳离子在电极表面呈蠕虫状图案，强相互作用使其呈线状图案 [186,187]。阴阳离子和电极表面的相互作用强弱分别为 $E_{[\text{Emim}]^+}[\text{Au}(111)] > E_{[\text{Emim}]^+}[\text{Au}(100)] \approx E_{[\text{Emim}]^+}[\text{Au}(110)]$，$E_{\text{TFSI}^-}[\text{Au}(111)] > E_{\text{TFSI}^-}[\text{Au}(100)] \approx E_{\text{TFSI}^-}[\text{Au}(110)]$。通过分析各体系相互作用能，明确了在 Au(100) 表面形成蠕虫状图案的原因是阴阳离子与 Au(100) 电极的相互作用相差不大。同时，也证实了毛秉伟课题组关于咪唑型离子液体在 Au(100) 电极表面呈蠕虫状和线形图像的猜想 [185]。

此外，由图 3-2 还可以看出，三个体系随着表面电荷增加，阳（阴）离子与正极的斥力（引力）、与负极的引力（斥力）均增加，使阳（阴）离子逐渐从正（负）电极表面排出，在负（正）极表 面第一层聚集。尽管如此，当表面电荷为 8e 时，由于阳离子体积较大，空间位阻明显，难以从正极表面第一层完全排出，因此仍可观察到少量的阳离子。当表面电荷为 -8e 时，阳离子咪唑环倾斜地吸附在负 Au(100) 和 Au(111) 电极表面，而平行吸附在负 Au(110) 电极表面（如图 3-4 所示），在斥力的作用下，阴离子几乎完全从负极表面第一层排出。

综上，组成 [Emim]TFSI 的阴阳离子在 Au(100)、Au(110) 和 Au(111) 表面均呈现蠕虫状图案。此外，确定了 $[\text{Emim}]^+$ 和 TFSI^- 在金电极表面的图案与阴阳离子和 Au 表面的相互作用有直接联系。证实了阴阳离子与 Au 电极的相互作用相差不大时，阴阳离子在电极表面呈蠕虫状图案。

3.3.2.2 阳离子在不同金表面上的取向

电极与 $[\text{Emim}]^+$ 咪唑环法向量之间的夹角可用于解析电极表面第一层阳离子的取向，该取向对界面结构有影响。本文把垂直于咪唑环平面的直线设为咪唑环的法向量，该法向量与电极的夹角用以说明电极表面第一层阳离子的取向。图 3-4 是表面电荷为 0 和 ±8e 时，Au(100)、Au(110) 和 Au(111) 电极表面第一层阳离子咪唑环法向量与该表面间夹角（θ）的概率分布 $[P(\theta_{\text{ring}})]$（插图为 $[\text{Emim}]^+$

咪唑环法向量和电极表面夹角的示意图），实线表示在不施加电场的电极表面的概率分布，虚线表示表面电荷为 -8e 时的概率分布。

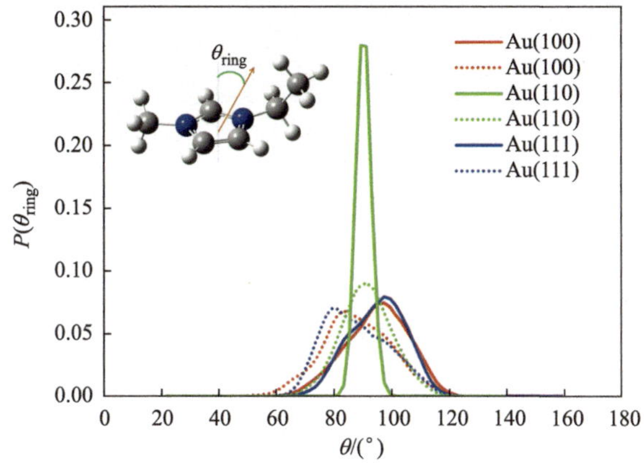

图 3-4　第一层咪唑环法向量与电极表面夹角的概率分布

由图 3-4 可以看出，无论是否施加电场，$[Emim]^+$ 在 Au(100) 和 Au(111) 表面的分布相似，但与它在 Au(110) 表面的分布有明显区别。当不施加电场时，$[Emim]^+$ 与 Au(110)、Au(111) 和 Au(100) 表面的夹角分别为 90.0°、97.4° 和 96.6°，且 $[Emim]^+$ 与 Au(110) 夹角的概率峰为明显的尖锐峰，而与 Au(111) 和 Au(100) 夹角的概率峰为宽的矮峰。当表面电荷为 -8e 时，$[Emim]^+$ 与 Au(110) 表面的夹角不变，而与 Au(111) 和 Au(100) 表面的夹角分别变为 78.8° 和 83.3°。上述峰值说明，无论是否施加电场，$[Emim]^+$ 均平行 Au(110) 表面，而倾斜 Au(111) 和 Au(100) 表面（倾斜角随表面电荷增加而略微增大）。实验报道，$[Emim]^+$ 在金电极表面倾斜分布 [68,76,86,184,188-189]。因此，$[Emim]^+$ 在 Au(111) 和 Au(100) 表面的分布与实验观察一致，而在 Au(110) 表面的分布与实际并不相符。由于 Au(100) 表面为原子平面，Au(111) 表面略有褶皱，而 Au(110) 表面呈波纹状 [151]，猜测 $[Emim]^+$ 平行于 Au(110) 表面分布与电极表面的波纹有关。

3.3.2.3　数密度分布

根据模拟轨线，可由式（2-42）计算体系中离子（分子）的数密度分布。通过数密度分布可以定量地分析研究体系在电极附近的双电层微观结构。图 3-5（a）、（b）、（c）分别为 [Emim]TFSI 中阴阳离子在 Au(100)、Au(110) 和 Au(111) 电极表面的数密度分布（图中红线和蓝线分别代表阳离子和阴离子的数密度分布）。由图 3-5 可知，不施加电场时，$[Emim]^+$ 和 $TFSI^-$ 电极表面均呈现明显的振荡，且振荡在离表面 3.0nm 处趋于平衡；当电极被赋予不同的表面电荷后，阴阳离子在电极表面的数密度分布发生明显变化。阴阳离子层振荡范围逐渐增大。该结果与文献报道一致 [68]。如 3.3.1 节所述，不施加电场时，[Emim]TFSI 与 Au(100)、Au(110) 和 Au(111) 的相互作用强弱为 $E_{Au(111)}$ ([Emim]TFSI) > $E_{Au(100)}$ ([Emim]TFSI) > $E_{Au(110)}$ ([Emim]TFSI)。受相互作用的影响，[Emim]TFSI 在 Au(111) 表面振荡得最远，Au(110) 表面最近。施加电场后，阴阳离子与电极表面相互作用明显增大，且阴阳离子和不同金表面的相互作用强弱分别为 $E_{[Emim]^+}$[Au(110)] > $E_{[Emim]^+}$[Au(111)] > $E_{[Emim]^+}$[Au(100)]，其中 $E_{[Emim]^+}$[Au(111)] 和 $E_{[Emim]^+}$[Au(100)] 相差不大），E_{TFSI^-}[Au(110)] > E_{TFSI^-}[Au(100)] > E_{TFSI^-}[Au(111)]。如 3.3.2.2 节所述，随表面电荷增加，$[Emim]^+$ 平行 Au(110) 表面（该取向与不施加电场时的现象一致）而倾斜 Au(111) 和 Au(100) 表面（倾斜角略大于不施加电场时）分布。因此，受

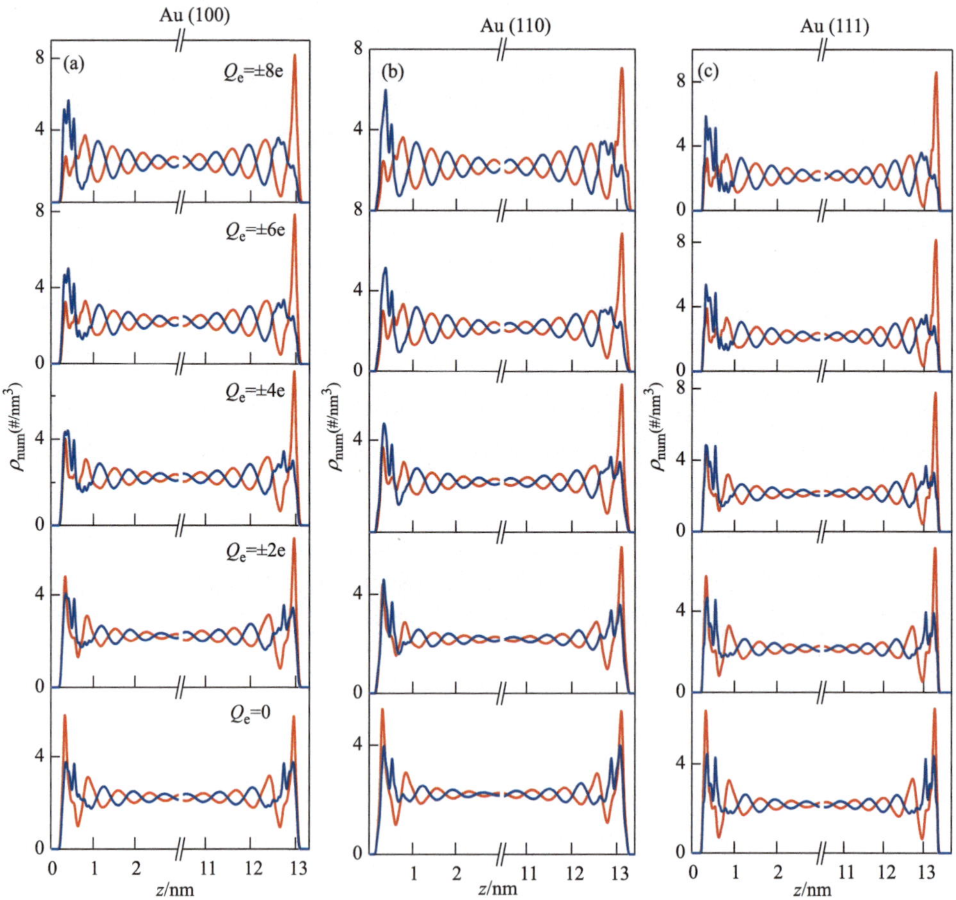

图 3-5　不同表面电荷时 [Emim]TFSI 在 Au(100)(a)、Au(110)(b)、Au(111)(c) 表面上阴阳离子数密度分布图

阴阳离子与电极表面相互作用的主要影响，阴阳离子在 Au(110) 表面的振荡最远，而 Au(111) 和 Au(100) 表面振荡范围相似。

图 3-6 为表面电荷为 0 和 ±8e 时，阴阳离子分别在正负电极表面的数密度分布对比图，图中红线、蓝线和绿线分别代表 Au(100)、Au(110) 和 Au(111) 表面的分布。由于每一研究体系的 z 方向长度不同，为了对比负电极表面的聚集情况，将每一体系的横坐标减去研究体系的盒子长度，以便对齐负电极。因此，在对比图中以负值表示负电极（后文对比度表示方法相同）。由图 3-6 可知，不施加电场时，电极表面第一阴阳离子层振幅随电极变化而变化。具体而言，$[Emim]^+$ 和 $TFSI^-$ 在 Au(111) 及 Au(100) 表面的振幅明显高于 Au(110) 表面，表明 [Emim]TFSI 体系中阴阳离子在 Au(111) 及 Au(100) 表面填充得更彻底，排列更紧凑；而在 Au(110) 表面填充程度较低，分布松散。随表面电荷增加，$[Emim]^+$ 和 $TFSI^-$ Au(111) 及 Au(100) 表面的振幅明显强于 Au(110) 表面。此外，随表面电荷增加，在阴阳离子与电极相互作用的影响下，$[Emim]^+$ 和 $TFSI^-$ 在电极表面第一层的振

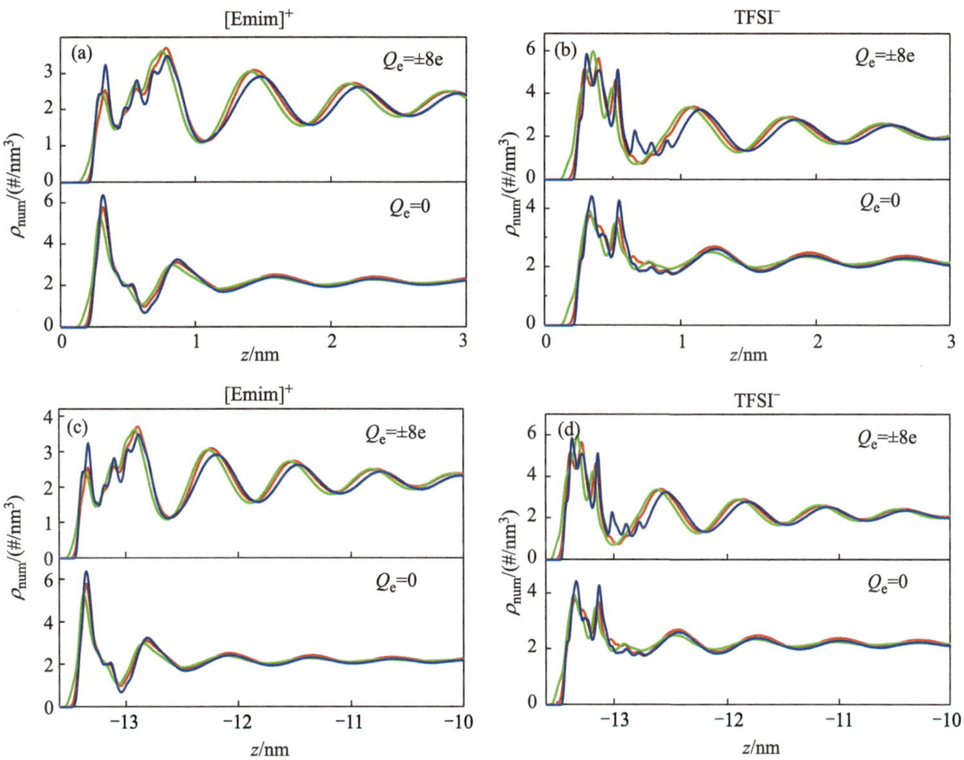

图 3-6　表面电荷为 0 和 ±8e 时，$[Emim]^+$ 和 $TFSI^-$ 分别在正电极 [(a)(b)] 和负电极 [(c)(d)] 表面的数密度分布

幅均增加，且 Au(111) 及 Au(100) 表面的振幅明显强于 Au(110) 表面，即阴阳离子与电极表面相互作用越强，振幅越大。

如 3.3.1 节所述，$[Emim]^+$、$TFSI^-$、[Emim]TFSI 与 Au(111) 表面的相互作用最强，与 Au(100) 和 Au(110) 表面的相互作用次之，且 $E_{[Emim]^+}$[Au(100)]≈$E_{[Emim]^+}$[Au(110)]，E_{TFSI^-}[Au(100)]≈E_{TFSI^-}[Au(110)]。如 3.3.2.2 节所述，$[Emim]^+$ 平行 Au(110) 表面，在相互作用的影响下，填充度最低；而 $[Emim]^+$ 在 Au(111) 和 Au(100) 表面倾斜分布，有利于在电极表面形成紧致层，因此填充度增加。在相互作用的影响下，Au(111) 表面填充度最高，Au(100) 表面次之。此外，由于 $TFSI^-$ 主要与咪唑环共面分布，因此阴离子填充度与阳离子一致，即 Au(111) 表面填充度最高，Au(100) 表面次之，Au(110) 表面最低。

毛秉伟 [80] 课题组通过实验发现研究体系在电极表面的层状结构随电极表面电荷变化而变化。Pajkossy 等人通过光谱图猜测表面电荷变化会诱发离子液体结构重构，但应用实验方法并未获得电极表面的重构结构 [71-72,178,180]。

综上，不施加电场时，组成离子液体的阴阳离子在 Au(100)、Au(110) 和 Au(111) 电极表面的聚集主要受表面能影响，即表面能越低，阴阳离子与电极相互作用能越高，阴阳离子聚集数越多。随表面电荷增加，阴阳离子在电极表面的聚集增多，但它们的聚集程度受阴阳离子与电极相互作用和阳离子在电极表面的取向共同影响。具体而言，$[Emim]^+$ 和电极相互作用越强，它在电极表面的倾斜角越大，阳离子积累越紧密，聚集度越高；而阴离子的聚集主要受阴离子与电极相互作用的影响，相互作用越强，聚集数越多。此外，图 3-5 和图 3-6 从微观角度诠释了 [Emim]TFSI 中阴阳离子在 Au(100)、Au(110) 和 Au(111) 电极表面的重构结构，该结构与 Pajkossy[71-72,178,180] 及 Rodrigues 课题组 [191] 报道一致，且与图 3-2 一起从分子尺度客观地描绘了毛秉伟 [80] 等人的猜测。

3.3.2.4 电荷密度分布

电极表面各粒子的电荷密度分布可用于分析研究体系致密层的电荷特性。根据模拟轨线，可由式（2-44）计算体系中离子（分子）的电荷密度分布。图 3-7（a）、（b）、（c）分别为 [Emim]TFSI 在 Au(100)、Au(110) 和 Au(111) 电极表面的阴离子、阳离子、阴阳离子总电荷密度分布，红线、蓝线、绿线分别代表阴离子、阳离子和总电荷的分布。由图 3-7 可知，不施加电场时，研究体系在电极表面的电荷密度振荡主要受阴离子控制。三体系在 0.26nm 处均存在局部过量的阳离子振荡峰，且该峰随着阳离子与电极相互作用的增强而增强。随后紧跟一个局部过量的阴离子峰。在这一层之后，阴离子产生了一个额外的正电荷峰。该峰是

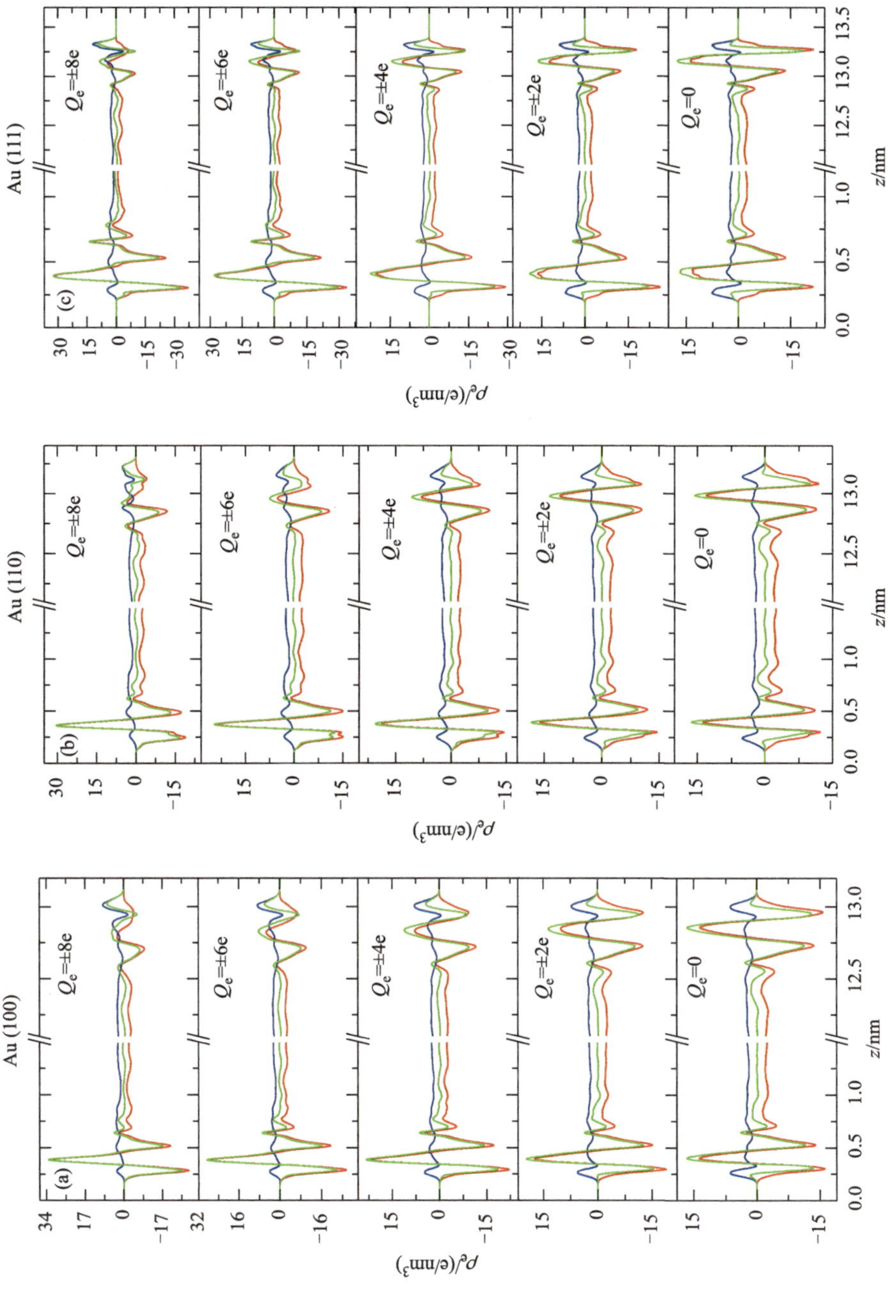

图 3-7　[Emim]TFSI 体系中阴离子、阳离子和阴阳离子在 Au(100)(a)、Au(110)(b) 和 Au(111)(c) 电极附近的电荷密度分布图

TFSI⁻ 中碳原子和硫原子产生的[143-146,192]。此外，从由图 3-7 还可看出，[Emim]TFSI 在 Au(100)、Au(110) 和 Au(111) 电极表面的振幅不同。如 3.3.1 和 3.3.2.2 节所述，随电极表面能增加，阴阳离子与电极相互作用降低，且 $[Emim]^+$ 倾斜于 Au(111) 和 Au(100) 表面而平行于 Au(110) 表面分布。在相互作用和阳离子分布状态的共同影响下，各个体系对局部多余电荷的屏蔽能力不同，导致 [Emim]TFSI 在 Au(111) 表面振幅最强、阴阳离子聚集最紧密［见图 3-7（c）］，在 Au(100) 表面次之［见图 3-7（a）］，在 Au(110) 表面振幅最弱、阴阳离子聚集最松散［如图 3-7（b）所示］。Fedorov 等人研究发现，即使不施加电场，电极表面离子积累也会导致过度筛选和静电势[48]，模拟结果与上述报道一致。

图 3-8 为表面电荷为 0 和 ±8e 时，研究体系中阴离子、阳离子、阴阳离子分别在正负电极表面的电荷密度分布图（横坐标为负数表示负电极表面的分布情况），红线、蓝线和绿线分别代表 Au(100)、Au(110) 和 Au(111) 表面的分布。由图 3-8 可知，[Emim]TFSI 在 Au(100)、Au(110) 和 Au(111) 电极上的电荷密度分布随着电极表面电荷增加而变化。施加电场后，阴阳离子共同影响电极体系的电荷密度波动。正极附近电荷密度振荡主要由阴离子控制，随表面电荷增加，电荷密度振荡随之加剧。而负极附近电荷密度分布主要由阳离子决定，随表面电荷增加，电荷密度振荡减弱。此外，施加电场后，由图 3-8（a）可知，三个体系的阳离子在距正极 0.26nm 的地方产生低于不施加电场时的轻微正电荷峰，且该峰的强度随 $[Emim]^+$ 与电极表面斥力的增强而减弱。如 3.3.1 节所述，$[Emim]^+$ 与 Au(110) 表面斥力最强，Au(100) 次之，Au(111) 最弱。在斥力的作用下，阳离子在正极表面聚集受阻，最终使该峰发生变化。紧跟该阳离子峰之后的是由阴离子产生的一个比不施加电场时高许多的多余的正电荷峰。此外，由图 3-8 还发现，无论是否施加电场，局部电荷过量只发生在距表面 1.0nm 范围内，当与电极距离超过 1.0nm 时，局域电荷过量消失。上述模拟结果不但与 Kornyshev 课题组[22]关于电极表面由过度屏蔽结构逐渐转变为过度拥挤结构的报道一致，还证实了 Atkin 等人关于离子液体德拜长度小于 1.0nm 的猜想[152]。

综上，离子很容易吸附在电极上，形成多层结构。尽管如此，受不同电极表面形貌的影响，[Emim]TFSI 在 Au(100)、Au(110) 和 Au(111) 电极表面的双电层结构各具特色。不施加电场时，阴阳离子与电极相互作用越强，电荷密度分布振幅越大、振荡越远。随着表面电荷增加，阴阳离子与电极相互作用均强于不施加电场时的电极，更多离子得以吸附到电极表面屏蔽电极表面电荷。上述原因使阴阳离子聚集更加紧密，电极表面振幅增大，振荡范围降低，双电层有效厚度变薄。

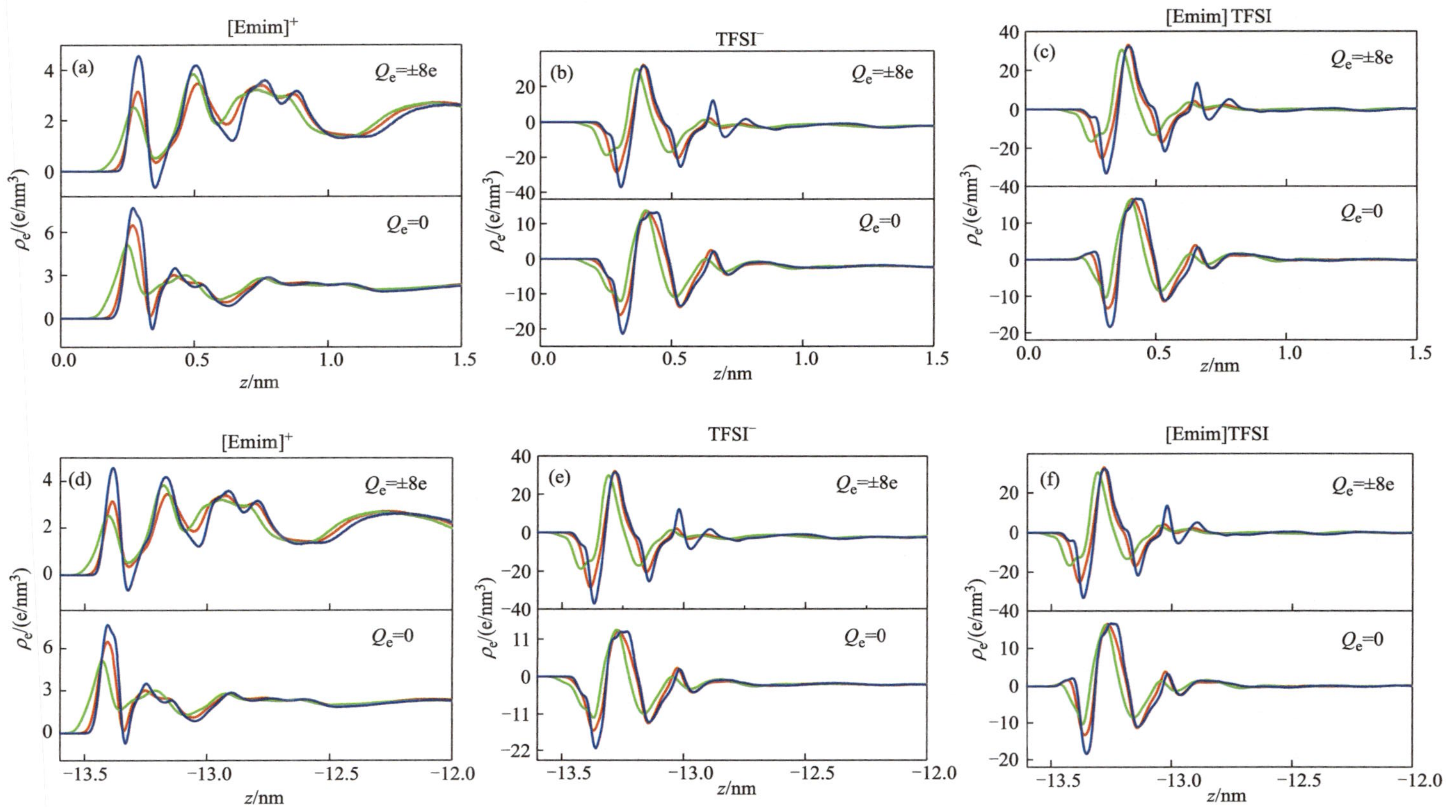

图 3-8 表面电荷为 0 和 ±8e 时，$[Emim]^+$、$TFSI^-$ 和 [Emim]TFSI 分别在正电极 [(a)(b)(c)] 和负电极 [(d)(e)(f)] 表面的电荷密度分布图

3.3.3 [Emim]TFSI在不同金表面上的电化学性质

3.3.3.1 [Emim]TFSI在不同金表面上的零电荷电势

零电荷电势（PZC）可以描绘电极表面剩余电荷为零时的电极电位。不施加电场时，PZC可以由电极上的泊松电位与离子液体体相的泊松电位差确定。根据模拟轨线，PZC可以由式（2-47）计算。图3-9为未施加电场时，[Emim]TFSI体系沿z轴方向的电位降（z轴方向如图3-1所示）。[Emim]TFSI在Au(100)、Au(110)和Au(111)电极表面的PZC分别为0.020V、0.058V和0.062V。由3.3.1节可知，研究体系阳离子与不施加电场时电极的相互作用大于阴离子与不施加电场时电极的相互作用。3.3.2.3节也已阐明，在相互作用的影响下，阳离子在电极表面的积累程度大于阴离子，因此三个体系的PZC为正值。Ohsaka等人通过实验方法测得[Emim]TFSI的PZC为0.013V[2]。综上，从PZC数值而言，以Au(100)为电极的体系与实验最相近。

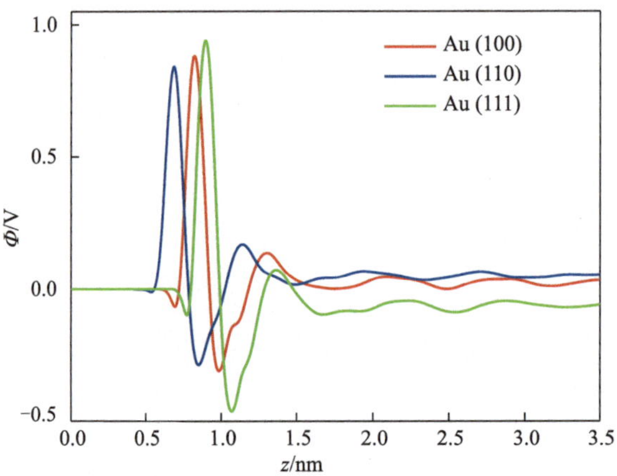

图3-9 未施加电场时，[Emim]TFSI体系沿z轴方向的电位降

根据文献报道，Au(100)表面为原子平面，Au(111)表面略有褶皱，而Au(110)表面呈波纹状[151]。由3.3.2.2节可知，$[Emim]^+$平行Au(110)表面，倾斜Au(111)和Au(100)表面，且$[Emim]^+$在Au(111)表面的倾斜角略大于Au(100)表面。在电极表面平整度及阳离子取向的共同影响下，阴阳离子在Au(111)表面填充度最高，Au(100)表面次之，Au(110)表面最低，因此[Emim]TFSI在Au(111)表面的PZC最高。此外，虽然$E_{[Emim]^+}[Au(110)] \approx E_{[Emim]^+}[Au(100)]$，但受取向影响，阳离子平行覆盖在Au(110)电极表面，阴离子难以接触该电极；而Au(100)倾斜电极取向，$TFSI^-$插入阳离子与电极空穴，较为容易地接触电极，最终使[Emim]

TFSI 在 Au(110) 表面的 PZC 比 Au(100) 表面高。

3.3.3.2 [Emim]TFSI 在不同金表面上的微分电容

微分电容（C_d）可用于表征界面在一定电势下的电荷储存能力，与双电层结构息息相关[130-131]。根据模拟轨线，C_d 可由式（2-49 ～ 2-51）计算。图 3-10（a）为 [Emim]TFSI 在 Au(100)、Au(110) 和 Au(111) 电极表面电荷密度（σ）和外加电极电位（U）的函数关系。由于 $C_d = d\sigma/dU$，通过对图 3-10（a）中的 σ-U 曲线进行微分可得到各研究体系的 C_d-U 曲线，该曲线如图 3-10（b）、（c）和（d）所示。

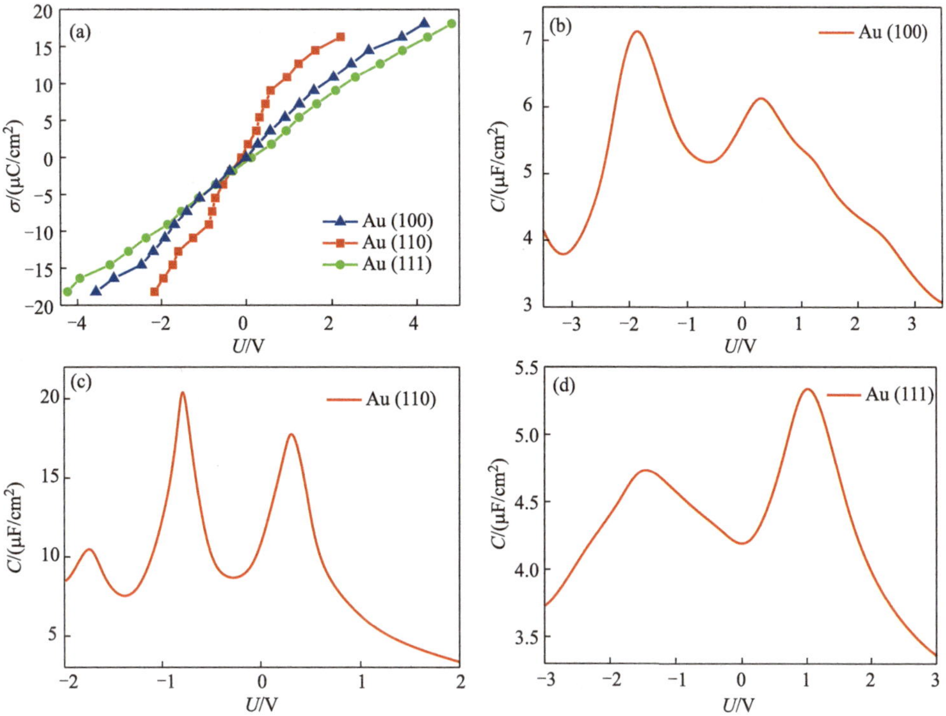

图 3-10 [Emim]TFSI 在不同电极表面的电荷密度 (σ) 与双电层电势降 (U) 的函数关系 (a) 和 [Emim]TFSI 与 Au(100)(b)、Au(110)(c)、Au(111)(d) 电极组成体系的 C_d 随双电层电势降的变化

从图 3-10 可以看出，[Emim]TFSI 与 Au(100)、Au(110) 和 Au(111) 电极组成体系的 C_d-U 曲线在研究电势范围内均为驼峰形，该 C_d-U 曲线的形状与 Fedorov 课题组报告一致[4]。然而，受不同金表面的影响，电容值区别较大。在 –2.0V 至 2.0V 电极电位窗口内，[Emim]TFSI/Au(100) 体系的电容值为 4.0 ～ 7.0μF/cm^2；[Emim]TFSI/Au(110) 体系的电容值为 1.0 ～ 24μF/cm^2；[Emim]TFSI/Au(111) 体系的电容值为 4.0 ～ 6.0μF/cm^2，上述模拟的电容值与 Pajkossy 等人的实验报道[72]

及其余课题组的模拟结果[3,101,104,178]一致。此外，由于在电化学条件下，Au(100)保持原子平面，Au(111) 表面略有褶皱，而波纹状的 Au(110) 表面波纹更加明显[151]。因此，[Emim]TFSI/Au(110) 体系的电容明显高于其余体系，该结果与Jenel Vatamanu 课题组[130-133,135]和冯光课题组[194]关于电极表面平整度对体系电容影响的报道一致。结合 3.3.2 节可知，施加电场后，电极表面能越高，阴阳离子与电极相互作用越强，更多离子得以吸附到电极表面屏蔽电极表面电荷，促使阴阳离子聚集更加紧密，电极表面振幅增大，振荡范围降低，双电层有效厚度变薄，微分电容增大。

3.4 本章小结

本章研究了 [Emim]TFSI 与金三个晶面（Au(100)、Au(110) 和 Au(111)）形成的离子液体 / 金电极体系的微观结构和性质。受不同金表面的影响，得出如下结论。

（1）阴阳离子与电极的相互作用能和电极表面能大小有关。不施加电场时，表面能越低，粒子与电极相互作用能越高；当施加电场后，表面能越高，阳离子与电极相互作用能越高；而阴离子与电极的相互作用能还与阳离子在电极表面的分布有关。阳离子在电极表面平行分布时，表面能越高，阴离子与电极相互作用能越高。当阳离子在电极表面倾斜分布时，倾斜角越小，阴离子与电极相互作用能越高。

（2）受组成离子液体的阴阳离子与电极相互作用和电极表面形貌的影响，$[Emim]^+$ 平行 Au(110) 表面，倾斜 Au(111) 和 Au(100) 表面。上述现象与是否施加电场无关。

（3）不施加电场时，$[Emim]^+$ 与 Au(100)、Au(110) 和 Au(111) 表面的相互作用均比 $TFSI^-$ 与电极表面的相互作用略大，$[Emim]^+$ 和 $TFSI^-$ 在电极表面均呈现蠕虫状图案。

（4）受电极表面形貌影响，施加电场后，阴阳离子与电极相互作用越强，更多离子得以吸附到电极表面屏蔽电极表面电荷，阴阳离子聚集更加紧密，电极表面振幅增大，振荡范围降低，双电层有效厚度变薄，微分电容增大。

综上，通过 $[Emim]^+$ 在电极表面的取向、[Emim]TFSI 与金电极体系的 PZC 及电容值判定，在电化学领域，选择 Au(100) 作为电极时与实验值较符。因此，在本文的后续工作中，选择 Au(100) 表面作为电极进行模拟研究。

第四章

阳离子不同取代位点数对咪唑离子液体/金电极界面结构与性质的影响

4.1 引言

在上一章的研究中，重点讨论了不同金表面对咪唑离子液体 / 金电极界面结构与性质的影响，发现 Au(100)、Au(110) 和 Au(111) 表面形貌影响阴阳离子与电极的相互作用，进而影响了研究体系的双电层厚度和电容大小。受电极表面形貌影响，阴阳离子与施加电场后体系的电极相互作用越强，更多离子得以吸附到电极表面屏蔽电极表面电荷，阴阳离子聚集更加紧密，振荡范围降低，双电层有效厚度变薄，微分电容增大。还明确了后续工作中选择 Au(100) 表面作为电极进行模拟研究。离子液体的显著特征是具有可设计性。阴阳离子可组合成不同性质的离子液体，阴阳离子不同必然会影响离子液体 / 金电极体系界面双电层结构和性质。因此，从本章开始，围绕阳离子环上取代位点数增加、阳离子侧链长度及阴离子类型变化对咪唑离子液体 / 金电极体系界面结构与性质的影响开展研究。本章重点讨论咪唑阳离子环上不同取代位点数对咪唑离子液体 / 金电极界面结构与性质的影响。

咪唑环上与氮相连的氢（N—H）和 C1 上的氢为酸性氢，该氢易与阴离子形成氢键 [195]（原子标签见图 4-1）。当咪唑环上与氮相连的氢（N-H）和 C1 上的氢烷基化后，破坏了阴阳离子间的氢键，使咪唑离子液体物化性质和电化学窗口发生明显变化 [187,196-198,212]，离子液体的电化学稳定性得以提高 [197-201]。毛秉伟等通过循环伏安法、原子力显微镜和扫描隧道显微镜观察到 [Emim]TFSI 和 [Emmim] TFSI 在金电极表面存在不同的层状结构 [80]。Feliu 等人通过循环伏安法观察到 [Emim]TFSI 和 [Emmim]TFSI 与金电极接触时，两体系的电化学窗口相似，但仅在 [Emmim]TFSI 体系中发现氧化和还原峰 [202-204]。这些研究结果不仅表明咪唑环上 H1 和 H4 烷基化会破坏阴阳离子间的氢键，对体系双电层结构产生影响，还证实了阳离子结构的微小变化会影响离子液体的电化学窗口及物化性质，最终对体系电化学性质造成影响。除此之外，Lauw 等人 [205] 发现阴离子和阳离子的相对大小对电化学体系的性能也有影响，较大的离子在电极表面占据更多空间，使体系双电层厚度降低，影响电化学性能。

本章选取 [X]TFSI（X= $[Mim]^+$、$[Emim]^+$ 和 $[Emmim]^+$）为电解液，Au(100) 面为电极材料，从原子（分子）尺度研究了阳离子环上取代位点数增加对体系双电层结构、电化学性质的影响和变化规律。研究结果不但有助于理解阳离子环上取代位点数增加对 Au(100) 电极界面结构的影响，还可以为该类离子液体在电沉积、电化学器件等方面的应用提供理论依据。

4.2 计算方法

本章涉及的阴离子和阳离子（离子对）的稳定几何构型采用 Gaussian 09 软件包 [182] 中的 DFT 方法在 B3LYP/6-31+G（d）水平下进行全优化并经振动频率分析无虚频得到。Gaussian View 6.0[183] 用于初始结构建模。稳定构型如图 4-1（a）、（b）、（c）和（d）所示。所得稳定几何构型被用于在同一理论水平下计算阴阳离子体积、最高占有轨道（HOMO）、最低未占有轨道（LUMO）及其能量（E_{HOMO} 和 E_{LUMO}）。

分子动力学模拟应用 Gromacs 软件包 [156] 进行。[Mim]TFSI、[Emim]TFSI 和 [Emmim]TFSI 离子液体的力场数据源于 Ludwig 等人开发的 OPLS-AA 力场 [165]，金电极表面的 Lennard-Jones 参数取自冯光等人的报道 [181]（力场参数详见附录 B）。在模拟盒子中随机放入 512 对阴阳离子作为纯体系的初始构型，用以验证力场的可靠性。保持上一步所得密度，将 512 对 [Mim]TFSI、[Emim]TFSI 和 [Emmim]TFSI 离子液体中的阴阳离子分别随机放入 4.2nm × 4.2nm × 10.850nm，4.2nm × 4.2nm × 13.590nm，4.2nm × 4.2nm × 14.720nm 的模拟盒子中。将三层 Au(100) 晶面置于上一步得到的模拟盒两端组成界面模型进行模拟，模拟参数详见 2.3.3 节。根据运动轨线计算了质量密度、数密度、电荷密度及微分电容等物理量，计算方法见 2.3.4 节。

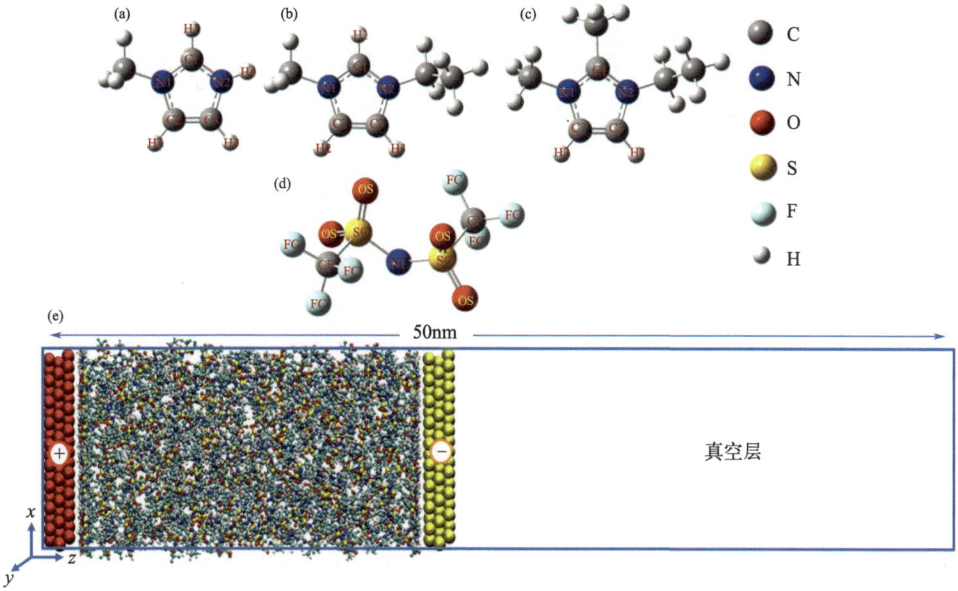

图 4-1　[Mim]$^+$(a)、[Emim]$^+$(b)、[Emmim]$^+$(c)、TFSI$^-$ 的稳定几何图形 (d) 和两个平面 Au(100) 电极组成的分子动力学模拟模型 (e)

4.3 结果与讨论

4.3.1　不同取代位点数的咪唑阳离子的结构特征

本节从静电势分布、分子前线轨道和空间位阻三方面研究阳离子的结构特征。静电势指将单位正电荷从无穷远处移到分子 A 周围空间某点 r 处所做的功 [206]，公式为：

$$V_{tot}(r)=\sum_{A}^{N}\frac{Z_A}{|r-R_A|}-\int\frac{\rho(r')}{|r-r'|}\mathrm{d}r' \qquad (4\text{-}1)$$

其中，Z_A是分子 A 原子核的电荷，R_A代表分子 A 原子核的坐标，r'代表正电荷到分子 A 的距离，$\rho(r')$代表分子电子密度，N代表分子 A 中原子核的总数。

静电势对预测离子（分子）的活性位点具有重要意义。静电势表将单位正电荷从无穷远处移动到分子周围空间某点处所做的功。负静电势越多的区域代表吸引亲电介质的能力越强，正静电势越多的位点代表吸引亲核介质的能力越强，被亲核介质攻击时容易接受电子。

图 4-2 为根据式（4-1）计算得到的 $[Mim]^+$、$[Emim]^+$ 和 $[Emmim]^+$ 的静电势分布图。H1 和 H4 被烷基取代，引入了供电子基团，在该基团的影响下，阳离子咪唑环上静电势发生变化，即 $[Emim]^+$ 的正电荷在 H1 上最大，$[Emmim]^+$ 的正电荷在 C1 上最大，而 $[Emim]^+$ 和 $[Emmim]^+$ 上乙基和丁基的正电荷最小。

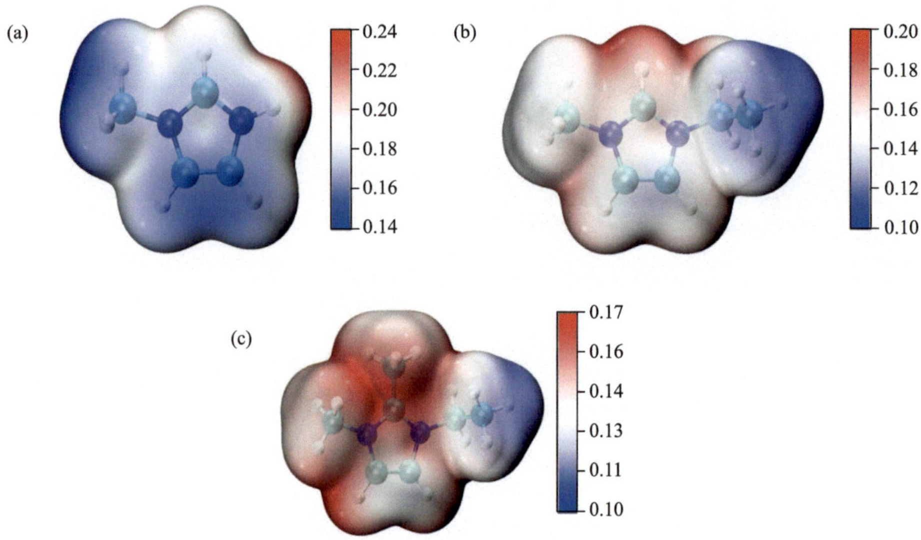

图 4-2　$[Mim]^+$(a)、$[Emim]^+$(b) 和 [Emmim](c) 的静电势分布（单位：a.u）

阴离子相同时，组成离子液体的阳离子的体积直接影响离子液体的空间位阻。阳离子体积大小为 $[Emmim]^+ > [Emim]^+ > [Mim]^+$。将组成离子液体的阳离子和阴离子的体积比设为 R 时发现，随着取代位点数增加，阳离子的空间位阻和 R 逐渐增大（如表 4-1 所示）。[Mim]TFSI 体系中，阳离子空间位阻最小，阴离子比阳离子大 1.7 倍（R=0.6）；而 [Emmim]TFSI 的空间位阻最大，阴阳离子大小接近（R=0.9）。受空间位阻影响，$[Mim]^+$ 最容易靠近和远离电极表面，其次是 $[Emim]^+$ 和 $[Emmim]^+$。

为讨论反应活性，还研究了 [Mim]TFSI、[Emim]TFSI 和 [Emmim]TFSI 的前线轨道分布。HOMO 是电子占据的最外层轨道，它的能量 E_{HOMO} 决定了分子（离子）传递电子的能力。最内层的未占据轨道称为 LUMO，它的能量 E_{LUMO} 表示分子（离子）的电子获取能力 [208]，该值越大说明其接受电子的能力越弱。能隙（ΔE，$\Delta E=E_{LUMO}-E_{HOMO}$）可以反映分子（离子）吸附在金属表面的难易程度，可以更准确地评估它们的结合能力。该值越小，越容易吸附到金属表面 [208]。相应的离子液体的 E_{HOMO}、E_{LUMO} 和 ΔE 在表 4-1 中给出。由表 4-1 可知，研究体系 ΔE 仅有微小差异，而 E_{HOMO} 和 E_{LUMO} 差异显著（如表 4-1 所示）。由表 4-1 还发现，E_{LUMO} 的排列顺序为：$[Emmim]^+$ > $[Emim]^+$ > $[Mim]^+$，说明 $[Emmim]^+$ 得电子能力最弱，而 $[Mim]^+$ 得电子能力最强。这意味着烷基取代 H_1 和 H_4 引入了推电子基团，更多电荷聚集在咪唑环周围，使 E_{LUMO} 升高，阳离子得电子能力降低。

表4-1 $[Mim]^+$、$[Emim]^+$和$[Emmim]^+$的摩尔体积(MV)，阳离子和阴离子体积比(R)以及E_{HOMO}、E_{LUMO}和ΔE

阳离子	MV /（$\times10^{-3}cm^3/mol$）	R	E_{HOMO}/eV	E_{LUMO}/eV	ΔE/eV
$[Mim]^+$	83.1	0.6	−0.452	−0.205	0.247
$[Emim]^+$	111.2	0.8	−0.436	−0.189	0.246
$[Emmim]^+$	125.2	0.9	−0.418	−0.176	0.241

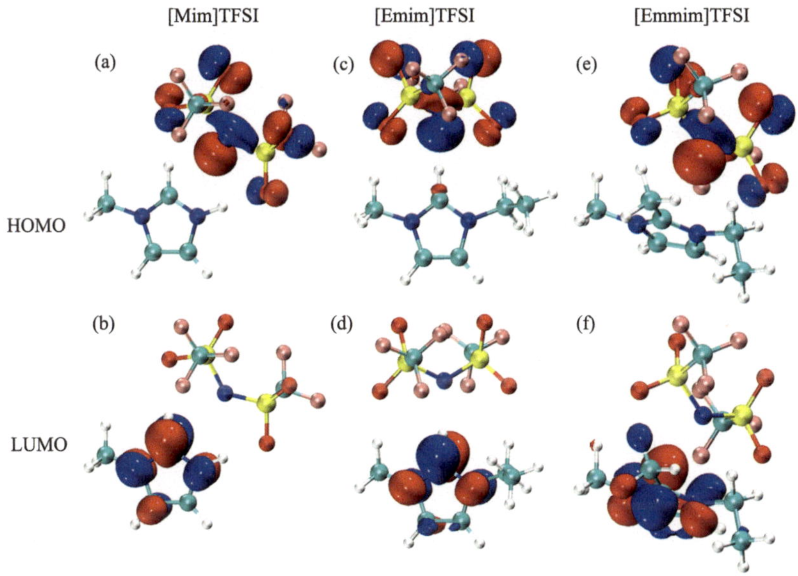

图 4-3 [Mim]TFSI[(a)(b)]、[Emim]TFSI[(c)(d)] 和 [Emmim]TFSI[(e)(f)] 的前线轨道分布图

图 4-3 为离子液体的最稳定构型和 HOMO、LUMO 轨道分布图。由图 4-3 可知，HOMO 轨道主要分布在 $TFSI^-$ 上，而 LUMO 轨道主要分布在阳离子上。如图 4-3（b)、(d)、(f）所示，$[Mim]^+$ 和 $[Emim]^+$ 的电荷主要聚集在咪唑环的 C1、C2、N1 和 N2 上。当 H1 和 H4 都被烷基取代后，更多电荷聚集到阳离子咪唑环上。受静电势分布影响，在 [Mim]TFSI 和 [Emim]TFSI 体系中，$TFSI^-$ 主要与咪唑环共面分布；而在 [Emmim]TFSI 体系中，$TFSI^-$ 主要集中在 $[Emmim]^+$ 上下分布，此分布方式使 [Emmim]TFSI 更稳定地吸附在 Au(100) 表面。

综上，烷基取代位点数越多，咪唑环周围电荷聚集越多，$TFSI^-$ 在阳离子周围的分布发生变化，最终使咪唑阳离子越容易吸附在电极表面。

4.3.2 不同取代位点数的咪唑阳离子体系中各粒子与金电极的相互作用能

如 4.3.1 节所述，烷基取代 H1 和 H4 引入了供电子基团，改变了阳离子 E_{LUMO} 和咪唑环的静电势分布。E_{LUMO} 和阳离子咪唑环静电势分布的变化最终导致阴阳离子与电极之间相互作用的差异。相互作用能可以用于描述离子（分子）与电极间相互作用的强度。根据式（2-53）计算了 [Mim]TFSI、[Emim]TFSI 和 [Emmim]TFSI 体系中各离子（分子）与 Au(100) 表面的相互作用（如表 4-2 ～表 4-4 所示）。表中 RSD 为三次相互作用能计算后的相对标准偏差，用于说明计算结果的精密度。同时，为便于对比，表 4-5 以表面电荷 0e 和 ±8e 为例，汇总了各体系的相互作用能（单位：kJ/mol）。

表4-2 [Mim]TFSI中各粒子与Au(100)的相互作用能

σ	相互作用粒子	E /(kJ/mol)	RSD	相互作用粒子	E /(kJ/mol)	RSD	相互作用粒子	E /(kJ/mol)	RSD
8e	Au(100) / [Mim] TFSI	−163.07	-0.045	Au(100) / $[Mim]^+$	443.40	0.014	Au(100) / $TFSI^-$	−608.77	−0.002
6e		−131.23	−0.051		342.58	0.017		−473.81	−0.004
4e		−127.47	−0.003		226.89	0.005		−350.23	−0.018
2e		−116.68	−0.006		92.96	0.007		−209.64	−0.005
0		−112.99	−0.008		−42.53	−0.007		−70.46	−0.008
−2e		−120.07	−0.005		−184.41	−0.003		64.34	0.008
−4e		−124.80	−0.006		−325.26	−0.002		200.46	0.001
−6e		−145.48	−0.075		−475.49	−0.009		330.01	0.021
−8e		−170.63	−0.006		−602.11	−0.002		431.49	0.001

表4-3 [Emim]TFSI中各粒子与Au(100)的相互作用能

σ	相互作用粒子	E /(kJ/mol)	RSD	相互作用粒子	E /(kJ/mol)	RSD	相互作用粒子	E /(kJ/mol)	RSD
8e	Au(100) / [Emim] TFSI	−161.54	−0.010	Au(100) / $[Emim]^+$	412.48	0.002	Au(100) / $TFSI^-$	−574.02	−0.002
6e		−103.42	−0.001		325.28	0.001		−428.70	−0.001
4e		−87.50	−0.003		215.75	0.001		−303.25	−0.001
2e		−87.11	−0.001		86.67	0.002		−173.78	−0.001
0		−90.95	−0.002		−50.62	−0.005		−40.33	−0.001
−2e		−88.44	−0.003		−182.90	−0.001		94.46	0.000
−4e		−98.41	−0.004		−323.03	−0.002		224.62	0.000
−6e		−118.49	−0.007		−472.25	−0.002		353.86	0.000
−8e		−172.69	−0.007		−617.04	−0.001		444.52	0.003

表4-4 [Emmim]TFSI中各粒子与Au(100)的相互作用能

σ	相互作用粒子	E /(kJ/mol)	RSD	相互作用粒子	E /(kJ/mol)	RSD	相互作用粒子	E /(kJ/mol)	RSD
8e	Au(100) / [Emmim] TFSI	−173.40	−0.006	Au(100) / $[Emmim]^+$	407.27	0.003	Au(100) / $TFSI^-$	−580.67	−0.003
6e		−133.08	−0.074		306.14	0.028		−439.22	−0.004
4e		−114.81	−0.078		201.09	0.029		−315.90	−0.010
2e		−85.47	−0.008		79.76	0.004		−165.23	−0.003
0		−116.26	−0.006		−73.45	−0.008		−42.80	−0.009
−2e		−124.51	−0.001		−218.68	0.000		94.18	0.001
−4e		−124.05	−0.003		−350.01	−0.001		225.95	0.000
−6e		−163.43	−0.010		−503.93	−0.004		340.77	0.003
−8e		−200.06	−0.013		−639.73	−0.004		439.67	0.001

表4-5 [Mim]TFSI, [Emim]TFSI, [Emmim]TFSI 中各粒子与Au(100)的相互作用能 (σ=0, ±8e)　　单位：kJ/mol

σ	[Mim] TFSI	[Emim] TFSI	[Emmim] TFSI	$[Mim]^+$	$[Emim]^+$	$[Emmim]^+$	$TFSI^-$		
							[Mim]TFSI	[Emim]TFSI	[Emmim] TFSI
8e	−163.07	−161.54	−173.40	443.40	412.48	407.27	−608.77	−574.02	−580.67
0	−112.99	−90.95	−116.26	−42.53	−50.62	−73.45	−70.46	−40.33	−42.80
−8e	−170.63	−172.69	−200.06	−602.11	−617.04	−639.73	431.49	444.52	439.67

从表 4.2 ～表 4.5 可知，不施加电场时，阳离子和 Au(100) 表面的相互作用强弱为 $E_{[Emmim]^+}$([Emmim]TFSI) > $E_{[Emim]^+}$([Emim]TFSI) > $E_{[Mim]^+}$([Mim]TFSI)，即烷基取代位点数越多，阳离子和电极相互作用越强，越容易吸附在电极表面；而阴离子和 Au(100) 表面的相互作用强弱为 E_{TFSI^-}([Mim]TFSI) > E_{TFSI^-}([Emmim]TFSI) ≈ E_{TFSI^-}([Emim]TFSI)。当表面电荷为 ±8e 时，阴阳离子与电极相互作用增强，相互作用大小趋势与不施加电场时一致。

上述相互作用强弱与毛秉伟课题组通过 AFM 观测到的一致 [80]。如 4.3.1 节所述，LUMO 轨道主要分布在阳离子上，虽然阳离子得电子能力随阳离子取代位点数增加而逐渐降低，但取代位点数增加使更多电荷聚集到阳离子咪唑环上，导致阳离子与电极相互作用增加。此外，受咪唑环周围电荷聚集的影响，$TFSI^-$ 在阳离子周围的分布各异。在阳离子空间位阻和阳离子与电极取向的双重影响下，[Mim]TFSI 体系中阴离子与电极相互作用最强，[Emmim]TFSI 体系次之，[Emim]TFSI 体系最弱。

4.3.3 不同取代位点数的咪唑阳离子体系/金电极界面双电层结构

4.3.3.1 阴阳离子在金电极上的图像

图 4-4（a）、（b）、（c）分别为 [Mim]TFSI、[Emim]TFSI 和 [Emmim]TFSI 在 Au(100) 表面第一层的图像。图中黄线、红线分别代表不施加电场时阴阳离子在电极表面的图案，红色和黄色球体代表正极和负极的 Au(100) 原子。从图 4-4（a）可以看出 [Mim]TFSI 体系中的阴阳离子在 Au(100) 上分别呈线形和蠕虫状图案，图 4-4（b）和（c）显示了阴阳离子在 [Emmim]TFSI 体系中的线形图案及 [Emim]TFSI 体系中的蠕虫状图案。

在前期的研究中证实，离子液体与电极的相互作用是导致其在电极表面呈不同图案的原因，即弱相互作用使得阴阳离子在电极表面呈蠕虫状图案，而强相互作用使其呈线形图案 [186,209]。如 4.3.2 节所述，阳离子和 Au(100) 表面的相互作用强弱为 $E_{[Emmim]^+}$([Emmim]TFSI) > $E_{[Emim]^+}$([Emim]TFSI) > $E_{[Mim]^+}$([Mim]TFSI)，而阴离子和 Au(100) 表面的相互作用强弱为 E_{TFSI^-}([Mim]TFSI) > E_{TFSI^-}([Emmim]TFSI) ≈ E_{TFSI^-}([Emim]TFSI)。除此之外，$E_{[Emim]^+}$([Emim]TFSI) 和 E_{TFSI^-}([Emim]TFSI) 相差不大，[Mim]TFSI 中阴离子与电极的相互作用约为阳离子与电极相互作用的一倍，而 [Emmim]TFSI 中阴离子与电极的相互作用约为阳离子与电极相互作用的一半。通过分析各体系相互作用能，量化了在 Au(100) 表面形成蠕虫状和线形图案的原因，即不施加电场时，离子在 Au(100) 上基本倾斜分布而呈现蠕虫状图案，但当一种离子与 Au(100) 的相互作用是另一种离子的大约 2 倍及以上时，该离子在 Au(100) 上平行分布呈直线形图案。至此，也证实了毛秉伟课题组关于咪唑型离子液体在 Au(100) 电极表面上呈蠕虫状和线形图像的猜想[185]。然而，若单纯地考虑相互作用能，[Emmim]TFSI 体系中阴离子应为蠕虫状图案。但在该体系中，$[Emmim]^+$ 平行于电极表面分布，该分布虽然削弱了 $TFSI^-$ 与电极的相互作用，但 $TFSI^-$ 呈顺势构象吸附在电极表面（如 4.3.3.4 节所述），该构象使其在电极表面也呈现直线形图案。

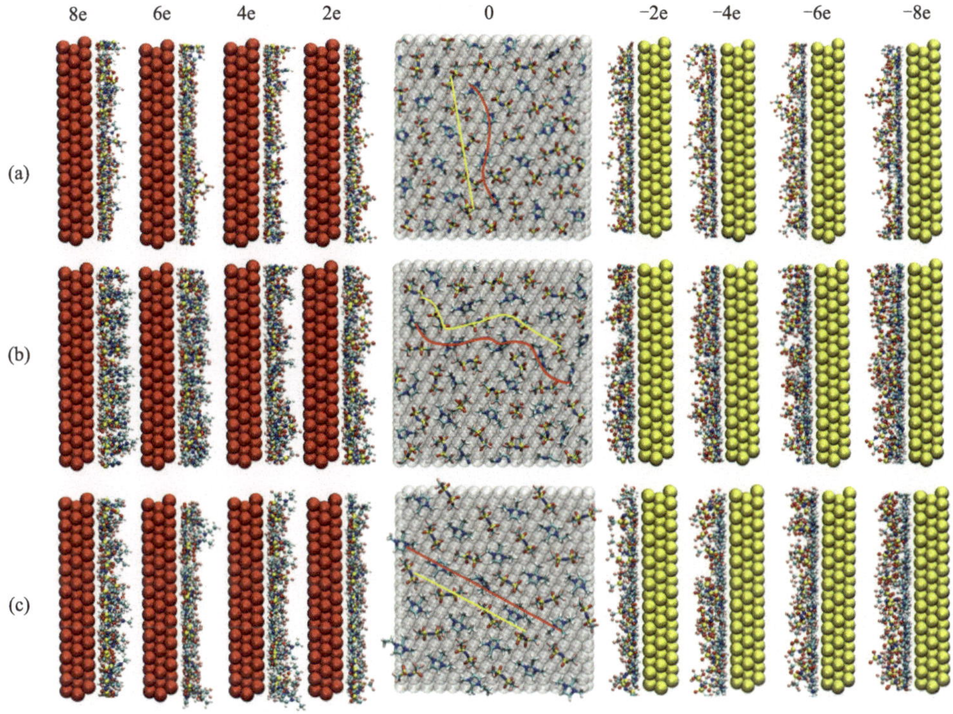

图 4-4 [Mim]TFSI(a)、[Emim]TFSI(b) 和 [Emmim]TFSI(c) 在 Au(100) 表面第一层的图像

由图 4-4 还可以看出，随着表面电荷增加，阳（阴）离子与正极的斥力（引力）、与负极的引力（斥力）均增加，使阳（阴）离子逐渐从正（负）电极表面排出，在负（正）极表面第一层聚集。尽管如此，当表面电荷为 8e 时，一些阳离子仍然出现在正电极表面第一层。由于阳离子体积较大，空间位阻明显，难以从正极表面第一层完全排出，因此仍可观察到少量的阳离子在该层出现。当表面电荷为 −8e 时，阳离子咪唑环略微倾斜地吸附在负电极表面（见图 4-6）。在斥力的

作用下，除 [Mim]TFSI 体系外，[Emim]TFSI 和 [Emmim]TFSI 体系中的阴离子几乎完全从负极表面第一层完全排出。

图 4-5 为部分文献报道的通过 STM 观察到的 [Emim]TFSI 和 [Emmim]TFSI 在 Au(100) 表面上的图案。由图 4-5 可知，表面电荷为 0 时，[Emim]TFSI 在 Au(100) 表面呈蠕虫状图案，[Emmim]TFSI 在 Au(100) 表面呈线形图案。通过模拟得到的图案与上述实验观察到的现象吻合。

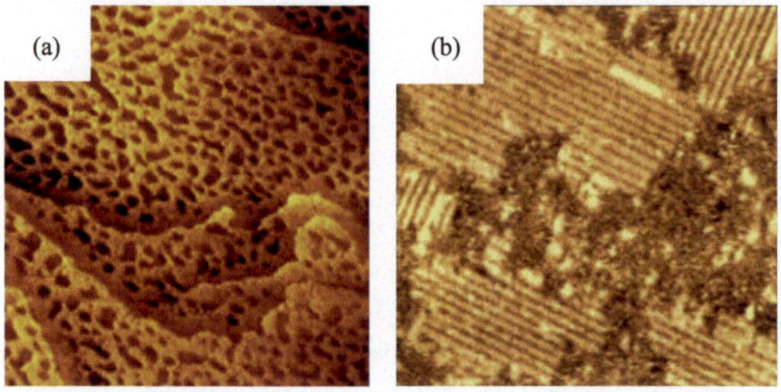

图 4-5　通过 STM 观察到的 [Emim]TFSI(a)[Emmim]TFSI(b) 在 Au(100) 表面的图像[80,185]

综上，随取代位点数增加，阳离子由蠕虫状图案变为线形图案，而阴离子既有线形图案也有蠕虫状图案。具体而言，阴阳离子在 [Mim]TFSI 体系中分别呈线形和蠕虫状图案，在 [Emim]TFSI 体系中呈蠕虫状图案，而在 [Emmim]TFSI 体系中呈线形图案。通过阴阳离子与电极相互作用能证实，不施加电场时，$E_{[\mathrm{Emim}]^+}$([Emim]TFSI) 和 E_{TFSI^-}([Emim]TFSI) 相差不大，[Mim]TFSI 中阴离子与电极的相互作用约为阳离子与电极相互作用的一倍，而 [Emmim]TFSI 中阴离子与电极的相互作用约为阳离子与电极相互作用的一半。因此，不施加电场时，离子在 Au(100) 上基本倾斜分布而呈现蠕虫状图案，但当一种离子与 Au(100) 的相互作用是另一种离子的大约 2 倍及以上时，该离子在 Au(100) 上平行分布呈直线形图案。然而，若根据以上规律，[Emmim]TFSI 体系中阴离子应为蠕虫状图案。但在该体系中，$[\mathrm{Emmim}]^+$ 在电极表面平行分布，虽然削弱了 TFSI^- 与电极相互作用，但 TFSI^- 呈顺势构象吸附在电极表面（如 4.3.3.4 节所述），该构象使阴离子有序性增强，导致它在电极表面也呈现直线形图案。随着电极表面电荷增加，阴阳离子与电极相互作用均增加，且阳离子与电极相互作用与阳离子 E_{LUMO} 相同。相互作用能差异最终使 [Mim]TFSI、[Emim]TFSI 和 [Emmim]TFSI 在 Au(100) 表面呈现各自特征双电层结构。

4.3.3.2　阳离子金电极上的取向

电极与阳离子咪唑环法向量之间的夹角可用于解析电极表面第一层阳离子的

取向，该取向对界面结构有影响。本文把垂直于咪唑环平面的直线设为咪唑环的法向量，该法向量与电极的夹角用以说明电极表面第一层阳离子的取向。图 4-6 是表面电荷为 0 和 ±8e 时，电极表面第一层咪唑环法向量与该表面间夹角（θ）的概率分布 $P(\theta_{ring})$，实线表示在不施加电场的电极表面的概率分布，虚线表示表面电荷为 -8e 时的概率分布，其中插图（a）、（b）和（c）分别为 $[Mim]^+$、$[Emim]^+$ 和 $[Emmim]^+$ 咪唑环与电极表面夹角示意图。

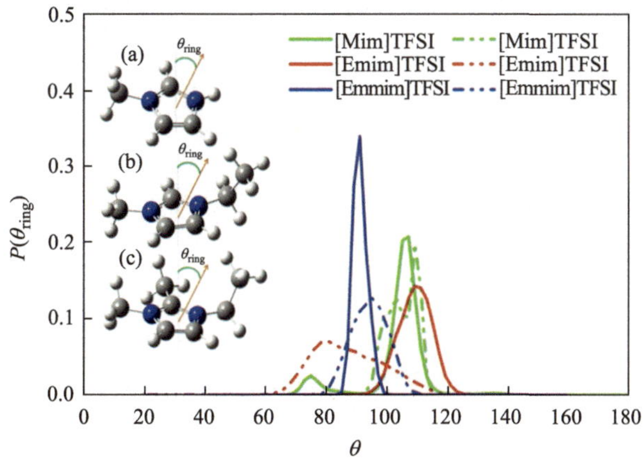

图 4-6　第一层咪唑环法向量与电极表面夹角的概率分布

由图 4-6 可知，不施加电场时，$[Mim]^+$ 分别在 106.4° 和 75.0° 附近有大小两个峰；当 H4 被乙基取代后，$[Emim]^+$ 在 109.5° 附近观察到一个低峰；当 H1 和 H4 被甲基和乙基取代后，$[Emmim]^+$ 在 90.0° 附近呈现明显尖峰。上述峰值说明 $[Mim]^+$ 和 $[Emim]^+$ 倾斜于电极分布（$[Mim]^+$ 倾斜角分别约为 16.4° ，15.0° ；$[Emim]^+$ 倾斜角为 19.5° ），而 $[Emmim]^+$ 平行于电极分布。当表面电荷为 -8e 时，阳离子与负电极表面夹角发生变化。$[Mim]^+$、$[Emim]^+$、$[Emmim]^+$ 和 Au(100) 表面的夹角分别变为 109.3° 、82.5° 和 95.5° ，即：随着表面电荷增加，阳离子均倾斜于电极取向，但倾斜程度与不施加电场时不同。具体而言，$[Mim]^+$ 双峰消失，仅在 109.3° 呈现一个分裂峰；$[Emim]^+$ 与负 Au(100) 表面的夹角减小，倾斜程度降低；$[Emmim]^+$ 与电极表面的夹角为 5.5° ，略微倾斜于电极取向。上述夹角与实验现象一致 [184, 185,210,212]。如 4.3.1 节和 4.3.2 节所述，随烷基取代增加，阳离子与电极相互作用增强，咪唑环周围电荷聚集增加，受静电势分布影响，[Mim]TFSI 和 [Emim]TFSI 体系中，$TFSI^-$ 主要与咪唑环共面分布；[Emmim]TFSI 体系中，$TFSI^-$ 主要集中在 $[Emmim]^+$ 上下分布。因此，在阳离子与电极相互作用增强及阴离子特征分布的共同影响下，阳离子翻转能力降低，阳离子与电极表面的倾斜角减小。上述特征与 Santos 等人关于烷基取代 H4 导致阳离子的翻转能力降低的报道一致 [193]。

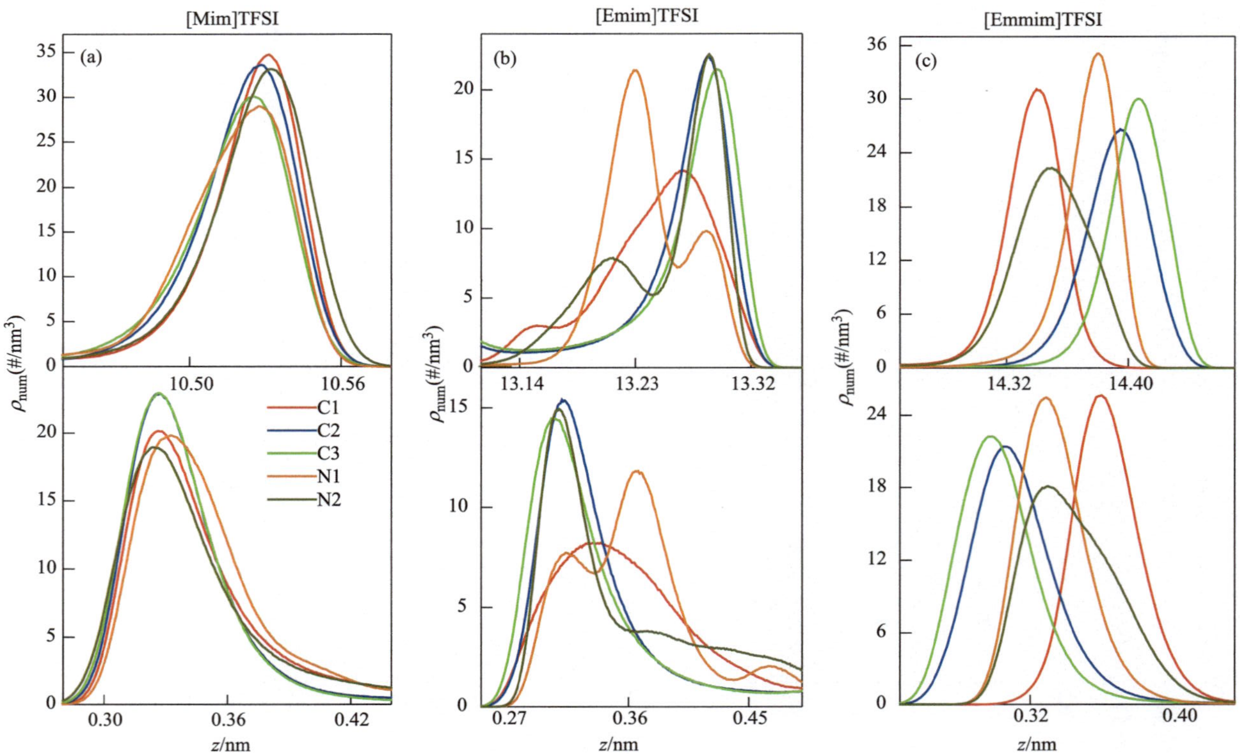

图 4-7 [Mim]TFSI(a)、[Bmim]TFSI(b) 和 [Emmim]TFSI(c) 在 Au(100) 电极上咪唑环上碳原子（C1、C2、C3）和氮原子（N1、N2）的数密度分布（底图和顶图表面电荷分别为 0 和 –8e）

根据模拟轨线，可由式（2-42）计算体系中阳离子咪唑环上碳原子（C1、C2、C3）和氮原子（N1、N2）的数密度分布（原子标签见图4-1），进而更准确地研究咪唑环在电极表面的取向。图4-7为表面电荷为0e和 ±8e时咪唑环上碳原子（C1、C2、C3）和氮原子（N1、N2）的数密度分布。从图4-7（a）可以看出，不施加电场时，$[Mim]^+$咪唑环上的N2离电极最近，其次是C1、C2、C3和N1；当电极表面电荷为 -8e，$[Mim]^+$咪唑环上的N2离电极最近，其次是C1、C2、N1和C3。说明在表面电荷的诱导下，$[Mim]^+$咪唑环发生明显翻转。从图4-7（b）可以看出，当H4被乙基取代后，$[Emim]^+$咪唑环上的C3最接近电极，其次是N2、N1、C2和C1；当表面电荷为 -8e时，C3最接近电极，其次是C2、N2、N1和C1，说明在表面电荷的诱导下，$[Emim]^+$咪唑环发生旋转。从图4-7（c）可以看出，当H4和H1分别被乙基和甲基取代后，无论是否施加电场，$[Emmim]^+$咪唑环上的C3体系都最接近电极，其次是C2、N1、N2、C1，说明$[Emmim]^+$咪唑环在表面电荷的诱导下，既不翻转也不旋转。

综上，LUMO轨道主要分布在阳离子上，虽然阳离子得电子能力随取代位点数增加而逐渐降低，但取代位点数增加使更多电荷聚集到阳离子咪唑环上，导致阳离子与电极相互作用随取代位点数增加而增强。此外，[Mim]TFSI和[Emim]TFSI体系中的$TFSI^-$受阳离子静电势分布影响主要与咪唑环共面分布；而[Emmim]TFSI体系中的$TFSI^-$主要集中在$[Emmim]^+$上下分布。因此，在阳离子与电极相互作用增强及阴离子分布的共同影响下，阳离子翻转及旋转能力降低，其与电极表面的倾斜角减小。不同的取向将影响阴阳离子在电极表面的分布方式、体系双电层结构和电化学性质，该内容在下一节中展开讨论。

4.3.3.3 质量密度分布

质量密度分布指单位体积内某离子（分子）的质量。根据模拟轨线，可由式（2-43）计算体系中离子（分子）的质量密度分布，进而研究[Mim]TFSI、[Emim]TFSI和[Emmim]TFSI在电极附近的双电层微观结构。图4-8（a）、（b）、（c）分别为不同表面电荷时[Mim]TFSI，[Emim]TFSI和[Emmim]TFSI体系的质量密度分布图。由图4-8可知，除电极表面出现明显的长程有序结构外[138,213]，[Mim]TFSI、[Emim]TFSI和[Emmim]TFSI体系的质量密度有明显波动，且第一层的振荡比其他层更明显。由图4-8可知，三体系第一层的厚度为0.6～0.8nm（[Mim]TFSI体系为0.63nm、[Emim]TFSI体系为0.73nm、[Emmim]TFSI体系为0.73nm），该厚度与阳阴离子体积比趋势一致。除上述共性以外，受相互作用及阳离子在电极表面取向的影响，不同体系的振荡范围和振幅各具特色。不施加电场时，

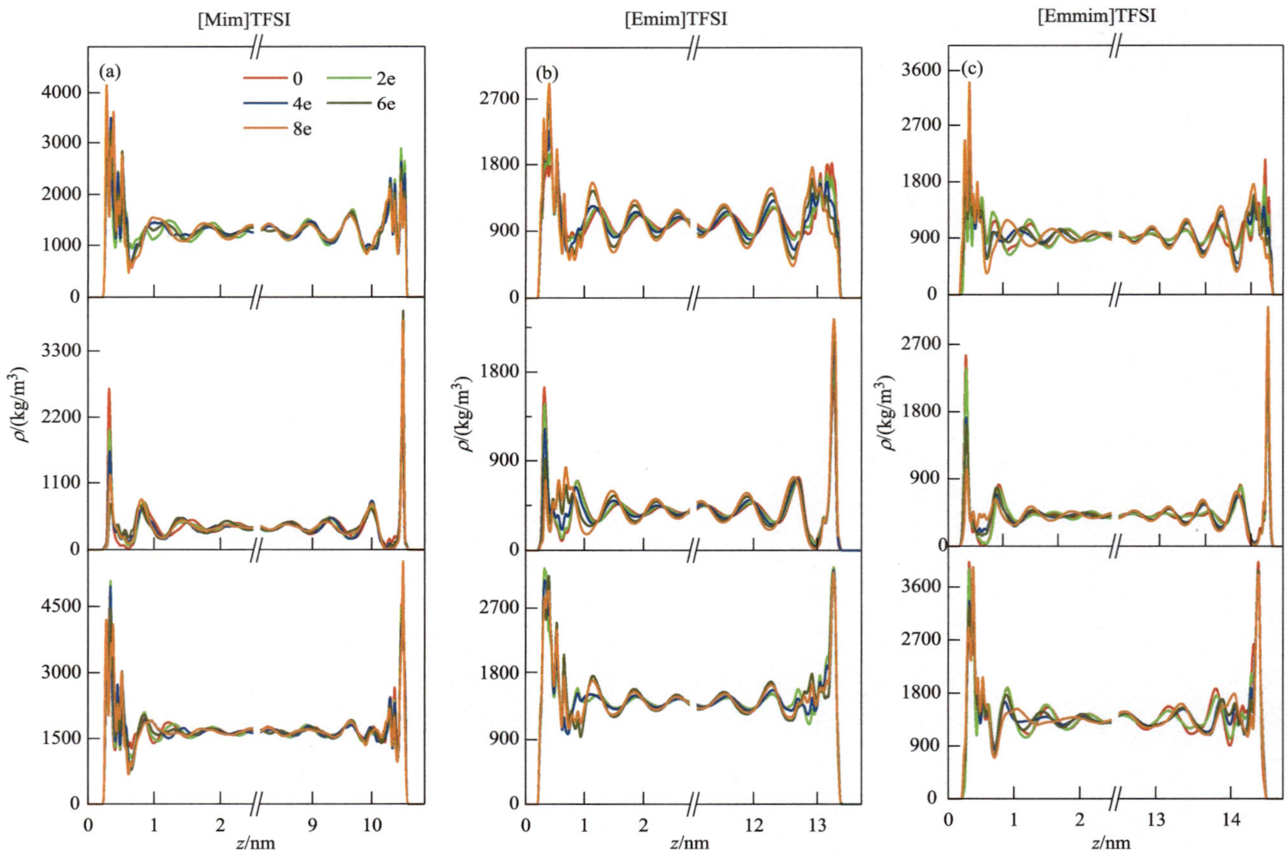

图 4-8　不同表面电荷时，[Mim]TFSI(a)、[Emim]TFSI(b) 和 [Emmim]TFSI(c) 的质量密度分布曲线

（上、中、下图分布代表三个不同体系的阴离子、阳离子和体相分布）

[Emim]TFSI 与电极相互作用最弱（–90.95kJ/mol），由图 4-8（b）可知，该体系在 Au(100) 表面形成厚度约为 2.27nm 的 3 层结构；虽然 [Mim]TFSI 和 [Emmim]TFSI 与电极相互作用差距不大（分别为 –112.99kJ/mol，–116.26kJ/mol），但由图 4-8（a）可知，[Mim]TFSI 在电极表面形成厚度约 1.5nm 的 3 层结构，而由图 4-8（c）可知，[Emmim]TFSI 在电极表面形成厚度约 2.5nm 的 4 层结构。如 4.3.1 节所述，随阳离子取代位点数增加，阳离子空间位阻增大；如 4.3.1 节所述，取代位点数增加使阳离子静电势分布变化，导致 [Mim]TFSI 和 [Emim]TFSI 体系中的 $TFSI^-$ 主要与咪唑环共面分布，而 [Emmim]TFSI 体系中的 $TFSI^-$ 主要集中在 $[Emmim]^+$ 上下分布，最终使 $[Mim]^+$ 和 $[Emim]^+$ 在电极表面倾斜分布，而 $[Emmim]^+$ 在电极表面平行分布。因此，在阳离子空间位阻、阳离子取向和阴离子在咪唑环附近分布的共同影响下，[Mim]TFSI 体系双电层最薄，[Emim]TFSI 体系次之，[Emmim]TFSI 体系最厚。此外，不施加电场时，虽然阳离子与电极表面的相互作用能大小为 $E_{[Emmim]^+}$([Emmim]TFSI) > $E_{[Emim]^+}$([Emim]TFSI) > $E_{[Mim]^+}$([Mim]TFSI)，但受阳离子空间位阻和阴离子分布的影响，[Mim]TFSI、[Emim]TFSI 和 [Emmim]TFSI 体系中第一层总质量密度都由阳离子和阴离子共同贡献。施加电场时，三体系随表面电荷增加，阳离子在正极的质量密度分布明显下降，在负极的分布明显增加。当电极表面电荷为 +8e 时，阳离子也并未完全从电极表面第一层排出。然而，随表面电荷增加，$TFSI^-$ 几乎完全从阴极表面第一层排出［如图 4-8（a）、（b）和（c）的上层图所示］。

图 4-9 为表面电荷为 0 和 ±8e 时，[Mim]TFSI、[Emim]TFSI 和 [Emmim]TFSI 中阴离子、阳离子和体相分别在正负电极表面的质量密度分布对比图（横坐标为负数表示负电极表面的分布情况），红线、绿线和蓝线分别代表 [Mim]TFSI、[Emim]TFSI、[Emmim]TFSI 体系的分布。由图 4-9 可知，三体系随表面电荷增加，阳离子在正极的质量密度分布明显下降，在负极的分布明显增加［见图 4-9（b）和（e）］。与阳离子分布相反，阴离子在正极的分布明显增加，在负极的分布明显下降［见图 4-9（a）和（d）］。由图 4-9（a）、（b）、（d）和（e）可知，在阳极附近，阴离子的杂峰数量逐渐减少，第一个阴离子（阳离子）峰振幅增加，且更靠近正（负）表面。随着阳离子从电极表面第一层排出，它的第一个峰减小，第二个峰明显增加。由于 E ([Emmim]TFSI) > E ([Emim]TFSI) ≈ E ([Mim]TFSI)，[Emmim]TFSI 在电极表面的振荡最远，[Emim]TFSI 和 [Mim]TFSI 相似。此外，由于 [Mim]TFSI 与正负电极相互作用相似，而 [Emim]TFSI 和 [Emmim]TFSI 与正极相互作用小于负极，因此 [Mim]TFSI 体系在正负电极附近的振荡范围相似，而 [Emim]TFSI 和 [Emmim]TFSI 体系在正极附近的振荡比负极附近振荡近。该振荡范围与

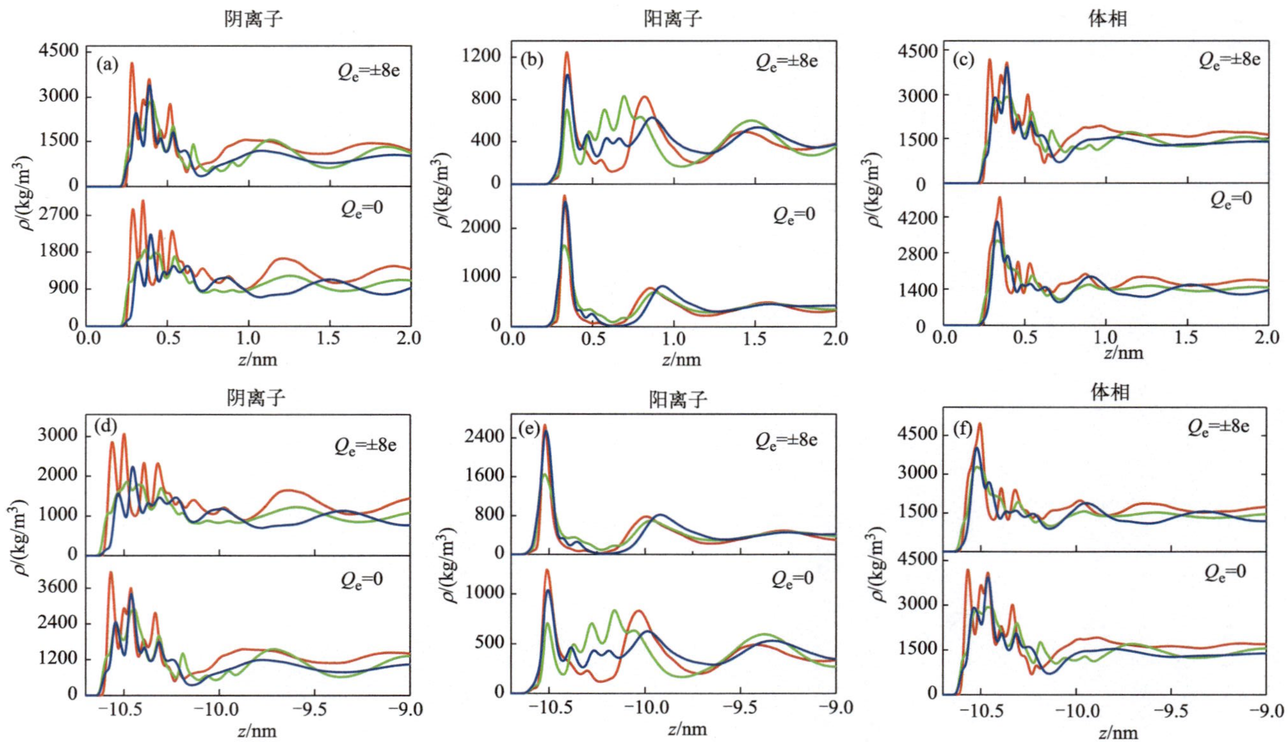

图 4-9　表面电荷为 0 和 ±8e 时，阴离子、阳离子和体相分别在正电极 [(a) (b) (c)]、负电极 [(d) (e) (f)] 表面的质量密度分布

电极表面有效双电层厚度相关。该有效双电层厚度直接影响了研究体系的电化学性能[152]。

4.3.3.4 数密度分布

虽然质量密度分布可以获得阴阳离子在 Au(100) 表面的层状结构，但不能量化它们的聚集情况。根据模拟轨线，可由式（2-42）计算体系中离子（分子）的数密度分布。通过数密度分布不但可以定量地分析研究体系在电极附近的双电层微观结构，还可以揭示离子的构象。因此，应用 [Mim]TFSI、[Emim]TFSI 和 [Emmim]TFSI 中阴阳离子的数密度分布可进一步定量地分析各体系双电层的结构特点。图 4-10（a)、(b)、(c）分别为 [Mim]TFSI、[Emim]TFSI 和 [Emmim]TFSI 体系中阴阳离子在 Au(100) 表面的数密度分布，红线和蓝线分别代表阳离子和阴离子的数密度分布。由图 4-10 可知，不施加电场时，$[Mim]^+$、$[Emim]^+$、$[Emmim]^+$ 和 $TFSI^-$ 电极表面均呈现明显的振荡，且振荡在离表面 3.0nm 处趋于平衡，该结果与文献报道一致[68]。除此之外，不施加电场时，随阳离子取代位点数增加，阴阳离子层振荡范围逐渐增加。如 4.3.2 节所述，不施加电场时，研究体系中阴离子与电极相互作用强弱为 E_{TFSI^-}([Mim]TFSI) > E_{TFSI^-}([Emmim]TFSI) ≈ E_{TFSI^-}([Emim]TFSI)。因此，在相互作用的影响下，[Mim]TFSI 中 $TFSI^-$ 振荡范围最远，[Emim]TFSI 和 [Emmim]TFSI 中 $TFSI^-$ 振荡范围降低。阳离子与电极相互作用强弱为 $E_{[Emmim]^+}$([Emmim]TFSI) > $E_{[Emim]^+}$([Emim]TFSI) > $E_{[Mim]^+}$([Mim]TFSI)。随着取代位点数增加，阳离子空间位阻增大，虽然它与电极相互作用逐渐增强，但受空间位阻和阳离子取向的影响，阳离子在电极表面难以紧密聚集，最终导致振荡范围降低。

由图 4-10 还可以发现，不施加电场时，第一阴阳离子层振幅随取代位点数增加逐渐降低。从图 4-10（a）看出，[Mim]TFSI 体系最大阳离子层振幅大约是其他体系的两倍，表明 [Mim]TFSI 体系中阳离子填充更彻底，排列更紧凑；$TFSI^-$ 峰值在 [Mim]TFSI 体系中明显高于其他体系，表明 $TFSI^-$ 在 [Mim]TFSI 体系中的填充程度更高，分布更紧凑。如 4.3.2 节所述，$E_{[Emim]^+}$([Mim]TFSI) 约为 −42.53kJ/mol，$E_{[Emim]^+}$([Emim]TFSI) 约为 −50.62kJ/mol，$E_{[Emmim]^+}$([Emmim]TFSI) 约为 −73.45kJ/mol。如 4.3.3.2 节所述，不施加电场时，$[Emmim]^+$ 在电极表面平行分布，在相同大小的电极表面填充度最低；而 $[Mim]^+$ 和 $[Emim]^+$ 都以不同的夹角倾斜电极分布，其中 $[Mim]^+$ 的夹角为 16.4° 和 15.0° ，$[Emim]^+$ 的夹角为 19.5° 。因此，$[Mim]^+$ 和 $[Emim]^+$ 倾斜电极，有利于在电极表面紧密填充。由于 $[Mim]^+$ 空间位阻最小，因此填充度最高。

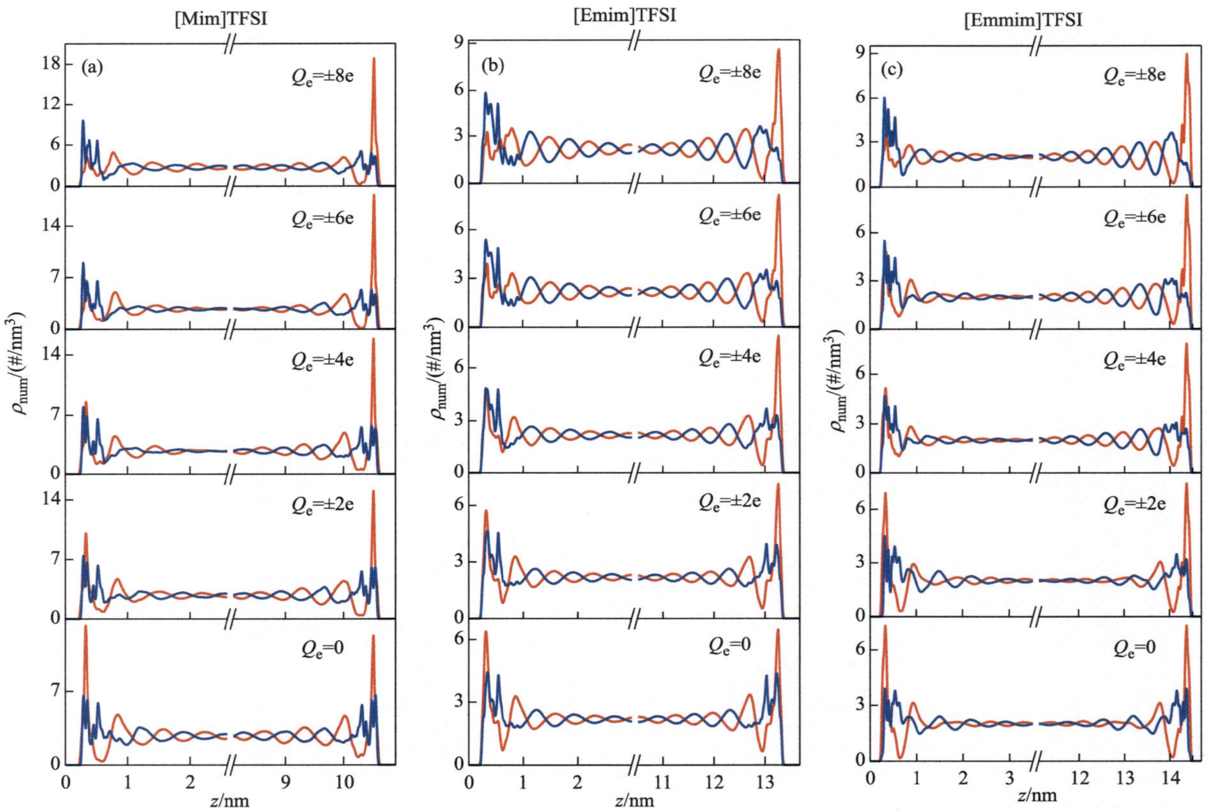

图 4-10　不同表面电荷时 Au(100) 上 [Mim]TFSI(a)、[Emim]TFSI(b) 和 [Emmim]TFSI(c) 的阴阳离子数密度分布图

毛秉伟[80]和 Feliu 课题组[202-204]均通过实验发现研究体系在电极表面的层状结构随电极表面电荷变化而变化。Pajkossy 等人通过光谱图猜测表面电荷变化会诱发离子液体结构重构，但应用实验方法并未获得电极表面的重构结构[71-72,178,180]。分析图 4-10 发现，当电极被赋予不同的表面电荷后，阴阳离子在电极表面的数密度分布发生明显变化。随阳离子取代位点数增加，阴阳离子层振荡范围逐渐增大。如 4.3.2 节所述，随着表面电荷增加，阴阳离子与电极表面相互作用明显增大，且阴阳离子和 Au(100) 之间的相互作用强弱分别为 E_{TFSI^-}([Mim]TFSI) > E_{TFSI^-}([Emim]TFSI) > E_{TFSI^-}([Emmim]TFSI)，$E_{[Emmim]^+}$([Emmim]TFSI) > $E_{[Emim]^+}$([Emim]TFSI) > $E_{[Mim]^+}$([Mim]TFSI)。如 4.3.3.2 节所述，随着表面电荷增加，$[Mim]^+$ 在电极表面翻转，以 19.3° 倾斜于电极取向，而 $[Emim]^+$ 在电极表面旋转，以 7.5° 倾斜于电极取向（倾斜角小于不施加电场的体系），而 $[Emmim]^+$ 在电极表面既不翻转也不旋转，仅以 5.5° 略微倾斜于取向。加之 $TFSI^-$ 在 [Mim]TFSI 和 [Emim]TFSI 体系中主要与咪唑环共面分布，而在 [Emmim]TFSI 体系中主要集中在 $[Emmim]^+$ 上下分布。因此，在阴阳离子与电极相互作用及阳离子取向、阴离子分布位置的共同影响下，[Emim]TFSI 体系振荡最远，[Emmim]TFSI 体系次之，而 [Mim]TFSI 体系最近。

由图 4-10 还发现当表面电荷为 −8e 时，阴离子完全从负极表面第一层排出，而阳离子体积较大且不规则，使其完全从电极表面第一层排出需要较强的斥力。在研究范围内，阳离子与电极相互作用不足以驱动其完全从电极表面第一层排出，使得在正电极表面第一层仍然可以观察到少量阳离子。上述现象与图 4-4 中观察到的一致。综上，图 4-10 从微观角度诠释了 [Mim]TFSI、[Emim]TFSI 和 [Emmim]TFSI 在 Au(100) 电极表面的重构结构，该结构与 Pajkossy[71-72,178,180] 及 Rodrigues 课题组报道一致[191]，且与图 4-4 一起从分子尺度客观地描绘了毛秉伟[80]和 Feliu[202-204]等人的猜测。

图 4-11 为表面电荷为 0 和 ±8e 时，[Mim]TFSI、[Emim]TFSI 和 [Emmim]TFSI 中阴阳离子分别在正负电极表面的数密度分布对比图（横坐标为负数表示负电极表面的分布情况），红线、绿线和蓝线分别代表 [Mim]TFSI、[Emim]TFSI 和 [Emmim]TFSI 体系的分布。由图 4-11 可知，随阳离子取代位点数增加，第一层阴阳离子层振幅逐渐降低。如 4.3.3.2 节所述，阳离子在表面电荷的诱导下以特征取向吸附在电极表面。受阴阳离子与电极相互作用的影响，[Mim]TFSI 体系中阴阳离子排列紧凑，填充彻底，随取代位点数增加，排列变得松散，填充度逐渐降低。反离子逐渐填充到电极表面第一层，研究体系最终都形成了阴阳离子交替的振荡层。如 4.3.3.2 节所述，E_{TFSI^-}([Mim]TFSI) > E_{TFSI^-}([Emim]TFSI) > E_{TFSI^-}

([Emmim]TFSI)，$E_{[Emmim]^+}$([Emmim]TFSI) > $E_{[Emim]^+}$([Emim]TFSI) > $E_{[Mim]^+}$([Mim]TFSI)，由于 [Mim]TFSI 体系中，E_{TFSI^-}([Mim]TFSI)≈$E_{[Mim]^+}$([Mim]TFSI)，而 [Emim]TFSI 和 [Emmim]TFSI 体系中，E_{TFSI^-}([Emim]TFSI) 和 E_{TFSI^-}([Emmim]TFSI) 都小于 $E_{[Emmim]^+}$([Emmim]TFSI) 和 $E_{[Emim]^+}$([Emim]TFSI)，因此 [Mim]TFSI 在正负电极附近的振荡范围相似，而 [Emim]TFSI 和 [Emmim]TFSI 体系在正极附近的振荡范围比负极附近振荡范围近。

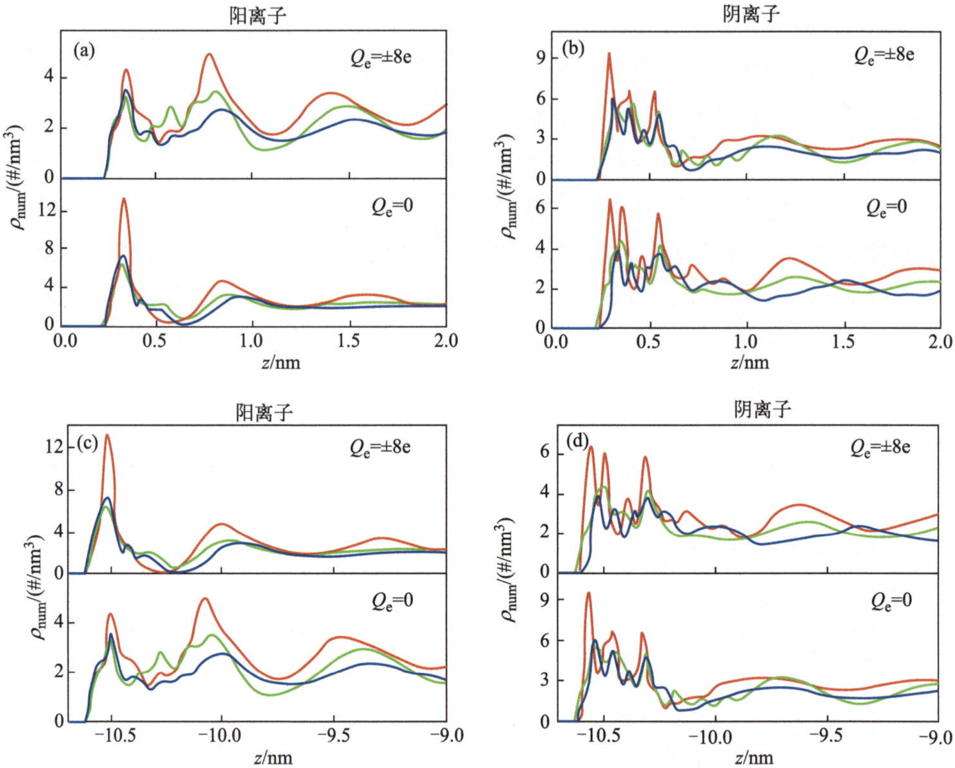

图 4-11　表面电荷为 0 和 ±8e 时，阳离子和阴离子分别在正电极 [(a)(b)] 和负电极 [(c)(d)] 表面的数密度分布

$TFSI^-$ 中氧（OS）、氮（NI）和氟（FC）原子的数密度分布可以分析 $TFSI^-$ 的构象。图 4-12（a）、（b）、（c）分别为表面电荷为 0e 和 ±8e 时，[Mim]TFSI、[Emim]TFSI 和 [Emmim]TFSI 中 $TFSI^-$ 的氧原子 (OS)、氮原子 (NI) 和氟原子 (FC) 数密度分布图（原子标签见图 4-1），底图和顶图分别表示表面电荷为 0 和 8e 时的分布。不施加电场时，由图 4-12（a）和（b）可知，在 [Mim]TFSI 和 [Emim]TFSI 体系中，氟、氧和氮原子都呈现出双峰形，说明在这两个体系中 $TFSI^-$ 呈

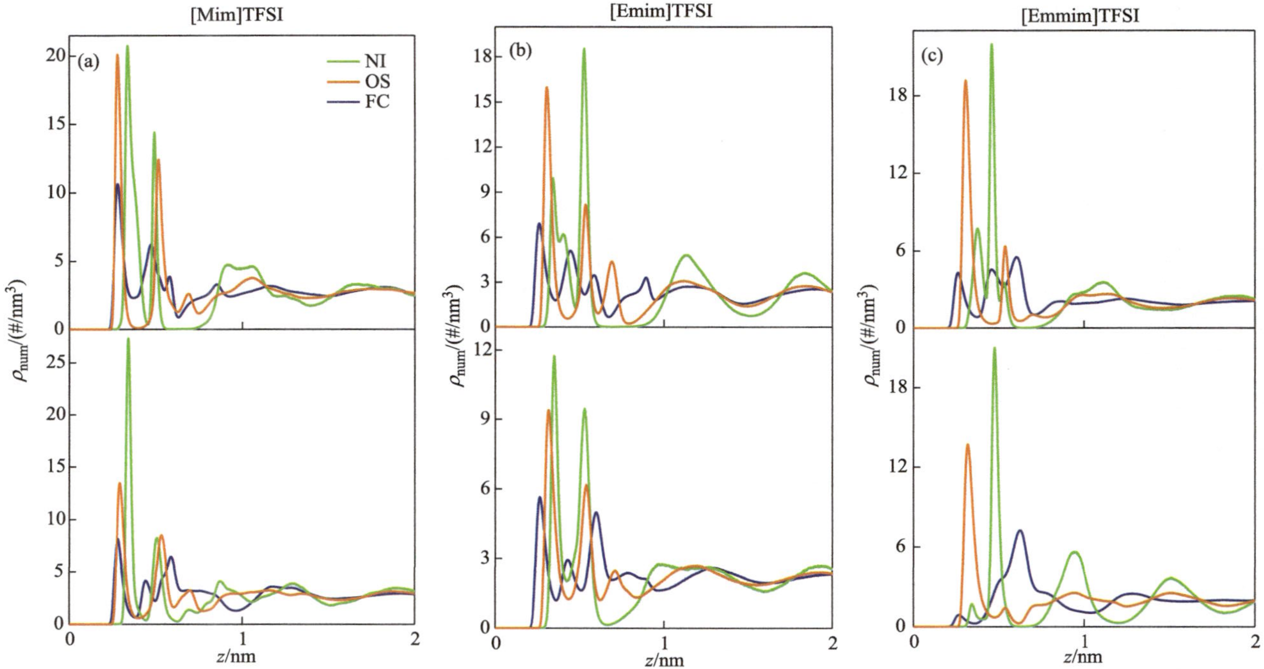

图 4-12 [Mim]TFSI(a)、[Emim]TFSI(b) 和 [Emmim]TFSI(c) 中 $TFSI^-$ 的氧原子 (OS)、氮原子 (NI) 和氟原子 (FC) 数密度分布图（底图和顶图分别表示表面电荷为 0 和 8e 时的分布）

反式构象，其中一个 CF_3 指向电极，另一个 CF_3 指向体相。由图 4-12（c）可知，在 [Emmim]TFSI 体系中，氟、氧和氮原子都呈现出一个单峰，氧原子最接近电极表面。说明在这个体系中，$TFSI^-$ 呈顺势构象，其中 SO_2 朝向电极，CF_3 朝向体相。此外，由图 4-12（a）和（b）还发现，随电极表面电荷增加，[Mim]TFSI 和 [Emim]TFSI 体系中，氟、氧和氮原子的峰形不变；而由图 4-12（c）发现，[Emmim]TFSI 体系中，它们由单峰变为双峰。说明在该体系中，$TFSI^-$ 的构象由顺势变为反式，且一个 CF_3 指向电极，另一个 CF_3 指向体相。综上，不施加电场时，H1 和 H4 同时被甲基取代使阴离子在电极表面呈顺势构象，且该构象随表面电荷增加而逐渐变为反式；而 H4 被烷基取代对阴离子构象无影响。此外，受 $TFSI^-$ 顺势构象的影响，阴离子在电极表面排列规则，最终形成线形图案。

4.3.3.5 电荷密度分布

电极表面各粒子的电荷密度分布可用于分析研究体系致密层的电荷特性。根据模拟轨线，可由式（2-44）计算体系中离子（分子）的电荷密度分布。图 4-13（a）、（b）和（c）分别显示了 [Mim]TFSI、[Emim]TFSI 和 [Emmim]TFSI 在电极表面阴离子、阳离子、阴阳离子总电荷密度分布，红线、蓝线、绿线分别代表阴离子、阳离子和总电荷的分布。

由图 4-13 可知，不施加电场时，体系电荷密度振荡主要受阴离子控制。三个体系在 0.27nm 处均有局部过量的阳离子振荡峰，且该峰随着取代位点数增加而逐渐增强，随后紧跟一个局部过量的阴离子峰。受阴离子与电极相互作用影响，[Mim]TFSI 体系产生的局部过量阴离子峰振幅最强［见图 4-13（a）］，其次是 [Emim]TFSI 和 [Emmim]TFSI［见图 4-13（b）和（c）］。在这一层之后，阴离子产生了一个由 $TFSI^-$ 中碳原子和硫原子贡献的额外的正电荷峰[143-146,192]。值得注意的是，与其他体系不同，由于 $[Emmim]^+$ 平行于电极取向，加之该体系中 $TFSI^-$ 在电极表面呈顺势构象（电负性较强的氧原子面向电极表面），使 [Emmim]TFSI 体系在 0.27nm 处的总电荷密度由阳离子控制［见图 4-13（c）］。阳离子因取代位点数增加而具有不同的体积性质和特征取向，在相互作用的影响下，使 [Mim]TFSI、[Emim]TFSI 和 [Emmim]TFSI 在电极表面的层厚度不同，其中 [Mim]TFSI 体系双电层最薄［见图 4-13（a）］，[Emim]TFSI 体系次之［见图 4-13（b）］，[Emmim]TFSI 体系双电层最厚［见图 4-13（c）］。局部电荷过量只发生在距表面 1.0nm 范围内。当距离增加到 1.0nm 以上时，局部电荷过量消失。Fedorov 等人研究发现，即使不施加电场，电极表面离子积累也会导致过度筛选和静电势[48]，模拟结果与上述报道一致。

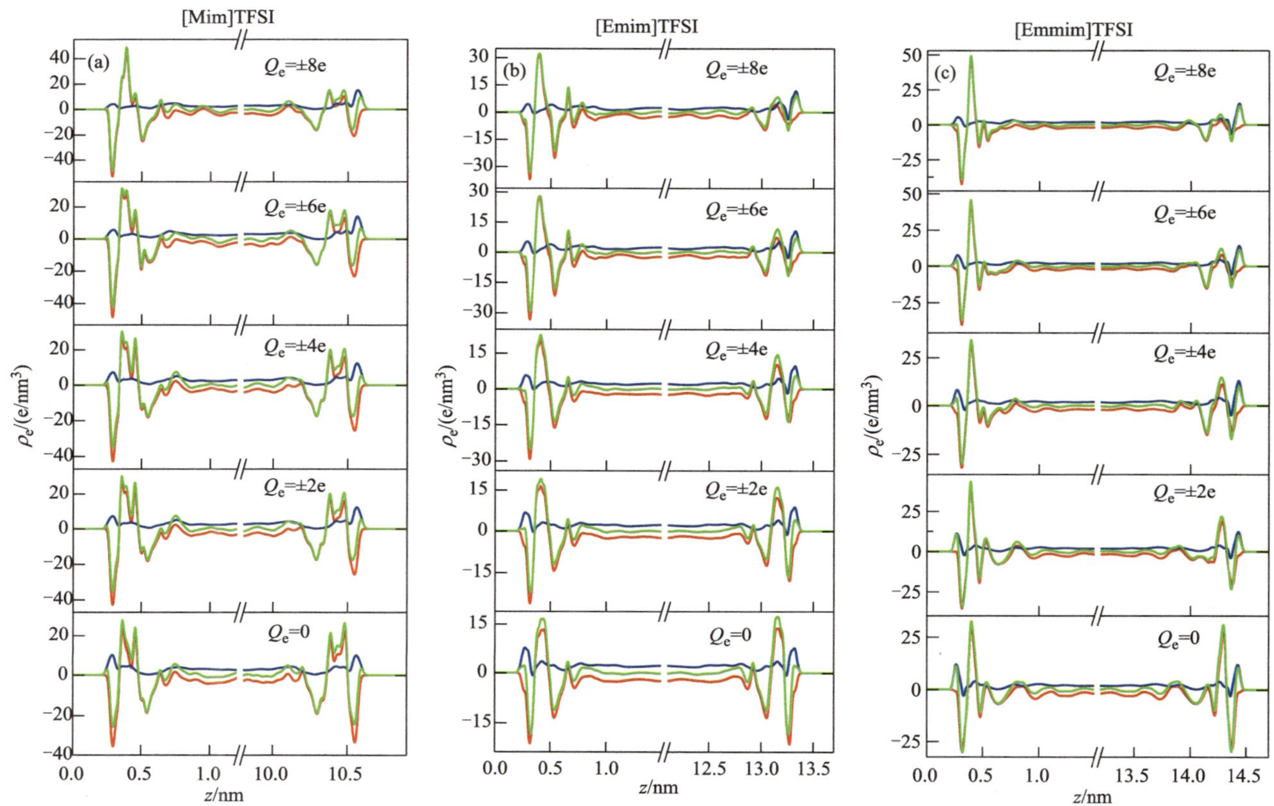

图 4–13　[Mim]TFSI(a)、[Emim]TFSI(b) 和 [Emmim]TFSI(c) 体系中阴离子、阳离子和阴阳离子在 Au(100) 电极附近的电荷密度分布图

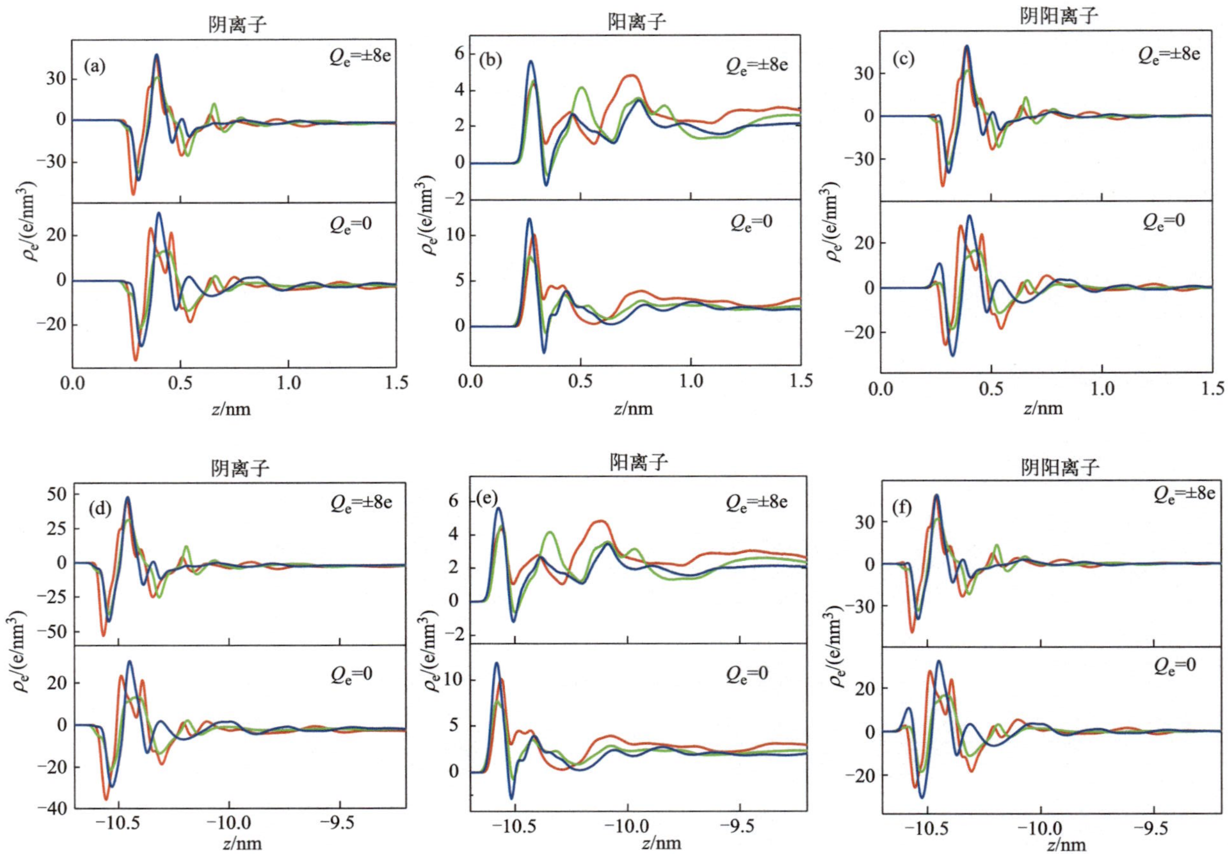

图 4-14　表面电荷为 0 和 ±8e 时，[Mim]TFSI、[Emim]TFSI 和 [Emmim]TFSI 体系中阴离子、阳离子和阴阳离子在正 [(a) (b) (c)]、负 [(d) (e) (f)]Au(100) 电极附近的电荷密度分布图

由图 4-13 可知，随着电极表面电荷增加，[Mim]TFSI、[Emim]TFSI 和 [Emmim]TFSI 体系的电荷密度分布也发生变化。施加电场时后，三个体系的电荷密度波动由阴离子和阳离子共同控制。正极附近电荷密度振荡主要由阴离子控制，随表面电荷增加，电荷密度振荡随之加剧。而负极附近电荷密度分布主要由阳离子决定，随表面电荷增加，电荷密度振荡减弱。如 4.3.3.3 节和 4.3.3.4 节所述，随着表面电荷增加，阴阳离子逐渐吸附在正负电极表面，共离子逐渐从电极表面排出，使其在电极表面电荷密度振荡不同。阳离子因取代位点数增加而具有不同的体积性质和特征取向，对局部多余电荷的屏蔽能力有限。

图 4-14 为表面电荷为 0 和 ±8e 时，研究体系的阴离子、阳离子和阴阳离子总电荷分别在正负电极表面的电荷密度分布对比图（横坐标为负数表示负电极表面的分布情况）。在正极上，由图 4-14（a）、（b）、（c）可知，阳离子在 0.27nm 处产生高于不施加电场体系的轻微正电荷峰。紧跟其后的是由阴离子产生的一层比不施加电场体系峰值高许多的多余正电荷层。如图 4-14（d）、（e）、（f）所示，在 [Mim]TFSI、[Emim]TFSI 和 [Emmim]TFSI 体系中，在离负极表面 0.83nm、0.86nm 和 0.95nm 处观察到过量的阳离子峰。相反，多余的阴离子产生相同强度的局部负电荷。根据 Kornyshev 课题组的报道 [22]，上述现象源于表面剩余电荷增加，电极表面结构由过度屏蔽逐渐转变为过度拥挤结构，即在第一层反离子之外，受强静电作用的影响，第二层的离子也与第一层离子所带电荷完全相同，第三层才出现同离子导致。此外，与不施加电场时相同，只有距表面 1.0nm 范围内受到剩余电荷的影响。当与电极距离超过 1.0nm 时，局部电荷过量消失。上述模拟结果不但与 Kornyshev 课题组 [22] 关于电极表面由过度屏蔽结构逐渐转变为过度拥挤结构的报道一致，还证实了 Atkin 等人 [152] 关于离子液体德拜长度小于 1.0nm 的猜想。

综上，离子很容易吸附在电极上形成多层结构。尽管如此，受阳离子取代位点数增加的影响，[Mim]TFSI、[Emim]TFSI 和 [Emmim]TFSI 在 Au(100) 电极表面的双电层结构各具特色。在不施加电场体系中，随着阳离子取代位点数增加，阴阳离子与电极的相互作用增强，电荷密度分布振幅加剧、振荡扩大；随着表面电荷增加，阴阳离子与电极相互作用增强，电荷密度分布均比增加，更多离子得以吸附到电极表面屏蔽电极表面电荷。最终导致阴阳离子聚集更加紧密，电极表面振幅增大，振荡范围降低，双电层有效厚度变薄。

4.3.4 不同取代位点数的咪唑阳离子 / 金电极体系的电化学性质

4.3.4.1 [X]TFSI/Au(100) 体系的零电荷电势

零电荷电势（PZC）可以描绘电极表面剩余电荷为零时的电极电位。不施加电场时，PZC 可以由电极上的泊松电位与离子液体体相的泊松电位差确定。根据模拟轨线，PZC 可由式（2-47）计算。图 4-15 显示了未施加电场时，[Mim]TFSI、[Emim]TFSI 和 [Emmim]TFSI 体系沿 z 轴方向的电位降（z 轴方向如图 4-1 所示）。[Mim]TFSI、[Emim]TFSI 和 [Emmim]TFSI 的 PZC 分别为 −0.152V、0.020V 和 0.165V，通过模拟得到的 PZC 与文献报道基本一致[2,202,207]。

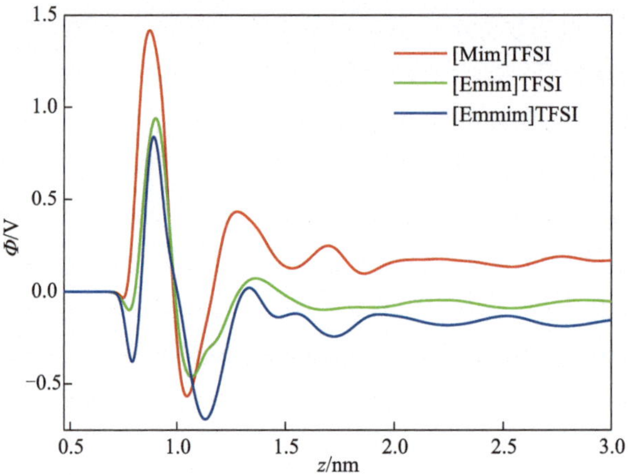

图 4-15　未施加电场时，[Mim]TFSI、[Emim/TFSI 和 [Emmim]TFSI 体系沿 z 轴方向的电位降

如 4.3.2 节所述，不施加电场时，[Mim]TFSI 体系中阴离子与电极相互作用大于阳离子。说明上述体系中阴离子对电极具有较高的亲和力，因此 [Mim]TFSI 体系的 PZC 为负值。而 [Emim]TFSI 和 [Emmim]TFSI 体系阳离子与电极的相互作用大于阴离子。说明上述体系中阳离子对电极的亲和力较高，因此它们的 PZC 为正值。如 4.3.2 节及 4.3.3.2 节所述，随着 H1 和 H4 逐渐被烷基取代，阳离子与电极相互作用能大小为 $E_{[\mathrm{Emmim}]^+}$([Emmim]TFSI) > $E_{[\mathrm{Emim}]^+}$([Emim]TFSI) > $E_{[\mathrm{Mim}]^+}$([Mim]TFSI)。随着阳离子取代位点数增加，阳离子由倾斜电极分布向平行电极分布转变。基于上述原因，虽然 $[\mathrm{Emmim}]^+$ 在电极表面的聚集程度比 $[\mathrm{Mim}]^+$ 低，但 $[\mathrm{Emmim}]^+$ 平行电极分布，TFSI^- 主要集中在 $[\mathrm{Emmim}]^+$ 上分布，阻碍了阴离子在电极表面聚集，使得 [Emmim]TFSI 的 PZC 最大。然而，由于 $[\mathrm{Mim}]^+$ 和 $[\mathrm{Emim}]^+$ 倾斜电极分布，TFSI^- 主要与咪唑环共面分布，使其更易于聚集在 Au(100) 上。虽然 $[\mathrm{Mim}]^+$ 和 $[\mathrm{Emim}]^+$ 与电极的相互作用相似，但 $[\mathrm{Mim}]^+$ 的空间位阻比 $[\mathrm{Emim}]^+$ 小，使得 TFSI^- 更容易接近电极。因此，[Mim]TFSI 体系中 PZC 最小。此外，通过模拟得到的 PZC 的变化趋势与阳离子取代位点数增加趋势相同，即取代位点数越多，PZC 越大。同时，这种趋势也与 E_{LUMO} 相同，即取代位点数越多，E_{LUMO}

越大，PZC 也越大。

综上，不施加电场时，随 H1 和 H4 被烷基取代，在推电子基团的影响下，阳离子 E_{LUMO} 增强，咪唑环电荷密度增加，阴阳离子与电极的相互作用增强，阳离子在电极上由倾斜分布逐渐变为平行分布，最终导致阴阳离子在 Au(100) 表面的积累不同。以上原因共同导致了 [Mim]TFSI、[Emim]TFSI 和 [Emmim]TFSI 体系 PZC 随阳离子取代位点数增加而逐渐增大。

4.3.4.2 [X]TFSI/Au(100) 体系微分电容

微分电容（C_d）可用于表征界面在一定电势下的电荷储存能力，与双电层结构息息相关[130-131]。根据模拟轨线，C_d 可由式 (2-49 ～ 2-51) 计算。图 4-16（a）为 [Mim]TFSI、[Emim]TFSI 和 [Emmim]TFSI 体系电极表面电荷密度（σ）和外加电极电位（U）的函数关系。由于 $C_d = d\sigma/dU$，通过对图 4-16（a）中的 σ-U 曲线进行微分可得到 [Mim]TFSI、[Emim]TFSI 和 [Emmim]TFSI 体系的 C_d-U 曲线，该曲线见图 4-16(b)。由图 4-16(b) 可知，随着烷基取代增加，[Mim]TFSI、[Emim]TFSI 和 [Emmim]TFSI 在 Au(100) 电极表面的 C_d 数值逐渐增大。其中 [Mim]TFSI 和 [Emim]TFSI 体系的电容值为 2.5 ～ 8.2μF/cm²，[Emmim]TFSI 体系的电容值为 1.0 ～ 11.6μF/cm²。上述电容值与文献报道相似[2,178,180,190]。

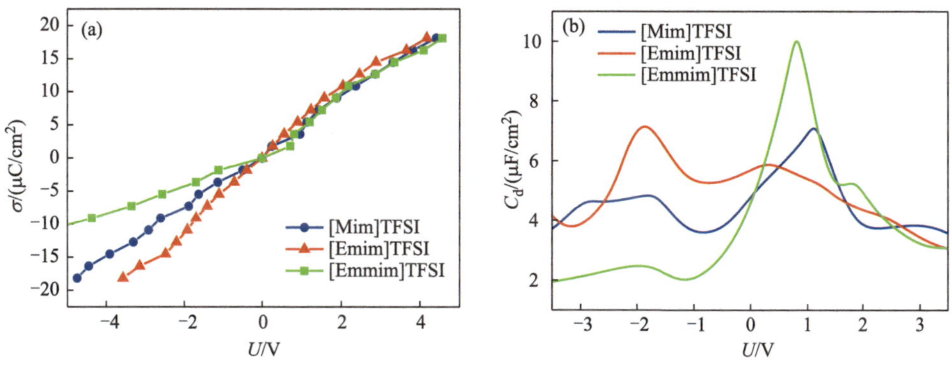

图 4–16 [Mim]TFSI、[Emim]TFSI 和 [Emmim]TFSI 体系表面电荷密度（σ）与双电层电势降（U）的函数关系 (a) 以及 [Mim]TFSI、[Emim]TFSI 和 [Emmim]TFSI 的 C_d 随双电层电势降的变化 (b)

由图 4-16（b）还可发现 [Mim]TFSI 和 [Emim]TFSI 的 C_d -U 曲线呈驼峰形，[Emmim]TFSI 的 C_d -U 曲线呈钟形，但即使是阴阳离子大小相似的 [Emmim]TFSI 体系，PZC 既不在电容曲线的最大值处也不在最小值处。由图 4-16（b）可知，随阳离子取代位点数增加，[Mim]TFSI、[Emim]TFSI 和 [Emmim]TFSI 体系负极

区域的 C_d -U 曲线较为复杂。在 −3.5 ～ −1.8V 的电势范围内，由于阳离子特征取向，[Emim]TFSI 和 [Mim]TFSI 体系的微分电容高于 [Emmim]TFSI 体系。随着阳离子取向变化，体系双电层结构发生变化，导致 [Mim]TFSI 体系微分电容急剧下降。除 [Mim]TFSI 体系外，[Emmim]TFSI 在 −4.0 ～ −2.1V 之间，[Emim]TFSI 在 −1.0 ～ 0.03V 之间 C_d 表现出较弱的电位依赖性。当 C_d -U 曲线在上述电位范围内接近平坦时，电化学性能稳定[126]。

金先波课题组用循环伏安法和交流阻抗法研究了 [Bmim]PF_6、[Bmim]BF_4、[Bmim]ClO_4、[Bmim]TFSI、[Bmim]Cl、[Bmim]Br 等九种离子液体与 Pt 电极组成体系的双电层结构和微分电容。他们发现若阴阳离子大小相近时，体系微分电容曲线的形状在 PZC 附近与 Komyshev 预测的驼峰形或钟形相符[47]，且 PZC 位于电容曲线的极小值或极大值处[105]。研究结果与上述文献并不相同。由 4.3.3.2 可知，在表面电荷的诱导下，$[Mim]^+$ 咪唑环发生明显翻转，$[Emim]^+$ 咪唑环发生旋转，而 $[Emmim]^+$ 咪唑环在表面电荷的诱导下既不翻转也不旋转。如 4.3.2 节所述，离子的取向主要与离子和电极间的相互作用有关，负电位范围内阳离子取代位点数越多，阳离子与电极之间的相互作用也越强。阳离子以特征取向逐渐吸附在负极表面（如图 4-6 所示），使 [Mim]TFSI 和 [Emim]TFSI 体系呈现多个电容峰。由于 $[Emmim]^+$ 在电极表面取向变化较小，[Emmim]TFSI 体系的电容峰较少。此外，三个研究体系在正电位范围内均有明显电容峰。随表面电荷增加，阴离子聚集在正极上，阳离子从正极表面第一层排出，逐渐形成不同的阴阳离子层。

综上，从阳离子特征而言，烷基取代基为推电子基团，咪唑环电荷密度随取代位点数增加而增加。当 H1 和 H4 都被烷基取代后，更多电荷聚集到阳离子咪唑环上。受静电势分布影响，[Mim]TFSI 和 [Emim]TFSI 体系中的 $TFSI^-$ 主要与咪唑环共面分布；而 [Emmim]TFSI 体系中的 $TFSI^-$ 主要集中在 $[Emmim]^+$ 上下分布。此外，随烷基取代增加，离子液体与电极的相互作用逐渐增强，使离子更易吸附在电极表面。通过阴阳离子与电极的相互作用能证实，不施加电场时，离子在 Au(100) 上基本倾斜分布而呈现蠕虫状图案，但当一种离子与 Au(100) 的相互作用是另一种离子的大约 2 倍及以上时，该离子在 Au(100) 上平行分布呈直线形图案。[Emmim]TFSI 体系中 $E_{[Emmim]^+/Au(100)} \approx 2E_{TFSI^-/Au(100)}$，故阳离子在 Au(100) 上平行分布呈现线性图案，同时阳离子与 Au(100) 的强相互作用导致 $TFSI^-$ 构象由反式转变为顺式，使其有序性增加而呈线形图案。受电极表面双电层结构影响，[Mim]TFSI、[Emim]TFSI 和 [Emmim]TFSI 体系的 C_d 值随取代位点数增加而增大，但受阳离子取向和阴离子构象变化的影响，上述体系 PZC 均不对应电容曲线的最大值或最小值。结合相互作用能分析可知，在 [Mim]TFSI 和 [Emim]TFSI 体系中，阳离子侧链较短，空间位阻较小，阳离子在电极表面电荷的诱导下取向变化，促使体系局部密度降低，最终形成驼峰形曲线；而 [Emmim]TFSI 体系的阳离子空间位阻较大，且翻转能力较低，在表面电荷的诱导下取向基本不变，使体系局部密度略高，C_d -U 曲线呈钟形。综上，在电化学领域，[Emmim]TFSI 体系电容值最高且在正负电极表面电容峰较少，电化学性质稳定。

4.4 本章小结

在本章的研究中，揭示了阳离子取代位点数不同的离子液体（[Mim]TFSI、[Emim]TFSI 和 [Emmim]TFSI）/Au(100) 界面双电层结构、体系电化学性质，得出如下结论。

（1）随着阳离子取代位点数增加，E_{LUMO} 逐渐增强，更多电荷聚集到阳离子咪唑环上，使 $TFSI^-$ 主要与 $[Mim]^+$ 和 $[Emim]^+$ 咪唑环共面分布；在 [Emmim]TFSI 体系中，$TFSI^-$ 主要集中在 $[Emmim]^+$ 上下分布。

（2）随着阳离子取代位点数增加，离子液体与 Au(100) 表面的相互作用逐渐增强，阴阳离子更易吸附在 Au(100) 表面。同时，受空间位阻影响，阳离子在电极表面取向不同。

（3）阴、阳离子在 [Mim]TFSI 体系中分别呈线形和蠕虫状图案；阴、阳离子在 [Emim]TFSI 体系中均呈蠕虫状图案；而阴、阳离子在 [Emmim]TFSI 体系中均呈线形图案。通过阴阳离子与电极相互作用能证实，不施加电场时，离子在 Au(100) 上基本倾斜分布而呈现蠕虫状图案，但当一种离子与 Au(100) 的相互作用是另一种离子的大约 2 倍及以上时，该离子在 Au(100) 上平行分布呈直线形图案。[Emmim]TFSI 体系中 $E_{[Emmim]^+/Au(100)} \approx 2E_{TFSI^-/Au(100)}$，因此阳离子在 Au(100) 上平行分布呈现线性图案，同时阳离子与 Au(100) 的强相互作用导致 $TFSI^-$ 构象由反式转变为顺式，使其有序性增加而呈线形图案。

（4）阳离子取代位点数增加，阳离子逐渐在电极表面平行分布，阴阳离子排列紧密，Au(100) 表面的双电层较薄，电化学性能较好。此外，[Emmim]TFSI 体系电容值最高且在电化学窗口内性质稳定，在实际工作中电化学性能较好。结合离子液体在不施加电场时电极表面的图案可知，阴、阳离子呈直线形图案的离子液体电化学性能较优。

第五章

阳离子侧链长度不同对咪唑离子液体/金电极界面结构与性质的影响

5.1 引言

上一章研究了不同取代位点数的离子液体（[Mim]TFSI、[Emim]TFSI 和 [Emmim]TFSI）/Au(100) 体系的界面双电层结构，详细分析了阳离子取代位点数增加对界面双电层结构和性质的影响。证实了阳离子环上烷基取代引入推电子基团，随着取代位点数增加，咪唑环上电荷密度增加，导致离子液体与 Au(100) 表面的相互作用增强，吸附增强，促使阳离子在电极表面上呈平行分布，双电层有效厚度变薄，电化学性能提高。

通过增加阳离子烷基链长来形成新的离子液体也是常用的离子液体设计的方法之一。冯光课题组利用原子力显微镜发现烷基链长度可以调节界面层的组成和结构[126]。毛秉伟等人报道 [Bmim]TFSI 和 [Emim]TFSI 在金电极表面的层状结构与表面电势有关[80,82]。他们还发现 [Bmim]TFSI 和 [Hmim]TFSI 在金电极表面的层结构稳定性与链长有关，短侧链的离子液体在零电荷电势以负区域的层结构稳定，长侧链的离子液体在零电荷电势以正区域的层结构稳定[82]。Atkin 课题组[189]发现 [$C_n$mim]FAP/Au(111) (n=2,4,6) 体系中，[Emim]FAP 界面结构稳定性最强，[Hmim]FAP 次之，[Bmim]FAP 最弱。 Henderson 课题组发现随阳离子侧链长度增加，[$C_n$mim]Cl/Au(n=2,4,6) 体系的 C_d -U 曲线逐渐由驼峰形变为钟形[218]。此外，Jung 课题组发现随着咪唑离子液体侧链长度增加，以石墨烯为电极的体系界面双电层结构逐渐变得松散，电容降低[143]。这些研究表明阳离子侧链烷基链长增加对界面结构和性质有极大影响。因而，同为推电子基团，烷基链长变化对组成离子液体的阴阳离子与 Au(100) 电极相互作用的影响，进而对分子（离子）在界面的取向及界面结构和性质的影响亟待解析。

本章选取 [X]TFSI（X=[Emim]$^+$、[Bmim]$^+$ 和 [Hmim]$^+$）为电解液，Au(100) 面为电极材料，从原子（分子）尺度研究阳离子侧链长度不同对咪唑离子液体 / 金电极界面结构与性质的影响和变化规律，以期为该类离子液体在电沉积、电化学器件等方面的应用提供理论依据。

5.2 计算方法

本章涉及的阴离子和阳离子的稳定几何构型采用 Gaussian 09 软件包 [182] 中的 DFT 方法在 B3LYP/6-31+G（d）水平下进行全优化并经振动频率分析无虚频得到。Gaussian View 6.0[183] 用于初始结构建模。稳定构型如图 5-1（a）、(b)、(c) 和（d）所示。所得稳定几何构型被用于在同一理论水平下计算阴阳离子体积、最高占有轨道（HOMO）、最低未占有轨道（LUMO）及其能量（E_{HOMO} 和 E_{LUMO}）。所得结果如表 5-1 所示。

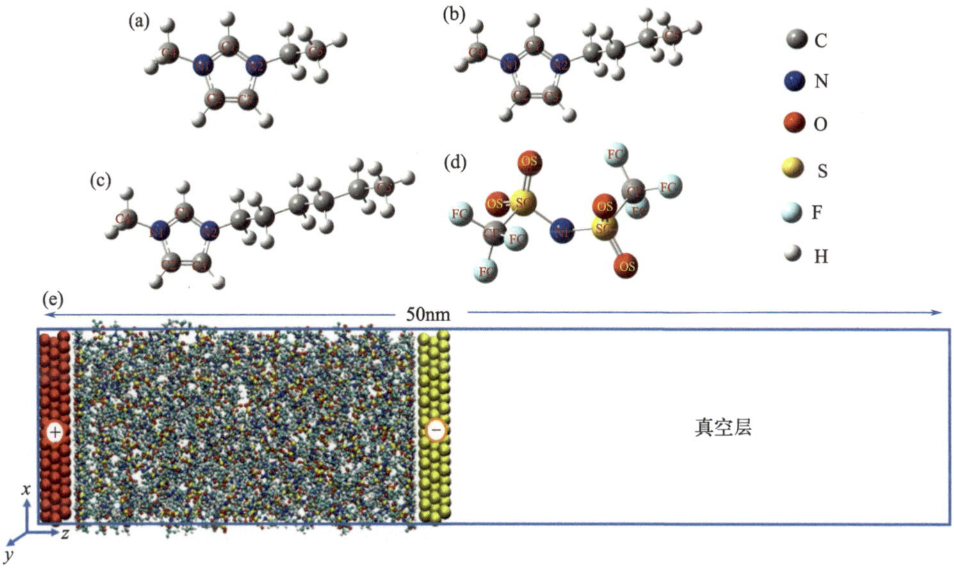

图 5-1　[Emim]$^+$(a)、[Bmim]$^+$(b)、[Hmim]$^+$(c) 和 TFSI$^-$ 的稳定几何图形 (d) 以及两个平面 Au(100) 电极组成的分子动力学模拟模型 (e)

分子动力学模拟应用 Gromacs 软件包[156]进行。[Emim]TFSI、[Bmim]TFSI 和 [Hmim]TFSI 离子液体的力场数据源于 Ludwig 等人开发的 OPLS-AA 力场[165]，金电极表面的 Lennard-Jones 参数取自冯光等人的报道[181]（力场参数详见附录 B）。在模拟盒子中随机放入 512 对阴阳离子作为纯体系的初始构型，用以验证力场的可靠性。保持上一步所得密度，将 512 对 [Emim]TFSI、[Bmim]TFSI 和 [Hmim]TFSI 离子液体中的阴阳离子分别随机放入 4.2nm × 4.2nm × 13.590nm，4.2nm × 4.2nm × 15.340nm，4.2nm × 4.2nm × 17.980nm 的模拟盒子中。将三层 Au(100) 晶面置于上一步得到的模拟盒两端组成界面模型进行模拟，模拟参数详见 2.3.3 节。根据运动轨线计算了质量密度、数密度、电荷密度及微分电容等物理量，计算方法见 2.3.4 节。

5.3 结果与讨论

5.3.1 侧链长度不同的咪唑阳离子的结构特征

本节从静电势分布、分子前线轨道和空间位阻三方面研究阳离子的结构特征。图 5-2 为根据式（4-1）绘制的 $[Emim]^+$、$[Bmim]^+$ 和 $[Hmim]^+$ 的静电势分布图。烷基链为供电子基团，在该基团的影响下，侧链增长，阳离子咪唑环上 H1 位的正电荷最大，烷基侧链的正电荷最小，且随烷基链增长，H1 位和侧链的正电荷均逐渐减小。

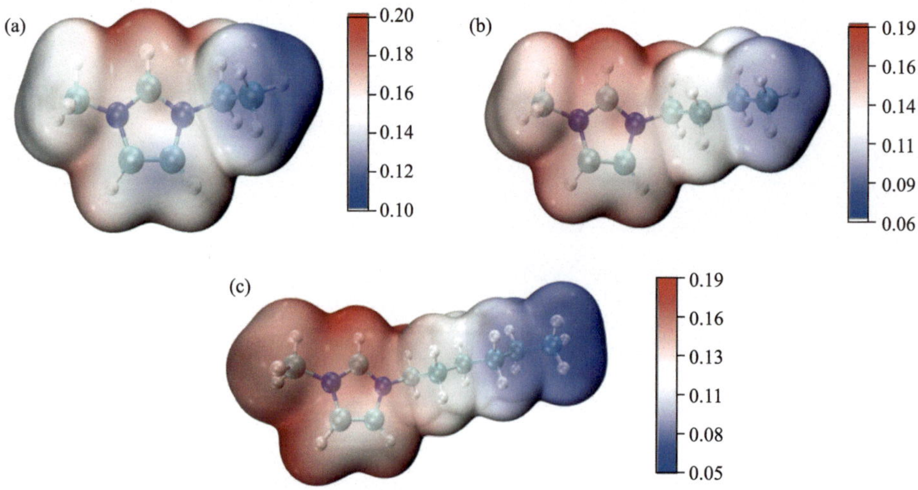

图 5-2 $[Emim]^+$(a)、$[Bmim]^+$(b) 和 $[Hmim]^+$(c) 的静电势分布（单位：a.u）

阴离子相同时，组成离子液体的阳离子的体积直接影响离子液体的空间位阻。随烷基链长增加，阳离子体积逐渐增大。具体变化趋势为：$[Emim]^+ < [Bmim]^+ < [Hmim]^+$。$R$ 为组成离子液体的阳离子和阴离子的体积比，阳离子空间位阻和 R 随侧链增长逐渐增大（如表 5-1 所示）。$[Emim]^+$ 空间位阻最小，阴离子比阳离子大 1.2 倍（R=0.8），[Bmim]TFSI 的阴阳离子体积较为相近，而 $[Hmim]^+$ 空间位阻最大，阴离子体积仅为阳离子体积的 2/3。

表5-1 $[Emim]^+$、$[Bmim]^+$、$[Hmim]^+$的摩尔体积(MV)，阳离子和阴离子的体积比(R)以及E_{HOMO}、E_{LUMO}和ΔE

阳离子	MV /（$\times 10^{-3}cm^3/mol$）	R	E_{HOMO}/eV	E_{LUMO}/eV	ΔE/eV
$[Emim]^+$	111.2	0.8	−0.436	−0.189	0.246
$[Bmim]^+$	139.1	1.1	−0.432	−0.186	0.244
$[Hmim]^+$	167.2	1.4	−0.412	−0.185	0.227

为讨论反应活性，还研究了 [Emim]TFSI、[Bmim]TFSI 和 [Hmim]TFSI 的前线轨道分布。HOMO 是电子占据的最外层轨道，它的能量 E_{HOMO} 决定了分子（离子）传递电子的能力。最内层的未占据轨道称为 LUMO，它的能量 E_{LUMO} 表示分子（离子）的电子获取能力 [208]，该值越大说明其接受电子的能力越弱。能隙（ΔE，$\Delta E=E_{LUMO}-E_{HOMO}$）可以反映分子（离子）吸附在金属表面的难易程度，可以更准确地评估它们的结合能力。该值越小，越容易吸附到金属表面 [208]。相应的离子液体的 E_{HOMO}、E_{LUMO} 和 ΔE 在表 5-1 中给出。如表 5-1 所示，E_{HOMO} 和 E_{LUMO} 的强弱顺序为 $[Emim]^+ < [Bmim]^+ < [Hmim]^+$，但 $[Emim]^+$ 和 $[Bmim]^+$ 差距很小。这意味着在研究体系中，$[Hmim]^+$ 供电子能力最强，$[Emim]^+$ 得电子能力最强（$[Bmim]^+$ 与 $[Emim]^+$ 得电子能力差距不大）。研究体系的能隙大小为 $\Delta E_{[Hmim]^+} < \Delta E_{[Bmim]^+} < \Delta E_{[Emim]^+}$，但 $\Delta E_{[Bmim]^+}$ 和 $\Delta E_{[Emim]^+}$ 差距很小，表示随侧链长度增加，阳离子更易吸附在电极表面（$[Emim]^+$ 和 $[Bmim]^+$ 吸附难易程度相似）。

5.3.2 链长增加对咪唑离子液体中各粒子与金电极的相互作用能

如 5.3.1 节所述，阳离子烷基侧链增长引入了供电子基团，改变了阳离子

E_{HOMO}、ΔE 和咪唑环的静电势分布，最终导致阴阳离子与电极之间相互作用的差异。相互作用能可以用于描述离子（分子）与电极间相互作用的强度。根据式（2-53）计算了 [Emim]TFSI、[Bmim]TFSI 和 [Hmim]TFSI 体系中各离子（分子）与电极的相互作用（如表 5-2 ～ 5-4 所示）。为便于对比，表 5-5 以表面电荷 0 和 ±8e 为例，汇总了各体系的相互作用能（单位：kJ/mol）。表中 RSD 为三次相互作用能计算后的相对标准偏差，用于说明计算结果的精密度。

表5-2 [Emim]TFSI中各粒子与Au(100)的相互作用能

σ	相互作用粒子	E /(kJ/mol)	RSD	相互作用粒子	E /(kJ/mol)	RSD	相互作用粒子	E /(kJ/mol)	RSD
8e	Au(100)/[Emim]TFSI	−161.54	−0.010	Au(100)/$[Emim]^+$	412.48	0.002	Au(100)/$TFSI^-$	−574.02	−0.002
6e		−103.42	−0.001		325.28	0.001		−428.70	−0.001
4e		−87.50	−0.003		215.75	0.001		−303.25	−0.001
2e		−87.11	−0.001		86.67	0.002		−173.78	−0.001
0e		−90.95	−0.002		−50.62	−0.005		−40.33	−0.001
−2e		−88.44	−0.003		−182.90	−0.001		94.46	0.000
−4e		−98.41	−0.004		−323.03	−0.002		224.62	0.000
−6e		−118.49	−0.007		−472.25	−0.002		353.86	0.000
−8e		−172.69	−0.007		−617.04	−0.001		444.52	0.003

表5-3 [Bmim]TFSI中各粒子与Au(100)的相互作用能

σ	相互作用粒子	E /(kJ/mol)	RSD	相互作用粒子	E /(kJ/mol)	RSD	相互作用粒子	E /(kJ/mol)	RSD
8e	Au(100) / [Bmim] TFSI	−176.86	−0.019	Au(100)/$[Bmim]^+$	392.89	0.005	Au(100) / $TFSI^-$	−569.82	−0.005
6e		−125.59	−0.013		299.20	0.013		−424.79	−0.007
4e		−106.81	−0.056		196.13	0.018		−302.36	−0.006
2e		−83.82	−0.006		78.79	0.007		−162.60	−0.002
0e		−101.68	−0.002		−63.54	−0.005		−38.14	−0.013
−2e		−98.80	−0.003		−193.51	−0.001		94.71	0.003
−4e		−121.06	−0.001		−345.13	−0.006		224.68	0.004
−6e		−163.44	−0.035		−500.15	−0.002		336.71	0.015
−8e		−212.48	−0.022		−613.58	−0.006		401.10	0.005

表5-4 [Hmim]TFSI中各粒子与Au(100)的相互作用能

σ	相互作用粒子	E /(kJ/mol)	RSD	相互作用粒子	E /(kJ/mol)	RSD	相互作用粒子	E /(kJ/mol)	RSD
8e	Au(100) / [Hmim] TFSI	−219.86	−0.054	Au(100)/ $[Hmim]^+$	343.93	0.033	Au(100) / $TFSI^-$	−563.43	−0.001
6e		−155.67	−0.035		270.51	0.025		−426.18	−0.005
4e		−121.79	−0.040		169.75	0.024		−290.77	−0.003
2e		−97.93	−0.014		57.68	0.044		−155.61	−0.009
0e		−109.97	−0.007		−74.75	−0.006		−35.22	−0.013
−2e		−86.86	−0.025		−191.30	−0.101		90.10	0.082
−4e		−109.66	−0.009		−317.47	−0.008		207.81	0.009
−6e		−125.28	−0.091		−419.51	−0.017		294.23	0.018
−8e		−201.49	−0.068		−573.41	−0.008		371.93	0.031

表5-5 [Emim]TFSI、[Bmim]TFSI和[Hmim]TFSI中各粒子与Au(100)表面的相互作用能

单位：kJ/mol

σ	[Emim] TFSI	[Bmim] TFSI	[Hmim] TFSI	$[Emim]^+$	$[Bmim]^+$	$[Hmim]^+$	$TFSI^-$		
							[Emim]TFSI	[Bmim]TFSI	[Hmim]TFSI
8e	−161.54	−176.86	−219.86	412.48	392.89	343.93	−574.02	−569.82	−563.43
0	−90.95	−101.68	−109.97	−50.62	−63.54	−74.75	−40.33	−38.14	−35.22
−8e	−172.69	−212.48	−201.49	−617.04	−613.58	−573.41	444.52	401.10	371.93

从表 5-2 至表 5-5 可知，不施加电场时，阳离子和 Au(100) 表面的相互作用强弱为 $E_{[Emim]^+}$([Emim]TFSI) < $E_{[Bmim]^+}$([Bmim]TFSI) < $E_{[Hmim]^+}$([Hmim]TFSI)，即链长越长，阳离子与电极相互作用越强，越容易吸附在电极表面。当表面电荷为 ±8e 时，电极和阴离子之间的相互作用趋势与电极表面一致 [E_{TFSI^-}([Emim]TFSI) > E_{TFSI^-}([Bmim]TFSI) > E_{TFSI^-}([Hmim]TFSI)]。而电极与阳离子之间的相互作用趋势为 $E_{[Emim]^+}$([Emim]TFSI) > $E_{[Bmim]^+}$([Bmim]TFSI) > $E_{[Hmim]^+}$([Hmim]TFSI)，即链长越长，阳离子与电极相互作用越弱，越不易吸附在电极表面。结合 5.3.1 节可知，不施加电场时，阳离子与电极的相互作用主要受阳离子 ΔE 影响，ΔE 越小，相互作用能越高，越易吸附在电极表面。施加电场后，随着阳离子侧链增长，阳离子空间位阻增大，阴阳离子在电极表面的结构变得松散，阴阳离子与电极相互作用降低。

综上，不施加电场时，烷基链越长，阳离子与电极相互作用增强；随着表面电荷增加，阳离子与电极相互作用随烷基链长增加而逐渐降低。

5.3.3 侧链长度不同的咪唑阳离子/金电极界面双电层结构

5.3.3.1 阴阳离子在金电极上的图像

图 5-3（a）、（b）和（c）分别为 [Emim]TFSI、[Bmim]TFSI 和 [Hmim]TFSI 在 Au(100) 表面第一层的图像。图中黄线、红线分别代表不施加电场时阴阳离子在电极表面的图案，红色和黄色的球体代表正极和负极的 Au(100) 原子。表面电荷为 0 时，图 5-3（a）可以看出 [Emim]TFSI 中阴阳离子均呈蠕虫状图案。5-3（b）和（c）可以看出 $[Bmim]^+$ 和 $[Hmim]^+$ 呈直线形而 $TFSI^-$ 呈蠕虫状图案。图 5-4 为部分文献报道的通过 STM 观察到的 [Emim]TFSI 和 [Bmim]TFSI 在 Au(100) 表面上的图案。如图 5-4 所示，通过实验观察到 [Emim]TFSI 在电极表面均呈蠕虫状图案，该体系的模拟结果与实验相符。而 [Bmim]TFSI 体系仅在电极表面观察到蠕虫状图案，这可能与实验观察的分辨率有关。

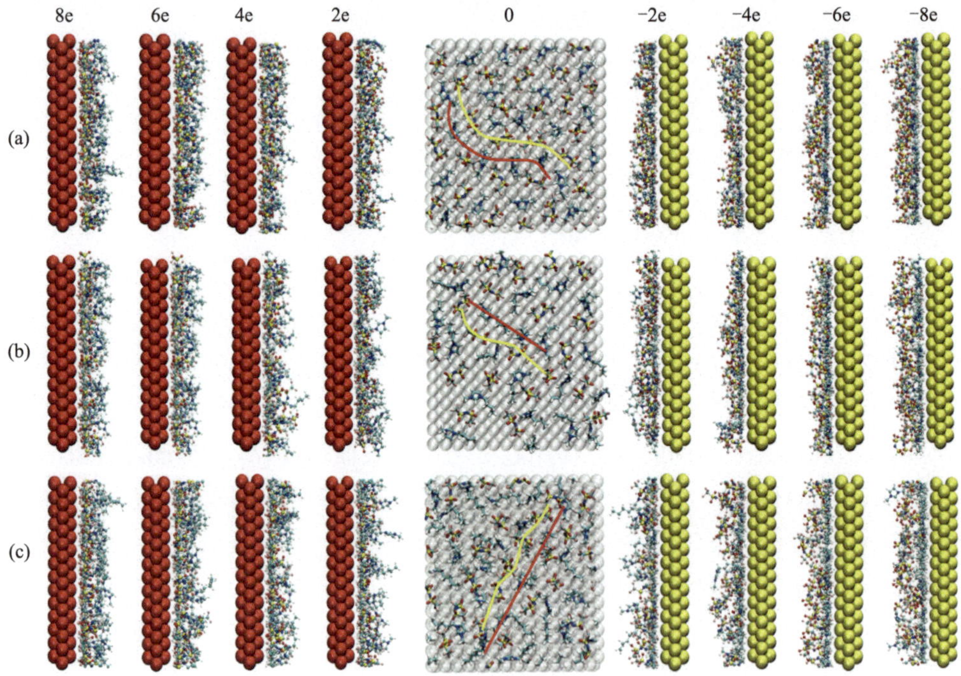

图 5–3　[Emim]TFSI(a)、[Bmim]TFSI(b) 和 [Hmim]TFSI(c) 在 Au(100) 表面第一层的图像

在前期的研究中证实，离子液体与电极的相互作用差异导致其在电极表面呈不同图案，即弱相互作用使阴阳离子在电极表面呈蠕虫状图案，强相互作用使其呈线形图案 [186,209]。如 5.3.2 节所述，不施加电场时，阳离子

和 Au(100) 表面的相互作用强弱为 $E_{[Emim]^+}$([Emim]TFSI) < $E_{[Bmim]^+}$([Bmim]TFSI) < $E_{[Hmim]^+}$([Hmim]TFSI)，而阴离子和 Au(100) 表面的相互作用强弱为 E_{TFSI^-}([Emim]TFSI) > E_{TFSI^-}([Bmim]TFSI) > E_{TFSI^-}([Hmim]TFSI)，除此之外，$E_{[Emim]^+}$([Emim]TFSI) 和 E_{TFSI^-}([Emim]TFSI) 相差不大，而 [Bmim]TFSI、[Hmim]TFSI 中阴离子与电极的相互作用约为阳离子与电极相互作用的一半。通过分析各体系相互作用能，发现不施加电场时，离子在 Au(100) 上基本倾斜分布而呈现蠕虫状图案，但当一种离子与 Au(100) 的相互作用是另一种离子的大约 2 倍及以上时，该离子在 Au(100) 上平行分布呈直线形图案。至此，也证实了毛秉伟课题组关于咪唑型离子液体在 Au(100) 电极表面上呈蠕虫状和线形图案的猜想[185]。

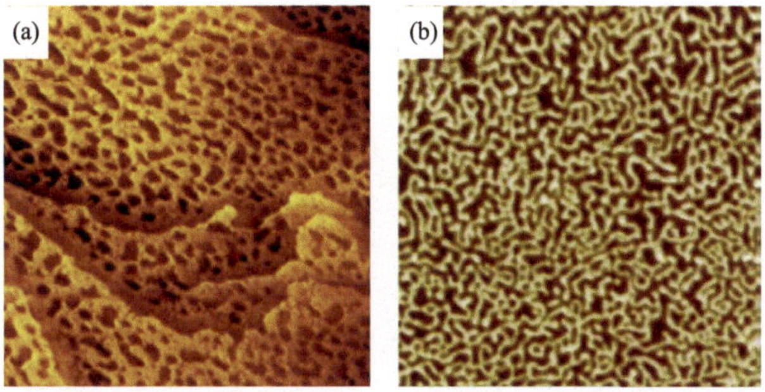

图 5-4　通过 STM 观察到的 [Emim]TFSI(a) 和 [Bmim]TFSI(b) 在 Au(100) 表面的图像[90,185,205]

由图 5-3 可以看出，随着表面电荷增加，阳（阴）离子与正极的斥力（引力）、与负极的引力（斥力）均增加，使阳（阴）离子逐渐从正（负）电极表面排出，在负（正）极表面第一层聚集。尽管如此，当表面电荷为 8e 时，由于阳离子体积较大，空间位阻明显，难以从正极表面第一层完全排出，因此仍可观察到少量的阳离子在该层出现。当表面电荷为 -8e 时，阳离子咪唑环略微倾斜地吸附在负电极表面（见图 5-5）。在斥力作用下，阴离子几乎完全从负极表面第一层排出。

综上，随烷基链增长，阳离子由直线形变为蠕虫状图案，而 $TFSI^-$ 在电极表面均呈蠕虫状图案。通过阴阳离子与电极相互作用能证实，不施加电场时，离子在 Au(100) 上基本倾斜分布而呈现蠕虫状图案，但当一种离子与 Au(100) 的相互作用是另一种离子的大约 2 倍及以上时，该离子在 Au(100) 上平行分布呈直线形图案。随电极表面电荷增加，阴阳离子与电极相互作用均增加，但阳离子与电极相互作用与阳离子的 ΔE 值相反。相互作用能差异最终使得 [Emim]TFSI、[Bmim]TFSI 和 [Hmim]TFSI 在 Au(100) 表面呈现各自特征双电层结构。

5.3.3.2 阳离子在金电极上的取向

电极与阳离子咪唑环法向量之间的夹角可用于解析电极表面第一层阳离子的取向，该取向对界面结构有影响。本文把垂直于咪唑环平面的直线设为咪唑环的法向量，该法向量与电极的夹角用以说明电极表面第一层阳离子的取向。图 5-5 是表面电荷为 0 和 ±8e 时，电极表面第一层咪唑环法向量与该表面间夹角（θ）的概率分布 [$P(\theta_{ring})$]，实线表示在不施加电场的电极表面的概率分布，虚线表示表面电荷为 -8e 时的概率分布，其中插图（a)、(b）和（c）分别为 $[Emim]^+$，$[Bmim]^+$ 和 $[Hmim]^+$ 咪唑环与电极表面夹角示意图。

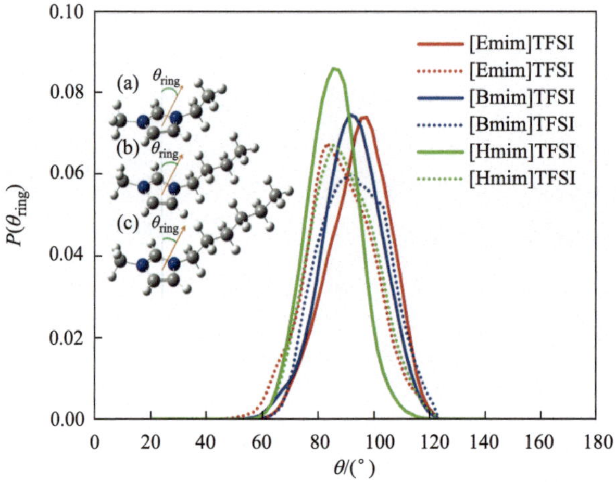

图 5-5 第一层咪唑环法向量与电极表面夹角的概率分布

由图 5-5 可知，不施加电场时，$[Emim]^+$、$[Bmim]^+$、$[Hmim]^+$ 均出现宽的矮峰，其中 $[Emim]^+$ 在 95.7° 、$[Bmim]^+$ 在 90.8° 、$[Hmim]^+$ 在 85.6° 概率最大。上述峰值说明 $[Bmim]^+$ 几乎平行于电极取向，$[Emim]^+$ 和 $[Hmim]^+$ 都以 5° 左右的夹角倾斜于电极取向。当表面电荷为 -8e 时，$[Emim]^+$、$[Bmim]^+$、$[Hmim]^+$ 和 Au(100) 表面的夹角分别变为 82.5° 、91.2° 和 85.4° ，说明随着表面电荷增加，阳离子均倾斜于电极取向。将上述夹角与不施加电场时阳离子与电极表面的夹角对比可以发现，$[Emim]^+$ 在负 Au(100) 表面的夹角变化比 $[Bmim]^+$、$[Hmim]^+$ 与负 Au(100) 表面的夹角变化明显。具体而言，$[Emim]^+$ 与负电极表面的夹角约 7.5° ，$[Bmim]^+$ 的夹角约 1.2° ，$[Hmim]^+$ 的夹角约 5.4° （与 $[Hmim]^+$ 和正电极表面的夹角基本一致）。上述夹角与实验现象一致 [72,184,185,210]。

Santos 等人报道，N2 上的氢原子（原子编号如图 5-1 所示）被烷基取代后降低了阳离子的翻转能力 [193]。随后 Motobayashi 课题组应用 SEIRAS 观察到 $[C_nmim]$

TFSI (n=4,8,12) 在金电极表面的结构随阳离子侧链增长仅发生微弱变化。他们猜测离子的空间位阻有助于限制电极表面第一层结构[211]。因此，阳离子侧链增长使其与电极相互作用增强，降低了阳离子翻转能力，使 $[Bmim]^+$ 和 $[Hmim]^+$ 与负电极表面夹角变化细微，最终使不同离子液体在电极表面第一层呈现各自不同的结构。

如 5.3.2 节所述，不施加电场时，阳离子与电极的相互作用随烷基链增长而增强；施加电场时，阳离子与电极相互作用随烷基链增长而降低。但无论是否施加电场，阳离子在电极表面均呈倾斜分布，而相互作用不同，倾斜程度不同。不同的分布影响了阴阳离子在电极表面的分布方式、体系双电层结构和电化学性质，该内容在下一节中展开讨论。

5.3.3.3 质量密度分布

质量密度分布指单位体积内某离子（分子）的质量。根据模拟轨线，可由式（2-43）计算体系中离子（分子）的质量密度分布，进而研究 [Emim]TFSI、[Bmim]TFSI 和 [Hmim]TFSI 在电极附近的双电层微观结构。图 5-6（a）、（b）和（c）分别为不同表面电荷时 [Emim]TFSI、[Bmim]TFSI 和 [Hmim]TFSI 体系的质量密度分布图，上、中、下图分别代表不同体系的体相、阳离子和阴离子分布。由图 5-6 可知，除电极表面出现明显的长程有序结构外[138,213]，无论是否施加电场，[Emim]TFSI、[Bmim]TFSI 和 [Hmim]TFSI 体系的质量密度有明显的波动，且第一层的振荡比其他层更明显。阴阳离子（分子）在第一层的厚度为 0.6 ～ 0.8nm（[Emim]TFSI 体系为 0.73nm、[Bmim]TFSI 体系为 0.62nm 、[Hmim]TFSI 体系为 0.60nm）。除上述共性外，不同体系的振幅受相互作用的影响各具特色。不施加电场时，虽然 [Emim]TFSI 与电极相互作用最弱（-90.95kJ/mol），由图 5-6（a）发现该体系在 Au(100) 表面形成了厚度约为 2.27nm 的 3 层结构，而 [Bmim]TFSI 和 [Hmim]TFSI 与电极间的相互作用比 [Emim]TFSI 强(分别为 -101.68kJ/mol 和 -109.97kJ/mol)，它们仅在电极表面形成厚度约为 1.5nm 的 3 层结构［图 5-6（b）和（c）］。Hayes 课题组通过 X 射线散射实验发现体系有序性随烷基链长增加而降低，且烷基链会填充到相邻离子的空隙中，松散地以双层或海绵状排列相结合[221,223]。因此，虽然 $E_{[Bmim]^+}$([Bmim]TFSI) 和 $E_{[Hmim]^+}$([Hmim]TFSI) 比 $E_{[Emim]^+}$([Emim]TFSI) 大，但受侧链长度影响，有序性降低，双电层变薄。此外，不施加电场时，虽然阳离子与电极的相互作用能大小为 $E_{[Emim]^+}$([Emim]TFSI) $<$ $E_{[Bmim]^+}$([Bmim]TFSI) $<$ $E_{[Hmim]^+}$([Hmim]TFSI)，但受阳离子空间位阻的影响，[Emim]TFSI 和 [Bmim]TFSI 体系中最靠近电极的第一个阴阳离子峰值约占 [Emim]

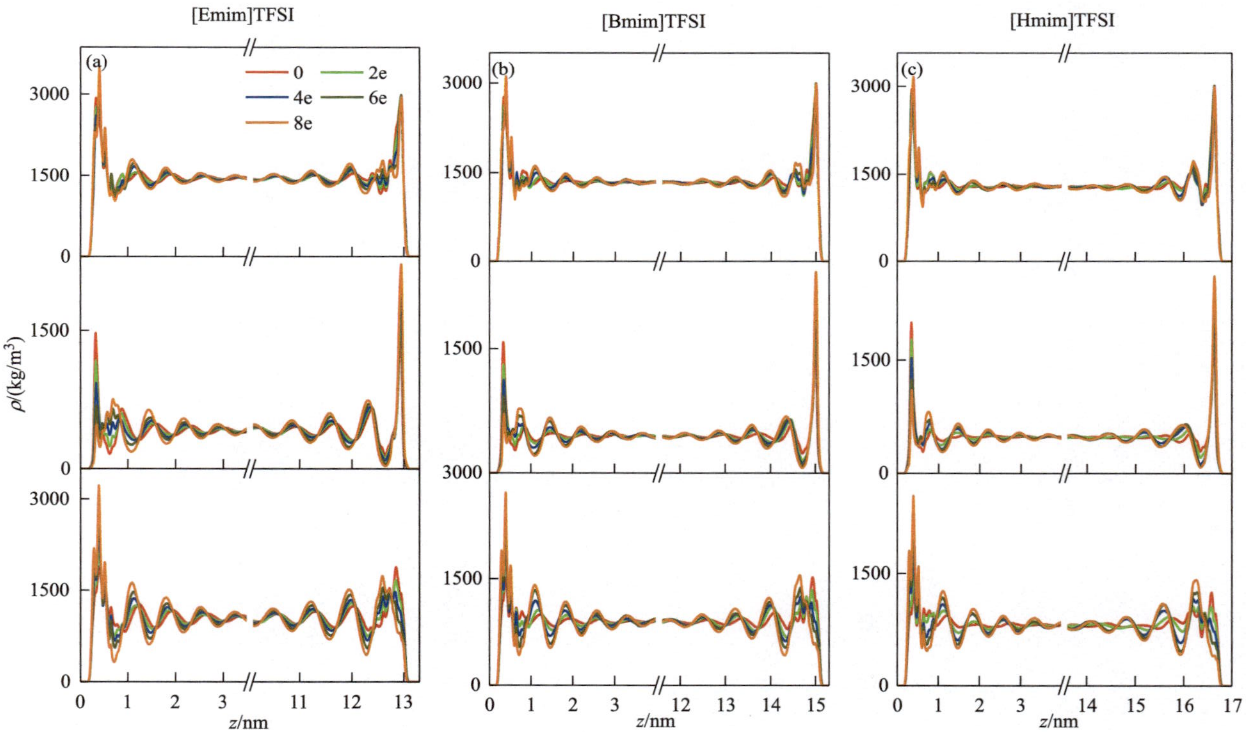

图 5-6　不同表面电荷时，[Emim]TFSI(a)、[Bmim]TFSI(b) 和 [Hmim]TFSI(c) 的质量密度曲线。上、中、下图分布代表四个不同体系的体相、阳离子和阴离子分布

TFSI 和 [Bmim]TFSI 体系总密度峰的 50%[见图 5-6（a）和（b）]，表明上述体系第一层的总质量密度由阳离子和阴离子共同贡献。而 [Hmim]TFSI 中，受阳离子空间位阻影响，最靠近电极的第一个阳离子峰值约为 1.99g/cm^3，占 [Hmim]TFSI 体系总密度峰的 70%[见图 5-6（a）和（c）]，表明体系第一层的总质量密度主要由阳离子贡献。由于 E ([Bmim]TFSI) > E ([Hmim]TFSI) > E ([Emim]TFSI)，因此施加电场后，[Bmim]TFSI 在电极表面振荡最远 [见图 5-6（b）]，[Emim]TFSI 最近 [见图 5-6（a）]。此外，由于 [Emim]TFSI 与正负电极的相互作用相差不大，该体系在正负电极附近的振荡范围相似 [见图 5-6（a）]。[Bmim]TFSI 与正极的相互作用小于负极，该体系在正极附近的振荡范围比负极附近振荡范围近 [见图 5-6（b）]; [Hmim]TFSI 与正极相互作用大于负极，该体系在正极附近的振荡范围比负极附近振荡范围远 [见图 5-6（c）]。根据文献报道，该振荡范围与电极表面有效双电层厚度相关，该有效双电层厚度直接影响了研究体系的电化学性能 [152]。

图 5-7 为表面电荷为 0 和 ±8e 时，研究体系中阴离子、阳离子和体相分别在正负电极表面的质量密度分布对比图（横坐标为负数表示负电极表面的分布情况），红线、绿线和蓝线分别代表 [Emim]TFSI、[Bmim]TFSI 和 [Hmim]TFSI 体系的分布。由图 5-7 可知，随着表面电荷增加，阳离子在正极的质量密度分布明显下降，在负极的分布明显增加 [见图 5-7（b）和（e）]; 与阳离子的分布相反，阴离子的分布在正极明显增加，在负极明显下降 [见图 5-7（a）和（d）]。施加电场后，阴离子在正极附近的杂峰减少，逐渐形成三叉峰 [见图 5-7（a）]，第一个阴离子峰加逐渐强，阴离子向正表面移动 [见图 5-7（a）和（d）]，当电极表面电荷为 −8e 时，$TFSI^-$ 几乎完全从阴极表面第一层排出。此外，阳离子逐渐从正电极表面第一层排出，电极表面第一个峰缩小，第二个峰明显增加 [见图 5-7（b）和（e）]。当电极表面电荷为 +8e 时，它也无法完全从电极表面第一层排出。

5.3.3.4　数密度分布

虽然质量密度分布可以获得阴阳离子在 Au(100) 表面的层状结构，但不能量化它们的聚集情况。根据模拟轨线，可由式（2-42）计算体系中离子（分子）的数密度分布。通过数密度分布不但可以定量地分析研究体系在电极附近的双电层微观结构，还可以揭示离子的构象。因此，[Emim]TFSI、[Bmim]TFSI 和 [Hmim] TFSI 中阴阳离子的数密度分布被用于进一步定量地分析各体系的双电层结构特点。图 5-8（a）、（b）和（c）分别为 [Emim]TFSI、[Bmim]TFSI 和 [Hmim]TFSI 中阴阳离子在 Au(100) 表面上的数密度分布，红线和蓝线分别代表阳离子和阴离子的数密度分布。由图 5-8 可知，不施加电场时，$[Emim]^+$、$[Bmim]^+$、$[Hmim]^+$

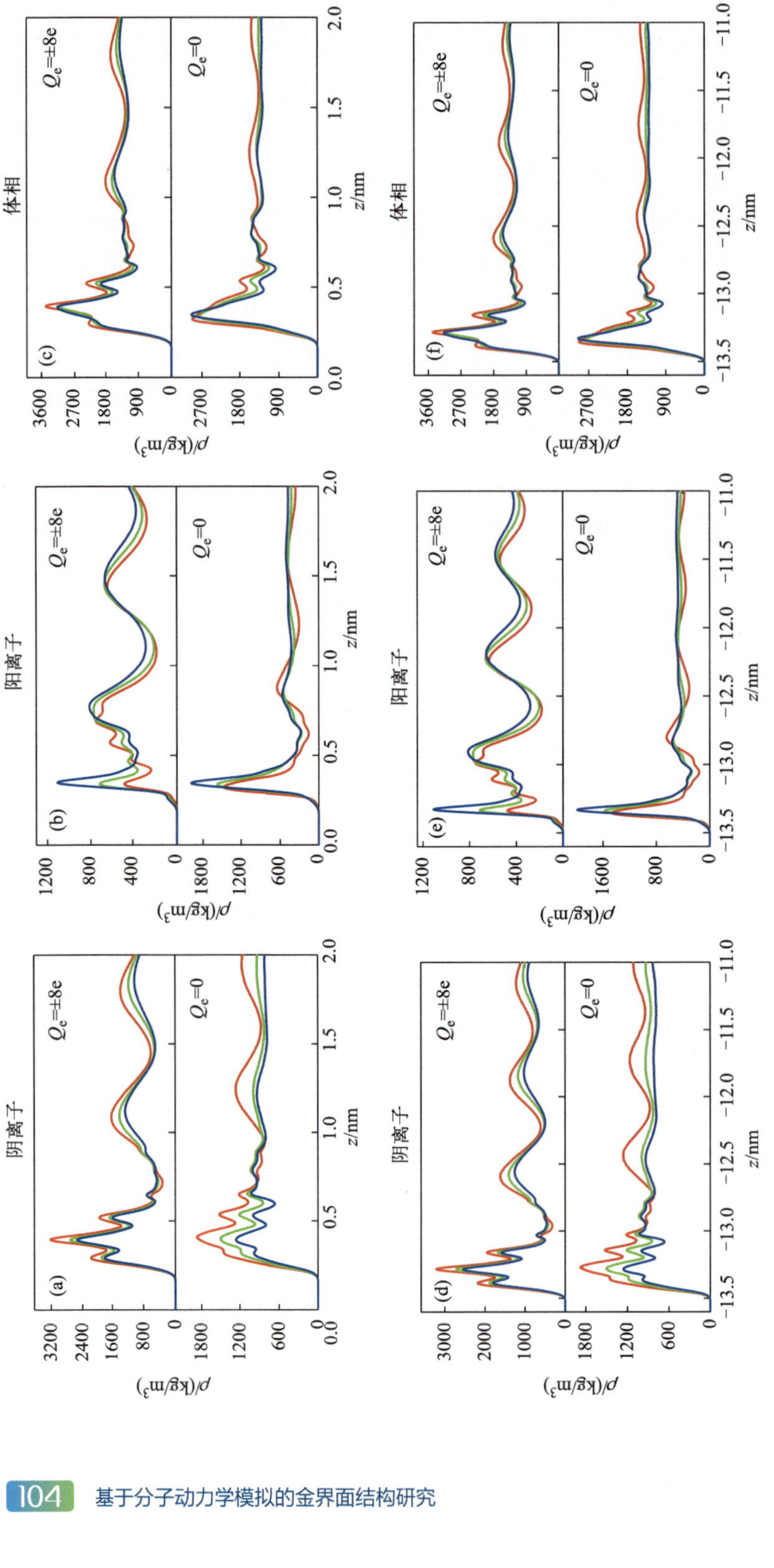

图 5-7　表面电荷为 0 和 ±8e 时，阴离子、阳离子和体相分别在正电极 [(a) (b) (c)] 和负电极 [(d) (e) (f)] 表面的质量密度分布

和 $TFSI^-$ 在电极表面均呈现明显振荡，且振荡在离表面 3.0nm 处趋于平衡，该结果与文献报道一致[68]。除此之外，受阳离子侧链长度不同的影响，不施加电场时，研究体系随阳离子侧链增长，阴阳离子层振荡范围逐渐降低。如 5.3.2 节所述，不施加电场时，阴离子与电极相互作用强弱为 E_{TFSI^-}([Emim]TFSI) > E_{TFSI^-}([Bmim]TFSI) > E_{TFSI^-}([Hmim]TFSI)，因此，$TFSI^-$ 振荡范围逐渐降低。阳离子与电极相互作用强弱为 $E_{[Emim]^+}$([Emim]TFSI) < $E_{[Bmim]^+}$([Bmim]TFSI) < $E_{[Hmim]^+}$([Hmim]TFSI)，虽然阳离子与电极相互作用逐渐增强，但侧链越长，空间位阻越大，受空间位阻的影响，阳离子在电极表面难以紧密聚集，形成的双电层较松散，最终导致振荡范围降低。此外，随阳离子侧链增长，第一阴阳离子层振幅逐渐降低，表明 [Emim]TFSI 体系中，阴阳离子排列紧凑，填充彻底。

如 5.3.2 节所述，不施加电场时，$E_{[Emim]^+}$([Emim]TFSI) 约为 −50.62kJ/mol，$E_{[Bmim]^+}$([Bmim]TFSI) 约为 −63.54kJ/mol，$E_{[Hmim]^+}$([Hmim]TFSI) 约为 −74.75kJ/mol。如 5.3.3.2 节所述，不施加电场时，$[Bmim]^+$ 几乎平行于电极取向，而 $[Emim]^+$ 和 $[Hmim]^+$ 都以 5° 左右的夹角倾斜电极。Kornyshev 等[47] 认为由长链阳离子构成的离子液体中存在许多由阳离子侧链形成的空穴，且链长越长空穴越大，阴离子可以自由填充到空穴中。因此，虽然 $[Hmim]^+$ 与电极相互作用最强，但其侧链较长，且倾斜电极，最终使它在电极表面排列松散，阴阳离子填充度最低 [见图 5-8（c）]; $[Emim]^+$ 与电极相互作用最弱，但空间位阻较小，使其在电极表面排列紧密，阴阳离子填充度最高 [如图 5-8（a）所示]。此外，由图 5-8 还可以发现，[Emim]TFSI 体系呈现阴阳离子交替的亥姆霍兹层结构 [见图 5-8（a）]，而 [Bmim]TFSI 和 [Hmim]TFSI 体系则呈现振荡的分子层 [见图 5-8（b）和（c）]。

由图 5-8 还可发现，施加电场后，第一层反离子逐渐填充到电极表面，研究体系最终都形成了阴阳离子交替的振荡层。如 5.3.2 节所述，E_{TFSI^-}([Emim]TFSI) < $E_{[Emim]^+}$([Emim]TFSI)，E_{TFSI^-}([Bmim]TFSI) < $E_{[Bmim]^+}$([Bmim]TFSI)，而 E_{TFSI^-}([Hmim]TFSI)≈$E_{[Hmim]^+}$([Hmim]TFSI)，因此 [Hmim]TFSI 中阴阳离子振荡范围和振幅相似 [见图 5-8（c）]，而 [Emim]TFSI 和 [Bmim]TFSI 中阳离子振荡范围及振幅均强于阴离子 [见图 5-8（a）和（b）]。与图 5-3 中观察到的现象一致，从图 5-8 可以看出，当表面电荷为 −8e 时，阴离子完全从负极表面第一层排出，而阳离子体积较大且不规则，使其完全从电极表面第一层排出需要较强的斥力，在研究范围内，阳离子与电极相互作用不足以驱动其完全从电极表面第一层排出，最终导致正电极表面第一层仍然可以观察到少量的阳离子。

Motobayashi 等人[211] 应用表面增强红外吸收光谱发现 [Bmim]TFSI 和 [Omim]TFSI 在 Au 电极表面的结构随表面电荷变化而发生重构，但应用实验方法并未获

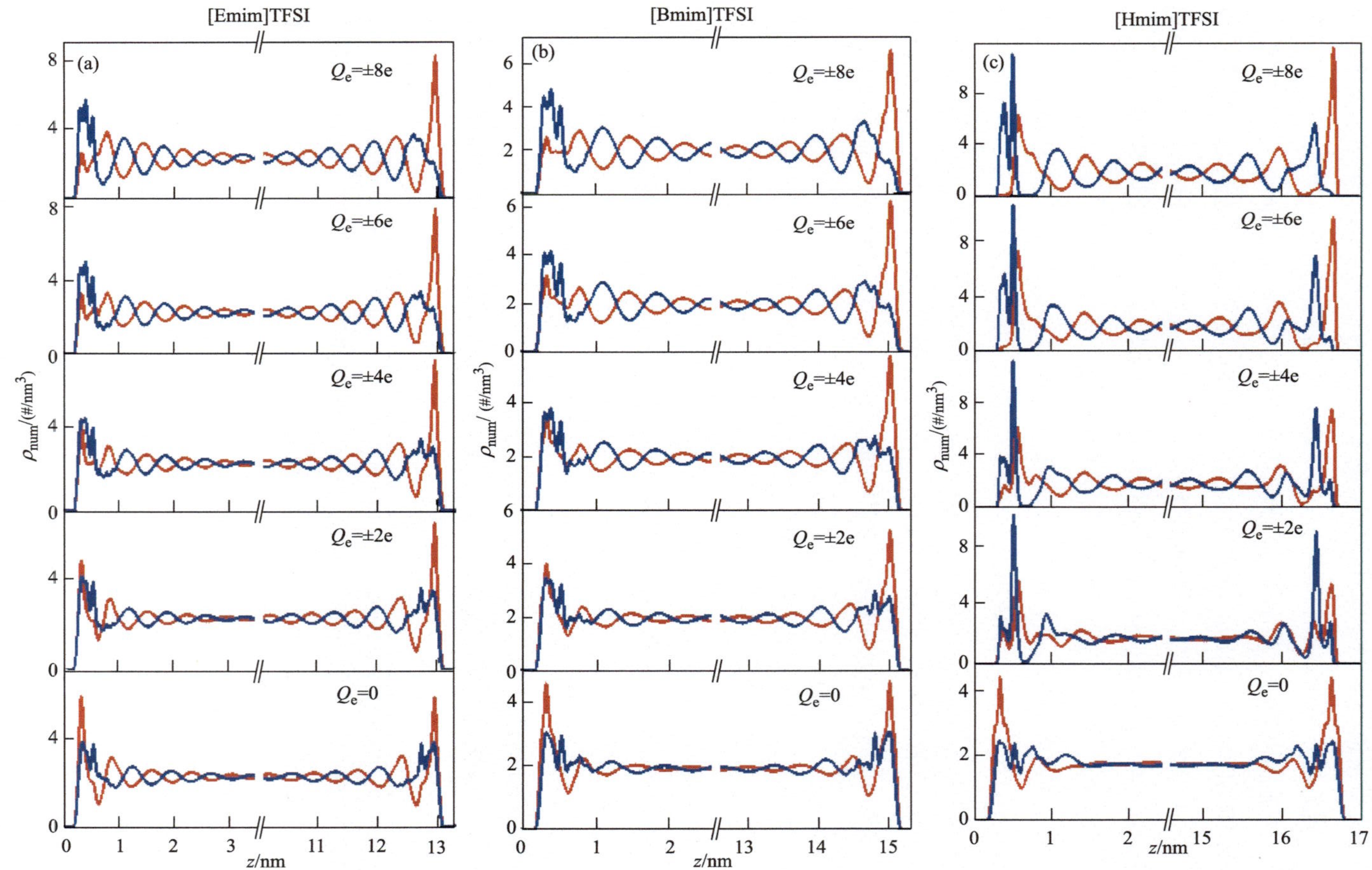

图 5-8 [Emim]TFSI(a)、[Bmim]TFSI(b) 和 [Hmim]TFSI(c) 中的阴阳离子在不同表面电荷时的数密度分布图

得电极表面的重构结构。分析图 5-9 发现，施加电场后，阴阳离子在电极表面的数密度分布发生明显变化。首先，随阳离子链长增加，阴阳离子层振荡范围逐渐增大。如 5.3.2 节所述，随着表面电荷增加，阴阳离子与电极表面相互作用明显增大，且阴阳离子与 Au(100) 之间的相互作用强弱分别为 E_{TFSI^-}([Emim]TFSI) ＞ E_{TFSI^-}([Bmim]TFSI) ＞ E_{TFSI^-}([Hmim]TFSI)，$E_{[Emim]^+}$([Emim]TFSI) ＞ $E_{[Bmim]^+}$([Bmim]TFSI) ＞ $E_{[Hmim]^+}$([Hmim]TFSI)。如 5.3.3.2 节所述，随表面电荷增加，$[Emim]^+$ 与电极表面夹角变化较大，而 $[Bmim]^+$、$[Hmim]^+$ 和 Au(100) 表面的夹角变化细微。因此，在表面电荷的诱导下，阴阳离子在电极表面相互作用及其与电极表面的取向发生变化，使其在电极表面形成紧密的双电层结构，振荡范围扩大。

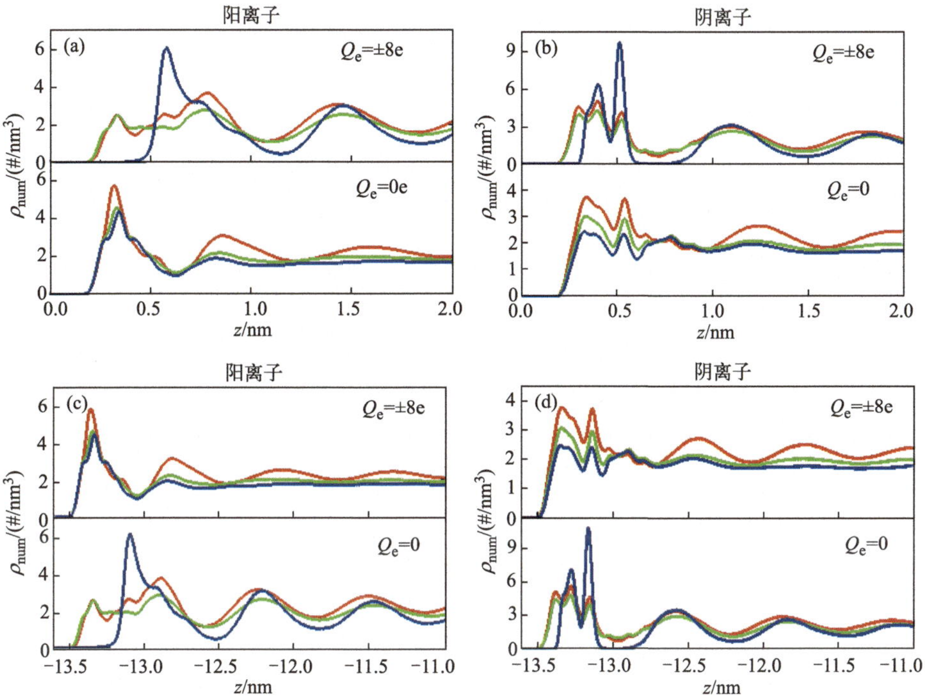

图 5-9 表面电荷为 0 和 ±8e 时，阳离子和阴离子分别在正电极 [(a)(b)] 和负电极 [(c)(d)] 表面的数密度分布

图 5-9 为表面电荷为 0 和 ±8e 时，阴阳离子分别在正负电极表面的数密度分布对比图（横坐标为负数表示负电极表面的分布情况），红线、绿线和蓝线分别代表 [Emim]TFSI、[Bmim]TFSI 和 [Hmim]TFSI 体系的分布。由图 5-9 可知，未施加电场时，随着阳离子侧链增长，其在电极表面的聚集逐渐降低。施加电场后，受阴阳离子与电极相互作用的影响，组成离子液体的阴阳离子在 [Hmim]TFSI 振

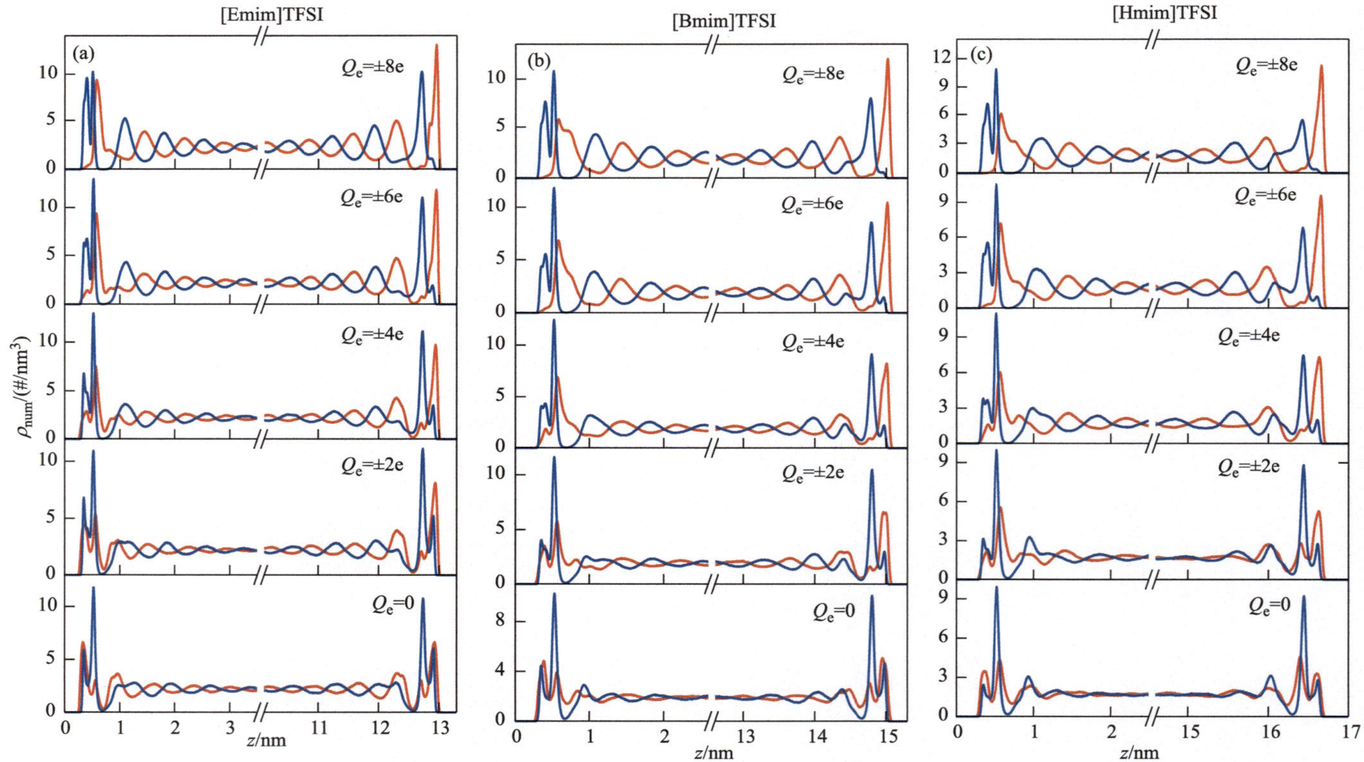

图 5-10 [Emim]TFSI(a)、[Bmim]TFSI(b) 和 [Hmim]TFSI(c) 的阴离子中心原子 (NI) 和阳离子 (C1) 在 Au(100) 电极表面的数密度分布图

幅最弱，[Bmim]TFSI 次之，[Emim]TFSI 振幅最强。

综上，图 5-8 和图 5-9 从微观角度诠释了 [Emim]TFSI、[Bmim]TFSI 和 [Hmim]TFSI 在 Au(100) 电极表面的结构，该结构与 Rodrigues 课题组报道一致 [191]，且与图 5-3 一起从分子尺度客观地描绘了 Motobayashi 等人的猜测 [211]。

图 5-10（a）、（b）和（c）分别为不同表面电荷时，[Emim]TFSI、[Bmim]TFSI 和 [Hmim]TFSI 体系中阴离子中心原子（NI）和阳离子（C1）的数密度分布曲线（原子标签见图 5-1），红线和蓝线分别代表 C1 和 NI 的数密度分布。不施加电场时，由图 5-10 清晰地发现研究体系的 C1 和 NI 均出现双峰结构。随着侧链长度增加，C1 双峰逐渐远离电极，且第一个峰峰值逐渐降低，第二个峰峰值逐渐增加，最终双峰峰值相似。然而 NI 的第一个峰峰值明显降低，第二个峰峰值明显增加，但双峰位置几乎不变，说明随着阳离子链长增加，阴离子倾向于在 0.53 nm 处聚集。如 5.3.1、5.3.2 及 5.3.3.2 节所述，虽然 $E_{[Emim]^+}$([Emim]TFSI) < $E_{[Bmim]^+}$([Bmim]TFSI) < $E_{[Hmim]^+}$([Hmim]TFSI)，E_{TFSI^-}([Emim]TFSI) > E_{TFSI^-}([Bmim]TFSI) > E_{TFSI^-}([Hmim]TFSI)，但随着阳离子侧链增长，空间位阻增大，阳离子在电极表面的翻转能力降低，最终使 C1 和 NI 呈现各自不同的数密度分布。

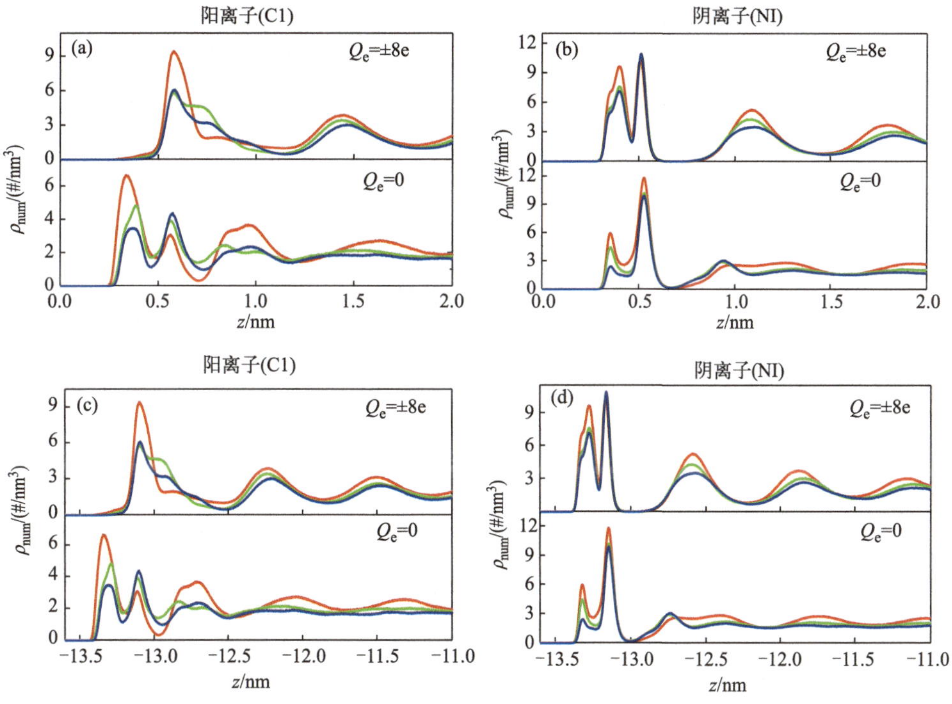

图 5-11　表面电荷为 0 和 ±8e 时，阴离子中心原子 (NI) 和阳离子 (C1) 分别在正电极 [(a)(b)] 和负电极 [(c)(d)] 表面的数密度分布

图 5-11 为表面电荷为 0 和 ±8e 时，研究体系阴离子中心原子（NI）和阳离子（C1）数密度分布对比图（横坐标为负数表示负电极表面的分布情况），红线、绿线和蓝线分别代表 [Emim]TFSI、[Bmim]TFSI 和 [Hmim]TFSI 体系的分布。由图 5-11 可知，当表面电荷为 ±8e 时，阴离子在正电极表面聚集明显增加，阳离子聚集明显减少，且 NI 原子更靠近正极，而 C1 逐渐从电极表面第一层排出，形成宽峰结构。此外，C1 聚集到负电极表面第一层，而 NI 完全远离该电极表面第一层，且阴阳离子均为单峰结构。根据 5.3.2 所述，上述现象均与阴阳离子与电极相互作用相关。

通过咪唑环上碳原子（C1、C2、C3）和侧链碳原子（C4、C5）的数密度分布可以研究阳离子在电极表面聚集状态。图 5-12（a）、（b）和（c）分别为表面电荷为 0 和 ±8e 时，[Emim]TFSI、[Bmim]TFSI 和 [Hmim]TFSI 体系咪唑环上碳原子（C1、C2、C3）和侧链碳原子（C4、C5）的数密度分布（原子标签见图 5-1），底图和顶图表面电荷分别为 0 和 −8e。

由图 5-12 可知，受阳离子不同链长影响，研究体系呈现如下特征。首先，无论是否施加电场，三个体系的 C3 和 C2 均最接近电极表面；其次，不施加电场时，$[Emim]^+$ 的 C5 比 C4 略接近电极且 C2、C3、C4、C5 的峰值相似[见图 5-12(a)]，说明在 [Emim]TFSI 体系中，阳离子聚集较为紧密，烷基侧链难以插入到阳离子空穴中。随着侧链增加，$[Bmim]^+$ 和 $[Hmim]^+$ 的聚集状态发生变化，C5 峰值最大且离电极最远[见图 5-12（b）和（c）]，说明在上述两个体系中，受空间位阻的影响，与 N2 相连的长烷基侧链在远离电极的位置大量聚集。再次，当表面电荷为 −8e 时，$[Emim]^+$、$[Bmim]^+$、$[Hmim]^+$ 中与 N1 相连的甲基比与 N2 相连的烷基更接近电极，而 C4 和 C5 峰值降低且两峰间距离增加[见图 5-12（a）、（b）和（c）]。以上现象说明在外电场的诱导下，长烷基链更容易形成空穴，利于阴离子插入。此外，图 5-12 也进一步说明了咪唑环在电极表面的取向。图 5-12（b）显示，不施加电场时，$[Bmim]^+$ 中 C2 和 C3 出峰位置一致；而当表面电荷为 −8e 时，$[Bmim]^+$ 中 C2 和 C3 出峰位置不同，进一步说明了 $[Bmim]^+$ 平行电极而略倾斜于电极取向。图 5-12（a）和（c）显示，无论是否施加电场，C2 和 C3 出峰位置均不同，说明 $[Emim]^+$ 和 $[Hmim]^+$ 倾斜于电极取向。

$TFSI^-$ 中氧（OS）、氮（NI）和氟（FC）原子的数密度分布可以分析 $TFSI^-$ 的构象。图 5-13（a）、（b）和（c）分别为 [Emim]TFSI、[Bmim]TFSI 和 [Hmim]TFSI 中 $TFSI^-$ 的氧原子 (OS)、氮原子 (NI)、氟原子 (FC) 数密度分布图（原子标

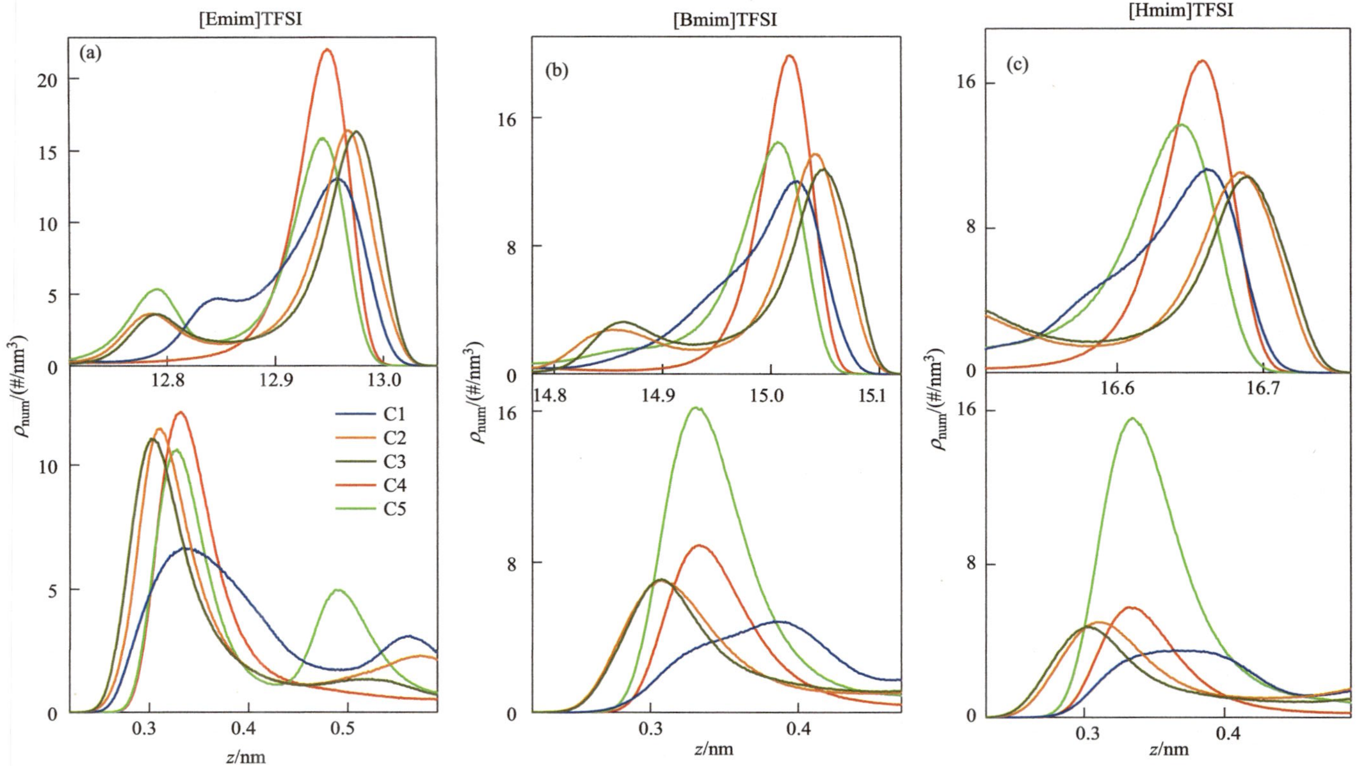

图 5-12 [Emim]TFSI(a)、[Bmim]TFSI(b) 和 [Hmim]TFSI(c) 咪唑环上碳原子（C1、C2、C3）和阳离子侧链碳原子（C4、C5）在 Au(100) 电极上的数密度分布

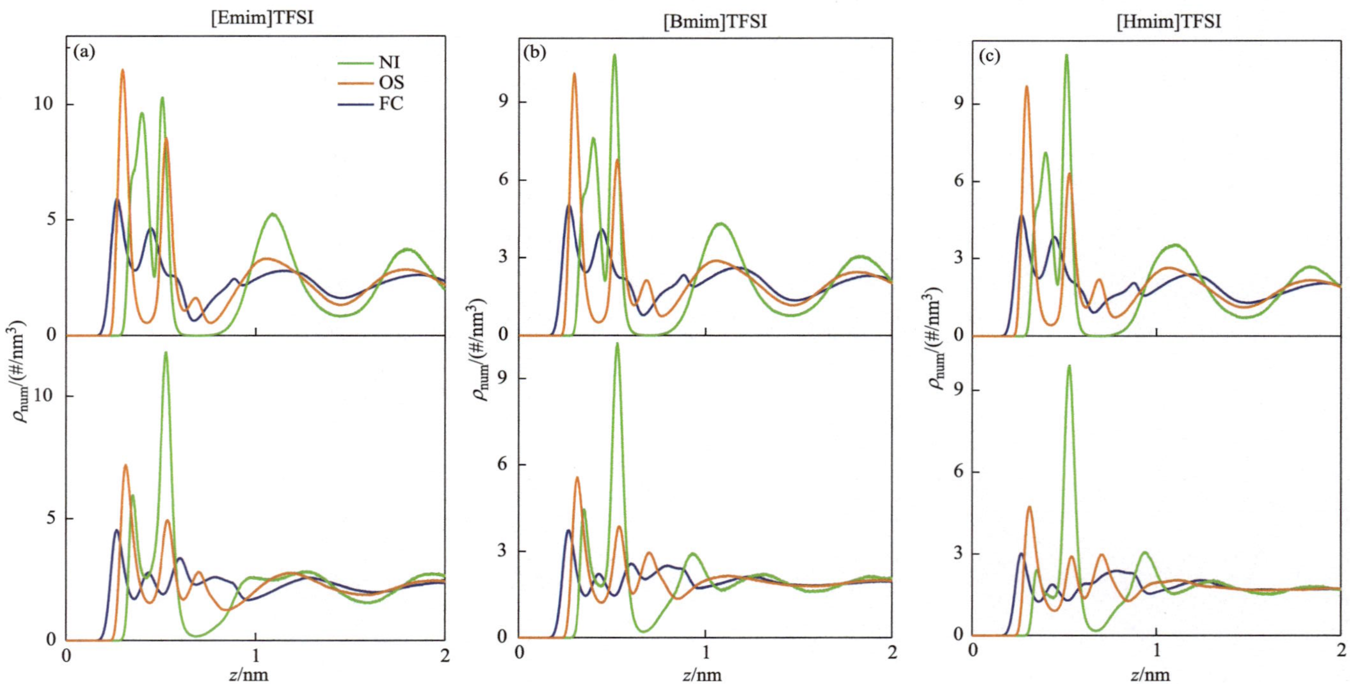

图 5-13　[Emim]TFSI(a)、[Bmim]TFSI(b)、[Hmim]TFSI(c) 中 TFSI$^-$ 的氧原子 (OS)、氮原子 (NI)、氟原子 (FC) 数密度分布图

签见图 5-1），底图和顶图分别为表面电荷分别为 0 和 8e 时的分布。从图 5-13 可以看出，无论是否施加电场，氟原子（FC）最接近表面，而氮原子（NI）离表面最远，且 [Emim]TFSI，[Bmim]TFSI 和 [Hmim]TFSI 中的 $TFSI^-$ 均出现双峰，说明在这三个体系中 $TFSI^-$ 呈反式构象，其中一个 CF_3 指向电极，另一个 CF_3 指向体相。综上，阳离子链长变化不会引起 $TFSI^-$ 构象变化。

5.3.3.5 电荷密度分布

电极表面各粒子的电荷密度分布可用于分析研究体系致密层的电荷特性。根据模拟轨线，可由式（2-44）计算体系中离子（分子）的电荷密度分布。图 5-14（a)、(b）和（c）分别为 [Emim]TFSI、[Bmim]TFSI 和 [Hmim]TFSI 在电极表面阴离子、阳离子、阴阳离子总电荷密度分布，红、蓝、绿线分别代表阴离子、阳离子和总电荷的分布。由图 5-14 可知，不施加电场时，体系电荷密度振荡主要受阴离子控制。三个体系在 0.26nm 处均呈现局部过量的阳离子振荡峰，且该峰随烷基链长增加而逐渐变得明显，随后紧跟一个局部过量的阴离子峰。在这一层之后，阴离子产生了一个由 $TFSI^-$ 中碳原子和硫原子贡献的额外的正电荷峰 [143-146,192]。Fedorov 等人研究发现，即使不施加电场，电极表面离子积累也会导致过度筛选和静电势 [48]，模拟结果与上述报道一致。

此外，由图 5-14 还发现未施加电场时，受体系中各粒子与电极相互作用和阳离子链长的影响，[Emim]TFSI、[Bmim]TFSI 和 [Hmim]TFSI 在电极表面的振幅和双电层厚度不同。[Emim]TFSI 体系振幅最强，双电层最紧密，[Bmim]TFSI 体系次之，[Hmim]TFSI 体系振幅最弱，双电层最松散。如 5.3.1 节和 5.3.2 节所述，随阳离子烷基链长增加，虽然阳离子空间位阻增大，但阳离子与电极相互作用增强。同时，虽然 E_{TFSI^-}([Emim]TFSI) > E_{TFSI^-}([Bmim]TFSI) > E_{TFSI^-}([Hmim]TFSI)，但 E_{TFSI^-}([Bmim]TFSI) 约 −38.14kJ/mol，E_{TFSI^-}([Hmim]TFSI) 约 −35.22kJ/mol，二者差距很小。综上，空间位阻和相互作用的共同影响使得研究体系的双电层厚度不同。施加电场后，[Emim]TFSI、[Bmim]TFSI 和 [Hmim]TFSI 体系的电荷密度分布也发生变化。三个体系的电荷密度波动由阴离子和阳离子共同控制。正极附近电荷密度振荡主要由阴离子控制，而负极附近电荷密度分布主要由阳离子决定。

图 5-15 为表面电荷为 0 和 ±8e 时，研究体系的阴离子、阳离子、阴阳离子总电荷分别在正负电极表面的电荷密度分布对比图（横坐标为负数表示负电极表面的分布情况），红色、绿色和蓝色线分别代表 [Emim]TFSI、[Bmim]TFSI 和 [Hmim]TFSI 的分布。由图 5-15 可知，阴离子随表面电荷增加，电荷密度振荡随之加剧；阳离子随表面电荷增加，电荷密度振荡减弱。还发现阳离子在距正极

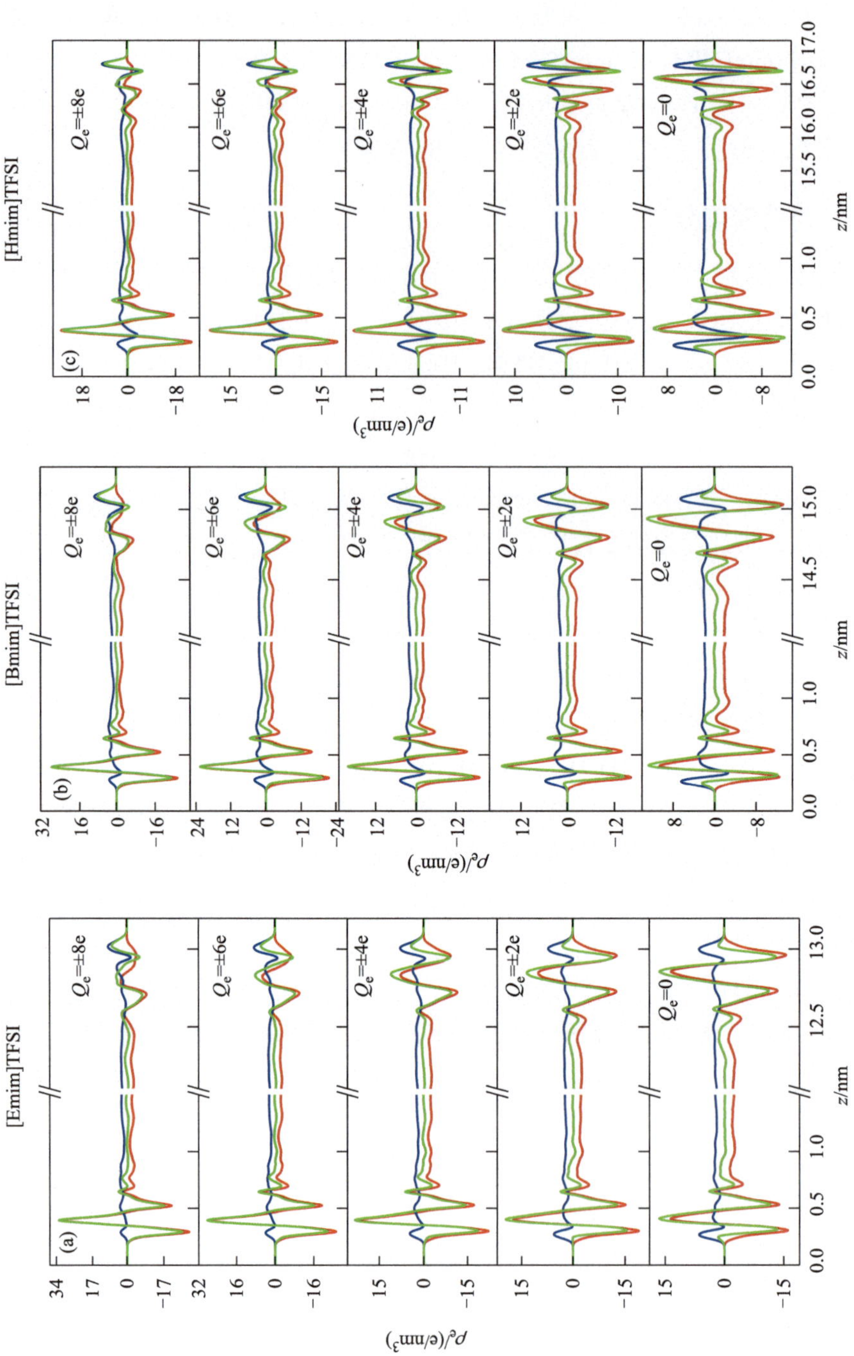

图 5-14 [Emim]TFSI(a)、[Bmim]TFSI(b) 和 [Hmim]TFSI(c) 体系中阴离子、阳离子和阴阳离子在 Au(100) 电极表面的电荷密度分布图

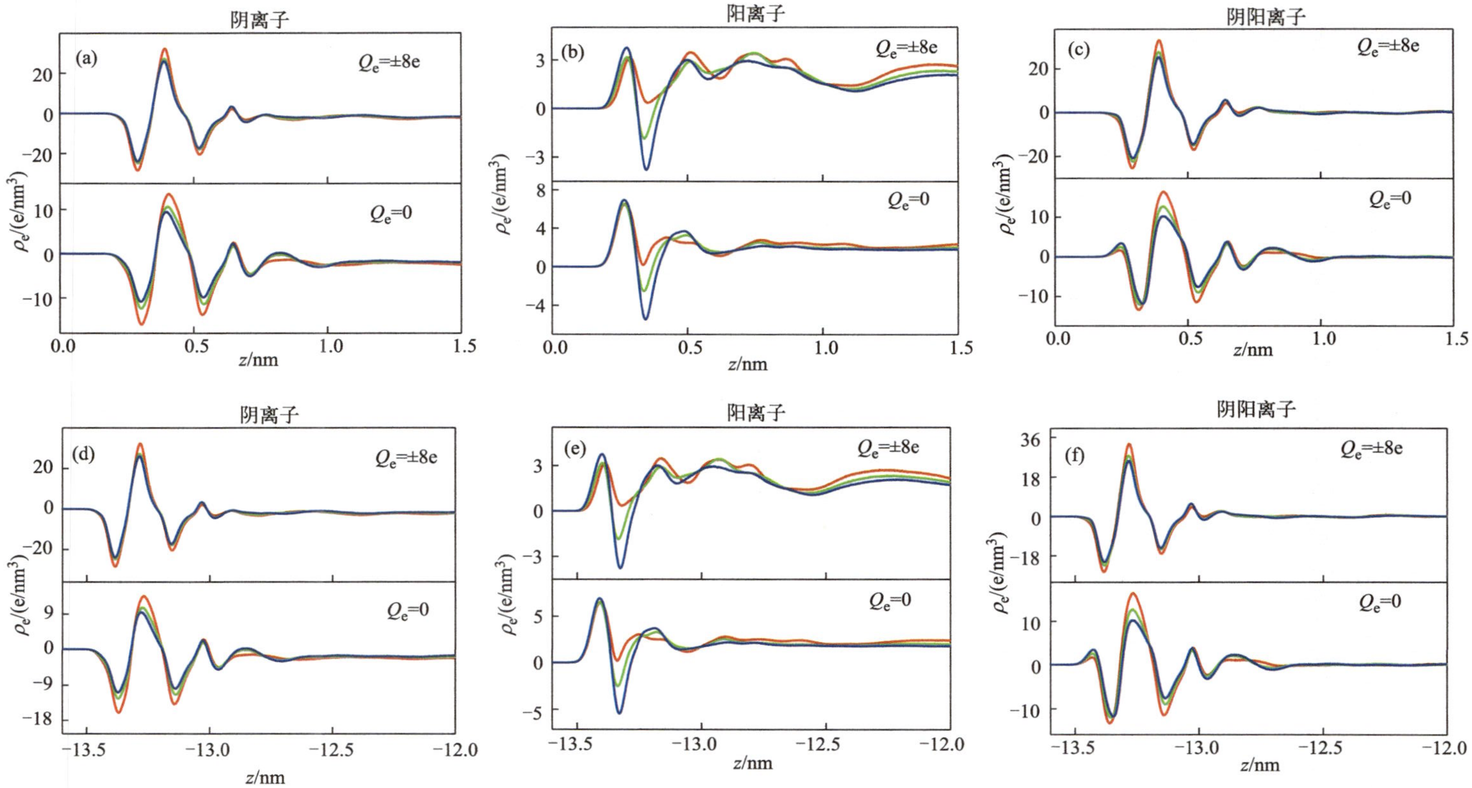

图 5-15 表面电荷为 0 和 ±8e 时，[Emim]TFSI、[Bmim]TFSI 和 [Hmim]TFSI 体系中阴离子、阳离子和阴阳离子在正电极 [(a)(b)(c)] 和负电极 [(d)(e)(f)] 附近的电荷密度分布图

0.26nm 处产生低于不施加电场时电极表面的轻微正电荷峰，紧跟其后的是由阴离子产生的一层比不施加电场时高许多的正电荷层。除此之外，无论是否施加电场，局部电荷过量只发生在距表面 1.0nm 范围内。当距离增加到 1.0nm 以上时，局部电荷过量消失。上述模拟结果不但与 Kornyshev 课题组 [22] 关于电极表面由过度屏蔽结构逐渐转变为过度拥挤结构的报道一致，还证实了 Atkin 等人关于离子液体德拜长度小于 1.0nm 的猜想 [152]。

综上所述，离子很容易吸附在电极上，形成多层结构。尽管如此，受阳离子侧链长度的影响，[Emim]TFSI，[Bmim]TFSI 和 [Hmim]TFSI 体系在 Au(100) 电极表面的双电层结构各具特色。不施加电场时，烷基链越长，ΔE 值越低，阳离子与电极的相互作用越强，电荷密度振幅越强、振荡越远；随着表面电荷增加，阴阳离子与电极相互作用越强，更多离子得以吸附到电极表面屏蔽电极表面电荷，阴阳离子聚集更加紧密，但受阳离子侧链长度的影响，空间位阻增大，双电层有效厚度增加。

5.3.4 侧链长度不同的咪唑阳离子/金电极体系的电化学性质

5.3.4.1 [X]TFSI/Au(100) 体系的零电荷电势

零电荷电势（PZC）可以描绘电极表面剩余电荷为零时的电极电位。不施加电场时，PZC 可以由电极上的泊松电位与离子液体体相的泊松电位差确定。根据模拟轨线，PZC 可由式（2-47）计算。图 5-16 显示了未施加电场时，[Emim]TFSI、[Bmim]TFSI 和 [Hmim]TFSI 体系沿 z 轴方向的电位降（z 轴方向如图 5-1 所示）。由图 5-16 可知，[Emim]TFSI，[Bmim]TFSI 和 [Hmim]TFSI 的 PZC 分别为 0.020 V、0.054 V 和 0.095 V；[Bmim]TFSI 和 [Hmim]TFSI 体系的第二个最小电位降位于更靠近电极的位置。模拟结果与 Lee 等人 [35] 及 Pajkossy 等人 [72,180] 通过实验方法测得 [Emim]TFSI 和 [Bmim]TFSI 的 PZC 值一致。虽然没有实验报道 [Hmim]TFSI 的 PZC，但多个课题组通过实验发现咪唑类离子液体的 PZC 随阳离子链长增加而增大 [2,80,82]，因此，可以证实通过模拟方法获得的 PZC 正确。

由 5.3.2 节和 5.3.3.2 节可知，不施加电场时，研究体系阳离子与电极的相互作用大于阴离子与电极的相互作用，使得阳离子在电极表面的积累程度大于阴离子，因此三个体系的 PZC 均为正值。此外，阳离子与电极间的相互作用能大小为 $E_{[Emim]^+}$([Emim]TFSI) < $E_{[Bmim]^+}$([Bmim]TFSI) < $E_{[Hmim]^+}$([Hmim]TFSI)，且烷基链越长，阳离子在电极表面翻转能力降低，最终导致 $[Bmim]^+$ 始终平行于电极取向，而 $[Emim]^+$ 和 $[Hmim]^+$ 倾斜于电极取向。阳离子空间位阻随烷基链增长而增加，

最终导致 [Bmim]TFSI 和 [Hmim]TFSI 体系的双电层结构松散，阴离子在电极上的积累程度降低，研究体系 PZC 随链长增加而增加。

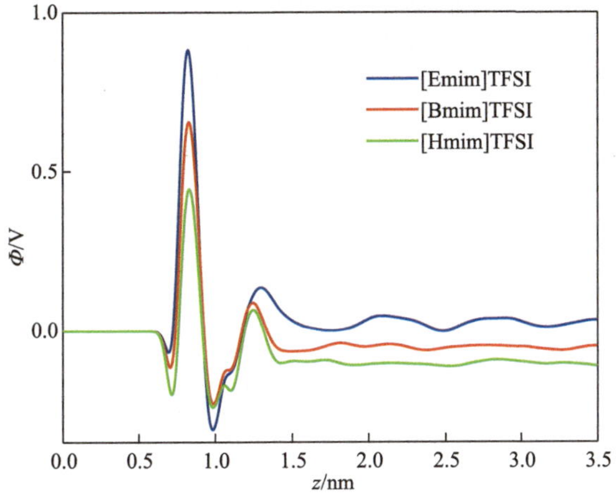

图 5-16 未施加电场时，[Emim]TFSI、[Bmim]TFSI 和 [Hmim]TFSI 体系沿 z 轴方向的电位降

综上所述，不施加电场时，随烷基链增长，阳离子 ΔE 增强，阳离子与电极的相互作用增强，受到阳离子空间位阻扩大的影响，表面双电层结构松散，阻碍阴离子在电极表面积累，最终使 PZC 逐渐增大。

5.3.4.2 [X]TFSI/Au(100) 体系的微分电容

微分电容（C_d）可用于表征界面在一定电势下的电荷储存能力，与双电层结构息息相关[130-131]。根据模拟轨线，C_d 可由式（2-49）～式（2-51）计算。图 5-17（a）为 [Emim]TFSI、[Bmim]TFSI 和 [Hmim]TFSI 体系电极表面电荷密度（σ）和外加电极电位（U）的函数关系。由于 $C_d = d\sigma/dU$，通过对图 5-17（a）中的 σ-U 曲线进行微分可得到 [Emim]TFSI、[Bmim]TFSI 和 [Hmim]TFSI 体系的 C_d-U 曲线，该曲线如图 5-17（b）所示。

由图 5-17（b）可知，[Emim]TFSI、[Bmim]TFSI 和 [Hmim]TFSI 在 Au 电极表面 C_d 值随阳离子侧链增长而降低。在本研究的电势范围内，随着链长增加，C_d-U 曲线逐渐由驼峰形向钟形转变，即 [Emim]TFSI 体系为明显的驼峰形 C_d-U 曲线，且 C_d 值为 3.1 ～ 7.1μF/cm^2；[Bmim]TFSI 和 [Hmim]TFSI 体系的 C_d-U 曲线介于驼峰形与钟形曲线之间，C_d 值分别为 2.8 ～ 5.9μF/cm^2 和 2.6 ～ 5.5μF/cm^2。上述模拟的 C_d-U 曲线形状及 C_d 值与实验基本一致[72,178,233]。从图 5-17（b）中还

发现 [Bmim]TFSI 的 PZC 在电容曲线的极大值处，而 [Emim]TFSI 和 [Hmim]TFSI 既不在电容曲线的最大值处也不在最小值处。上述模拟结果与金先波课题组 [105] 及 Komyshev 预测的驼峰形或钟形相符 [47]。

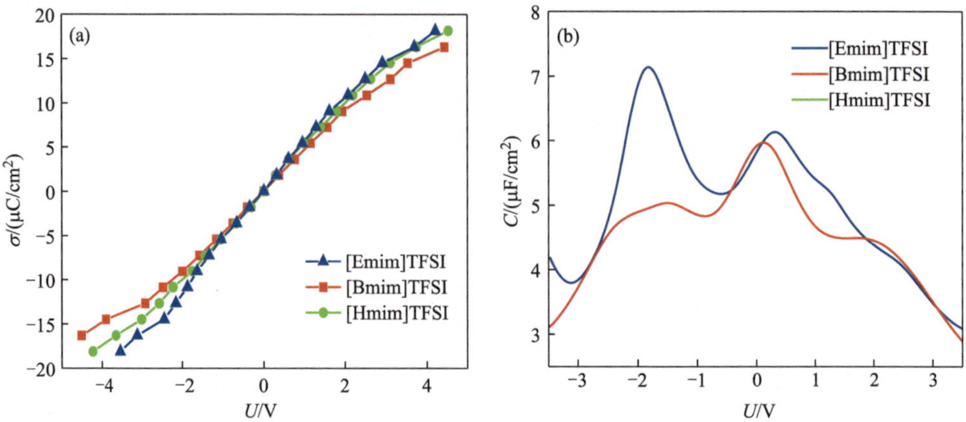

图 5-17　[Emim]TFSI、[Bmim]TFSI 和 [Hmim]TFSI 体系表面电荷密度（σ）与双电层电势降（U）的函数关系 (a) 以及 [Emim]TFSI、[Bmim]TFSI 和 [Hmim]TFSI 的 C_d 随双电层电势降的变化 (b)

由图 5-17（b）还可发现，受阳离子侧链影响，[Bmim]TFSI 和 [Hmim]TFSI 体系的 C_d 值在 −2.4 ～ −1.3V 之间表现出较弱的电位依赖性。当电势小于 −2.4V，研究体系的微分电容急剧下降。而 [Emim]TFSI、[Bmim]TFSI 和 [Hmim]TFSI 体系在正极范围内的 C_d-U 曲线较为复杂。[Bmim]TFSI 和 [Hmim]TFSI 体系在 0.9 ～ 1.9V 之间 C_d 表现出较弱的电位依赖性，电化学性能稳定 [126]。此外，当电势大于 1.9V，由于反离子过度拥挤导致双电层变厚，研究体系的微分电容急剧下降。

综上，烷基链为推电子基团，推电子能力随链长增加而增强，咪唑环电荷密度增加，离子液体与电极的相互作用逐渐增强，离子更易吸附在电极表面。通过阴阳离子与电极相互作用能证实，不施加电场时，离子在 Au(100) 上基本倾斜分布而呈现蠕虫状图案，但当一种离子与 Au(100) 的相互作用是另一种离子的大约 2 倍及以上时，该离子在 Au(100) 上平行分布呈直线形图案。在相互作用的影响下，阳离子在电极表面的积累程度大于阴离子，研究体系 PZC 为正值。此外，[Emim]TFSI、[Bmim]TFSI 和 [Hmim]TFSI 在 Au 电极表面 C_d 值随阳离子侧链增长而降低，且 [Bmim]TFSI 的 PZC 在电容曲线的极大值处，而 [Emim]TFSI 和 [Hmim]TFSI 的 PZC 既不在电容曲线的最大值处也不在最小值处。结合相互作用能分析可知，在 [Emim]TFSI 体系中，阳离子侧链较短，空间位阻较小，在相互作用的影响下，可快速形成有序层，局部密度降低，最终形成驼峰形曲线；而 [Bmim]TFSI 和 [Hmim]TFSI 体系中阳离子侧链较长，空间位阻较大，在相互作用的影响下，有序层形成缓慢，局部密度略高，C_d -U 曲线向钟形过渡。综上，若需要快速充放电，应选择短链咪唑类离子液体为电解液，需要缓慢充放电时，应选用长链咪唑类离子液体为电解液。

5.4 本章小结

在本章的研究中，揭示了阳离子侧链长度不同对咪唑离子液体（[Emim]TFSI、[Bmim]TFSI 和 [Hmim]TFSI）/Au(100) 界面的双电层结构、体系电化学性质的影响和变化规律，得出如下结论。

（1）不施加电场时，随阳离子侧链增长，阳离子体积逐渐增大，ΔE 逐渐降低，阳离子与 Au(100) 电极相互作用增强，$[Bmim]^+$ 在电极表面几乎平行分布，而 $[Emim]^+$ 和 $[Hmim]^+$ 都以 5° 左右的夹角倾斜于电极取向，促使长链阳离子更易吸附在电极表面；施加电场后，阳离子均在电极表面倾斜分布，阴阳离子与电极相互作用随烷基链增长而降低，使长链阳离子体系在电极表面的吸附受阻。

（2）不施加电场时，$TFSI^-$ 在 Au(100) 电极表面呈蠕虫状图案。随阳离子烷基链增长，阳离子逐渐由蠕虫状图案变为线形图案，即 $[Emim]^+$ 呈蠕虫状图案，$[Bmim]^+$ 和 $[Hmim]^+$ 呈线形图案。通过阴阳离子与电极相互作用能证实，不施加电场时，离子在 Au(100) 上基本倾斜分布而呈现蠕虫状图案，但当一种离子与 Au(100) 的相互作用是另一种离子的大约 2 倍及以上时，该离子在 Au(100) 上平行分布呈直线形图案。

（3）随烷基链增长，施加电场后，阳离子在电极表面倾斜分布，阴阳离子排列稀疏，Au(100) 表面双电层厚度增加，电化学性能下降。在实际应用中，短链咪唑类离子液体适用于快速充放电体系，长链咪唑类离子液体适用于缓慢充放电体系。

第六章

阴离子对咪唑离子液体 / 金电极界面结构与性质的影响

6.1 引言

作为一种可设计的绿色溶剂，调节阴离子或阳离子均可获得不同性质的离子液体。前两章已证实，咪唑阳离子取代位点数增加、烷基链增长都对咪唑离子液体 / 金电极界面结构与性质造成较大影响。阴离子不同，得到的离子液体及性质也不同，因而离子液体 / 电极界面结构与性质也会有不同[136-137,143,152,214-226]。因此，本章重点研究阴离子结构变化对咪唑离子液体 / 金电极界面结构与性质的影响。

应用分子动力学模拟，Lockett 等人研究了 [Emim]Cl、[Bmim]Cl 和 [Hmim]Cl 在玻璃碳电极表面的界面结构，发现在与电极电荷相反的离子（反离子）中，较大的离子在界面上占据更多空间，使得双电层呈现低电荷密度，进而影响电化学性能[90]。此外，Lauw 等人发现吡咯型离子液体阴阳离子的相对大小对双电层结构和体系的电化学性能有影响[205]。Chaban 等也证实，相似体积的离子形成的吡咯型和铵型离子液体作为电解液时，表现出相似的电化学性能[190]。BF_4^-、PF_6^- 和 $TFSI^-$ 的几何结构分别为四面体（楔形）、八面体（球形）和扭曲 V 形，极具代表性。[Bmim]BF_4、[Bmim]PF_6 和 [Bmim]TFSI 比其他咪唑型离子液体也具有较为优异的电化学性能[152]。研究发现 [Bmim]BF_4 在电极表面出现人字形重排，且微分电容曲线呈钟形[99]；[Bmim]TFSI 和 [Bmim]PF_6 在 PZC 周围形成了有序的阴阳离子层，且微分电容曲线呈驼峰形[179]；而 Silva 等人[227-228]观察到 [Bmim]BF_4、[Bmim]PF_6 和 [Bmim]TFSI 在电极表面形成了特征层状结构及阴阳离子图案（$[Bmim]^+$ 在 [Bmim]TFSI 和 $[Bmim]PF_6$ 体系中呈现双排图形，$TFSI^-$ 和 PF_6^- 分别具有线形图案和岛状形貌），且 $[Bmim]BF_4$ 体系的微分电容曲线呈钟形，而 [Bmim]TFSI 和 $[Bmim]PF_6$ 呈线形。综上，不同形状大小的阴离子构成的咪唑离子液体在电极表面分布各不相同，从而其性质也各不相同。

本章选取 [Bmim]Y（Y=BF_4^-、PF_6^- 和 $TFSI^-$）为电解液，Au(100) 面为电极材料，从原子（分子）尺度研究阴离子结构不同对界面双电层结构、体系电化学性质的影响和变化规律。

6.2 计算方法

本章涉及的阴离子和阳离子的稳定几何构型采用 Gaussian 09 软件包 [182] 中的 DFT 方法在 B3LYP/6-31+G（d）水平下进行全优化并经振动频率分析无虚频得到。Gaussian View 6.0[183] 用于初始结构建模。稳定构型如图 6-1（a）～（d）所示，绿色箭头代表 $TFSI^-$ 偶极矩的方向。所得稳定几何构型被用于在同一理论水平下计算阴阳离子偶极矩（μ）、体积、最高占有轨道（HOMO）、最低未占有轨道（LUMO）及其能量（E_{HOMO} 和 E_{LUMO}）。所得结果如表 6-1 所示。

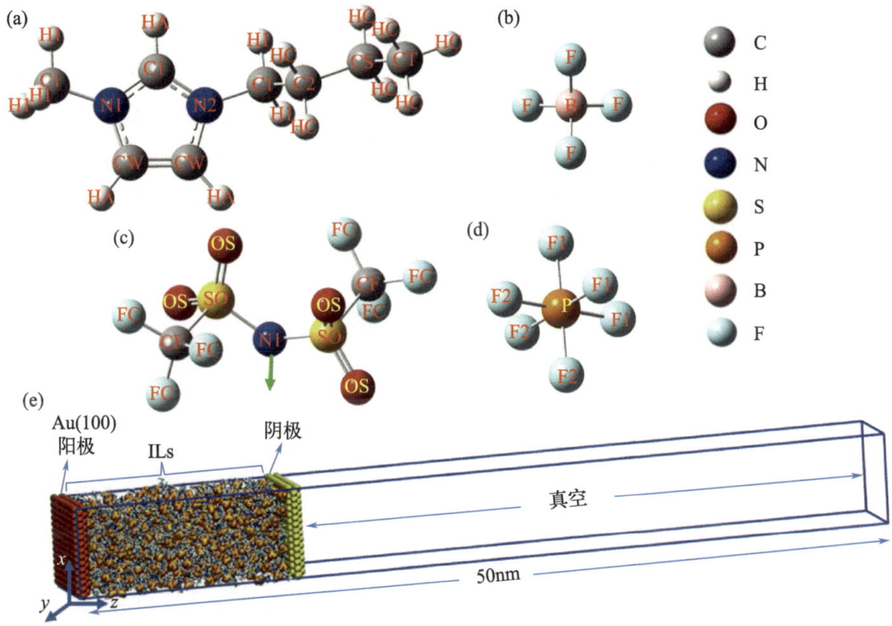

图 6-1　$[Bmim]^+$(a)、BF_4^-(b)、$TFSI^-$(c) 和 PF_6^-(d) 的稳定几何图形以及两个平面 Au(100) 电极组成的分子动力学模拟模型 (e)

分子动力学模拟应用 Gromacs 软件包[156]进行。[Bmim]BF_4 和 [Bmim]PF_6 的力场数据源于 Wu 等人[167]和 Lopes 等人[160,166]的研究，[Bmim]TFSI 离子液体的力场数据源于 Ludwig 等人开发的 OPLS-AA 力场[164,165]，金电极表面的 Lennard-Jones 参数取自冯光等人的报道[181]（力场参数详见附录 B）。在模拟盒子中随机放入 512 对阴阳离子作为纯体系的初始构型，用以验证力场的可靠性。保持上一步所得密度，将 512 对 [Bmim]BF_4、[Bmim]PF_6 和 [Bmim]TFSI 离子液体中的阴阳离子分别随机放入 4.2nm × 4.2nm × 10.200nm，4.2nm × 4.2nm × 11.468nm，4.2nm × 4.2nm × 15.340nm 的模拟盒子中。将三层 Au(100) 晶面置于上一步得到的模拟盒两端组成界面模型进行模拟，模拟参数详见 2.3.3 节。根据运动轨线计算了质量密度、数密度、电荷密度及微分电容等物理量，计算方法见 2.3.4 节。

6.3 结果与讨论

6.3.1 不同阴离子的结构特征

通过几何结构、空间位阻和前线轨道分布三方面揭示阴离子的结构特征。从几何结构而言，BF_4^- 是四面体（楔形），PF_6^- 是八面体（球形），而 $TFSI^-$ 是扭曲的折线形。受几何结构差异性影响，三个阴离子在电极表面形态各异。如图 6-2 所示，无论是否施加电场，BF_4^- 中的三个 F 原子、PF_6^- 中的底部 F 原子均朝向电极表面，$TFSI^-$ 直立在电极表面，其中一个 CF_3 朝向电极，另一个 CF_3 朝向体相（如 6.3.3.4 所述）。

表6-1 BF_4^-、PF_6^- 和 $TFSI^-$ 的摩尔体积(MV)，阳离子和阴离子的体积比 (R)，偶极矩(μ)以及 E_{HOMO}、E_{LUMO} 和 ΔE

阴离子	MV/($\times 10^{-3}cm^3$/mol)	R	μ/D	E_{HOMO}/eV	E_{LUMO}/eV	ΔE/eV
BF_4^-	39.6	2.6	0	−0.166	0.161	0.328
PF_6^-	53.5	2.0	0	−0.198	0.150	0.348
$TFSI^-$	110.4	1.1	4.4	−0.160	0.112	0.272

μ 是衡量共价键极性的尺度，较高的 μ 使分子更容易吸附在金属表面[229-230]。图 6-1 中绿色箭头显示了 $TFSI^-$ 的偶极矩方向。如表 6-1 所示，$TFSI^-$ 的偶极矩是 4.4D，而 PF_6^- 和 BF_4^- 的偶极矩是 0 D。因此，$TFSI^-$ 比 PF_6^- 和 BF_4^- 更容易吸附在金属表面。

阳离子相同时，组成离子液体的阴离子的体积直接影响离子液体的空间位阻。阴离子体积大小为：$TFSI^- > PF_6^- > BF_4^-$。表 6-1 显示了组成离子液体的阳离子和阴离子的体积比（R）。在 [Bmim]BF_4 体系中，阴离子空间位阻最小，阳离子比阴离子大 2.6 倍（R=2.6）。而 [Bmim]TFSI 的空间位阻最大，阳离子和阴离子的大小几乎相同。在阳离子相同的情况下，由于 BF_4^- 的空间位阻最小，使得它最容易靠近（远离）电极表面，PF_6^- 次之，$TFSI^-$ 最难。

为讨论反应活性，还研究了 [Bmim]BF_4、[Bmim]PF_6 和 [Bmim]TFSI 的前线轨道分布。HOMO 是电子占据的最外层轨道，它的能量 E_{HOMO} 决定了分子（离子）传递电子的能力。最内层的未占据轨道称为 LUMO，它的能量 E_{LUMO} 表示分子（离子）的电子获取能力[208]，该值越大说明其接受电子的能力越弱。能隙（ΔE，$\Delta E= E_{LUMO}-E_{HOMO}$）可以反映分子（离子）吸附在金属表面的难易程度，可以更准确地评估它们的结合能力。该值越小，越容易吸附到金属表面[208]。相应的离子液体的 E_{HOMO}、E_{LUMO} 和 ΔE 在表 6-1 中给出。如表 6-1 所示，E_{HOMO} 和 E_{LUMO} 的强弱顺序分别为 $TFSI^- > BF_4^- > PF_6^-$ 和 $TFSI^- < PF_6^- < BF_4^-$，这意味着 $TFSI^-$ 供电子的能力最强，BF_4^-得电子的能力最强。ΔE 的强弱顺序是 $\Delta E_{TFSI^-} < \Delta E_{BF4^-} < \Delta E_{PF6^-}$，这意味着 $TFSI^-$ 最容易吸附在电极表面，BF_4^- 次之，PF_6^- 最难。因此，阴离子中心元素电负性越大，E_{HOMO}、E_{LUMO} 和 ΔE 值越低。较低的 E_{HOMO}、E_{LUMO} 和较高的 ΔE 最终导致阴离子在 Au(100) 表面的吸附难度增加。

6.3.2 不同阴离子体系中各粒子与金电极的相互作用能

如 6.3.1 节所述，阴离子结构不同，改变了阴离子 E_{HOMO}、ΔE，最终导致阴阳离子与电极之间相互作用的差异。相互作用能可以用于描述离子（分子）与电极间相互作用的强度。根据式（2-53）计算了 [Bmim]BF_4、[Bmim]PF_6 和 [Bmim]TFSI 体系中各离子（分子）与 Au(100) 表面的相互作用（如表 6-2 ～表 6-4 所示）。同时，为便于对比，表 6-5 以表面电荷 0 和 ±8e 为例，汇总了各体系的相互作用能（单位：kJ/mol）。表中 RSD 为三次相互作用能计算后的相对标准偏差，用于说明计算结果的精密度。

从表 6-2 ～表 6-5 可知，不施加电场时，$TFSI^-$ 与 Au(100) 表面的相互作用最强，其次是 PF_6^- 和 BF_4^-。受阴离子和电极之间相互作用的影响，$[Bmim]^+$ 和 Au(100) 表面的相互作用顺序是 $E_{[Bmim]^+}$([Bmim]TFSI) $<$ $E_{[Bmim]^+}$([Bmim]BF_4) $<$ $E_{[Bmim]^+}$([Bmim]PF_6)。随着表面电荷增加，研究体系中各粒子与电极的相互作用均增加。

表6-2 [Bmim]BF_4中各粒子与Au(100)的相互作用能

σ	相互作用粒子	E /(kJ/mol)	RSD	相互作用粒子	E /(kJ/mol)	RSD	相互作用粒子	E /(kJ/mol)	RSD
8e	Au(100)/[Bmim]BF_4	−144.58	0.080	Au(100)/$[Bmim]^+$	452.46	0.021	Au(100)/BF_4^-	−590.28	0.019
6e		−121.56	0.043		331.14	0.012		−452.71	0.004
4e		−104.23	0.002		203.82	0.001		−308.04	0.001
2e		−103.62	0.009		62.46	0.006		−165.73	0.000
0		−96.64	0.009		−73.50	0.006		−23.14	0.017
−2e		−93.94	0.012		−209.29	−0.008		115.63	0.001
−4e		−103.24	0.059		−349.77	−0.011		246.52	0.011
−6e		−142.54	0.060		−507.04	0.002		364.50	0.022
−8e		−172.72	0.045		−643.50	0.005		470.25	0.013

表6-3 [Bmim]PF_6中各粒子与Au(100)的相互作用能

σ	相互作用粒子	E /(kJ/mol)	RSD	相互作用粒子	E /(kJ/mol)	RSD	相互作用粒子	E /(kJ/mol)	RSD
8e	Au(100) / [Bmim]PF_6	−160.91	−0.055	Au(100)/$[Bmim]^+$	431.54	0.020	Au(100) / PF_6^-	−592.47	0.000
6e		−146.06	−0.009		303.98	0.005		−450.04	−0.006
4e		−112.02	−0.005		198.38	0.005		−310.37	−0.001
2e		−104.94	−0.003		65.41	0.005		−170.35	−0.001
0		−107.18	0.003		−75.59	0.004		−31.59	0.018
−2e		−117.95	−0.013		−225.10	−0.001		106.43	0.000
−4e		−113.67	−0.003		−352.39	−0.004		238.72	0.005
−6e		−156.08	−0.011		−505.29	−0.005		349.21	0.005
−8e		−186.80	−0.027		−647.41	−0.007		460.60	0.010

表6-4 [Bmim]TFSI中各粒子与Au(100)的相互作用能

σ	相互作用粒子	E /(kJ/mol)	RSD	相互作用粒子	E /(kJ/mol)	RSD	相互作用粒子	E /(kJ/mol)	RSD
8e	Au(100) / [Bmim] TFSI	−176.86	−0.019	Au(100)/$[Bmim]^+$	392.89	0.005	Au(100) / $TFSI^-$	−569.82	−0.005
6e		−125.59	−0.013		299.20	0.013		−424.79	−0.007
4e		−106.81	−0.056		196.13	0.018		−302.36	−0.006
2e		−83.82	−0.006		78.79	0.007		−162.60	−0.002
0		−101.68	−0.002		−63.54	−0.005		−38.14	−0.013
−2e		−98.80	−0.003		−193.51	−0.001		94.71	0.003
−4e		−121.06	−0.001		−345.13	−0.006		224.68	0.004
−6e		−163.44	−0.035		−500.15	−0.002		336.71	0.015
−8e		−212.48	−0.022		−613.58	−0.006		401.10	0.005

表6-5 [Bmim]BF_4、[Bmim]PF_6和[Bmim]TFSI中各粒子与Au(100)表面的相互作用能

σ	[Bmim]BF_4	[Bmim]PF_6	[Bmim]TFSI	$[Bmim]^+$			BF_4^-	PF_6^-	$TFSI^-$
				[Bmim]BF_4	[Bmim]PF_6	[Bmim]TFSI			
8e	−144.58	−160.91	−176.86	452.46	431.54	392.89	−590.28	−592.47	−569.82
0	−96.64	−107.18	−101.68	−73.50	−75.59	−63.54	−23.14	−31.59	−38.14
−8e	−172.72	−186.80	−212.48	−643.50	−647.41	−613.58	470.25	460.60	401.10

当表面电荷为 ±8e 时，阴离子与 Au(100) 电极的相互作用顺序为 E_{PF6^-}([Bmim]PF_6) > E_{BF4^-}([Bmim]BF_4) > E_{TFSI^-}([Bmim]TFSI)。与不施加电场时相比，外部电场削弱了 BF_4^- 和 PF_6^- 空间位阻的影响，使得它们与电极之间的相互作用发生变化。此外，$[Bmim]^+$ 与 Au(100) 电极的相互作用顺序为 $E_{[Bmim]^+}$([Bmim]TFSI) < $E_{[Bmim]^+}$([Bmim]BF_4) < $E_{[Bmim]^+}$([Bmim]PF_6)，说明阴离子与电极的相互作用增强，削弱了阳离子与电极的相互作用，最终阻碍了阳离子在电极表面的吸附和排出。

6.3.3 不同阴离子体系在金电极界面的微观双电层结构

6.3.3.1 阴阳离子在金电极上的图像

图 6-2（a）、（b）和（c）分别为 [Bmim]BF_4、[Bmim]PF_6 和 [Bmim]TFSI 在 Au(100) 表面第一层的图像。图中黄线、红线分别代表不施加电场时阴阳离子在电极表面的图案，红色和黄色的球体代表正极和负极的 Au(100) 原子。从图 6-2 中可以看出，$[Bmim]^+$ 在电极表面呈双排结构，BF_4^- 和 $TFSI^-$ 呈蠕虫状图案，PF_6^- 呈岛屿图案（将各岛状图案连接后也可视为蠕虫状结构）。图 6-3 为部分文献报道的通过 STM 观察到的 (a) [Bmim]TFSI 和 (b) [Bmim]PF_6 在 Au(100) 表面上的图案。表面电荷为 0e 时，如图 6-3 所示，通过实验观察到 [Bmim]PF_6 的阳离子在电极表面呈线形图案，而阴离子呈岛状图案，该体系的模拟结果与实验结果相符；而 [Bmim]TFSI 体系仅在电极表面观察到蠕虫状图案，这可能与实验观察的分辨率有关。

在前期的研究中证实，离子液体与电极的相互作用导致其在电极表面呈不同图案，即弱相互作用使阴阳离子在电极表面呈蠕虫状图案，强相互作用使其呈线形图案 [186,209]。如 6.3.2 节所述，不施加电场时，阴离子与 Au(100) 的相互作用顺序为 E_{PF6^-}([Bmim]PF_6) > E_{BF4^-}([Bmim]BF_4) > E_{TFSI^-}([Bmim]TFSI)；$[Bmim]^+$ 与 Au(100) 表面的相互作用顺序是 $E_{[Bmim]^+}$([Bmim]TFSI) < $E_{[Bmim]^+}$([Bmim]BF_4) < $E_{[Bmim]^+}$([Bmim]PF_6)，且阴离子与电极的相互作用约为阳离子与电极相互作用的

一半。通过分析各体系的相互作用能，量化了离子液体在 Au(100) 表面形成蠕虫状和线形图案的原因，不施加电场时，离子在 Au(100) 上基本倾斜分布而呈现蠕虫状图案，但当一种离子与 Au(100) 的相互作用是另一种离子的大约 2 倍及以上时，该离子在 Au(100) 上平行分布呈直线形图案。至此，也证实了 Pajkossy[180] 和毛秉伟 [185] 课题组关于咪唑型离子液体在 Au(100) 电极表面呈蠕虫状和线形图像的猜想。

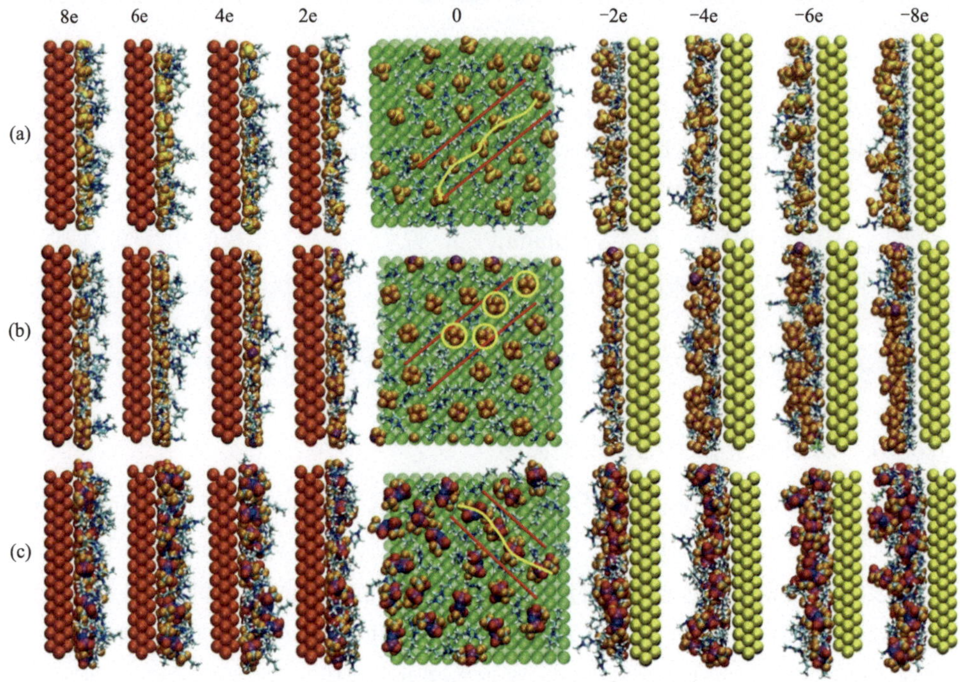

图 6–2　[Bmim]BF_4(a)、[Bmim]PF_6(b) 和 [Bmim]TFSI(c) 在 Au(100) 表面第一层的图像

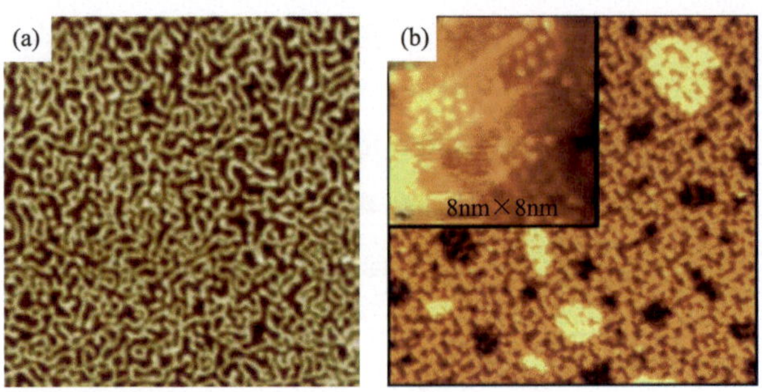

图 6–3　通过 STM 观察到的 [Bmim]TFSI(a) 和 [Bmim]PF_6(b) 在 Au(100) 表面的图像 [180]

由图 6-2 还可以看出，随着表面电荷增加，阳（阴）离子与正极的斥力（引力）、与负极的引力（斥力）均增加，使阳（阴）离子逐渐从正（负）电极表面排出，在负（正）极表面第一层聚集。然而，当表面电荷为 ±8e 时，受较大空间位阻的影响，正电极表面第一层除阴离子聚集外，仍然可以观察到部分阳离子，而负电极表面第一层几乎全被阳离子覆盖（[Bmim]TFSI 体系可观察到部分阴离子）。除此之外，受几何结构的影响，BF_4^-、PF_6^- 和 $TFSI^-$ 在电极表面的形态也不同，无论是否施加电场，对称四面体 BF_4^- 的底部三个 F 原子和对称八面体 PF_6^- 的底部 F 原子都朝向电极，而 $TFSI^-$ 直立在电极表面，其中一个 CF_3 朝向电极，另一个 CF_3 朝向体相。

综上，不施加电场时，阳离子在电极表面呈线形图案，且该图案与阴离子无关。通过阴阳离子与电极相互作用能证实，不施加电场时，离子在 Au(100) 上基本倾斜分布而呈现蠕虫状图案，但当一种离子与 Au(100) 的相互作用是另一种离子的大约 2 倍及以上时，该离子在 Au(100) 上平行分布呈直线形图案。随着电极表面电荷增加，阴阳离子与电极相互作用均增加，且与阴离子 ΔE 相反。相互作用能差异最终使得 $[Bmim]BF_4$、$[Bmim]PF_6$ 和 [Bmim]TFSI 体系中的阴阳离子在电极表面呈现各自特征双电层结构。

6.3.3.2　阳离子在金电极上的取向

电极与 $[Bmim]^+$ 咪唑环法向量之间的夹角可用于解析电极表面第一层阳离子的取向，该取向对界面结构有影响。本文把垂直于咪唑环平面的直线设为咪唑环的法向量，该法向量与电极的夹角用以说明电极表面第一层 $[Bmim]^+$ 的取向。图 6-4 是表面电荷为 0 和 ±8e 时，电极表面第一层咪唑环法向量与该表面夹角（θ）的概率分布 $P(\theta_{ring})$（插图为 $[Bmim]^+$ 咪唑环法向量和电极表面夹角的示意图），实线表示在不施加电场的电极表面的概率分布，虚线表示表面电荷为 -8e 时的概率分布。

从图 6-4 中可以看出，不施加电场时，[Bmim]TFSI 体系的 $[Bmim]^+$ 和电极之间存在一个宽的低峰，该峰在 90.8° 的概率最高；在 $[Bmim]BF_4$ 体系中，$[Bmim]^+$ 和电极表面间有一个略微狭窄的尖锐峰，且在 84.2° 概率最大；在 $[Bmim]PF_6$ 体系中，虽然最大的概率峰出现在 90°，但在 79° 和 100° 出现了两个小的肩峰。上述峰值表明，在 [Bmim]TFSI 体系中，咪唑环与 Au(100) 电极平行；在 $[Bmim]BF_4$ 体系中，$[Bmim]^+$ 倾斜 Au(100) 分布；在 $[Bmim]PF_6$ 体系中，咪唑环主要平行 Au(100) 电极，但也有少量倾斜电极。

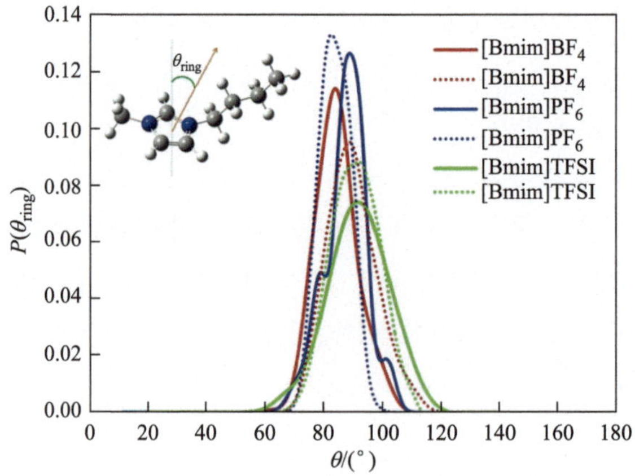

图 6-4 第一层咪唑环法向量与电极表面夹角的概率分布

由图 6-4 可知，当表面电荷为 -8e 时，阳离子在电极表面的取向发生变化。在 [Bmim]TFSI 体系中，阳离子和电极表面夹角峰的峰值变窄，最高概率出现在 91.2°；在 [Bmim]BF_4 体系中，最大概率峰出现在 89.0°；在 [Bmim]PF_6 体系中，随着表面电荷增加，肩峰消失，最大概率峰出现在 82.0°。上述峰值表明，在 [Bmim]TFSI 体系中，咪唑环以小角度倾斜于电极取向（可近似于平行于电极取向）；在 [Bmim]BF_4 体系中，$[Bmim]^+$ 随着表面电荷增加逐渐平行于负电极；在 [Bmim]PF_6 体系中，咪唑环主要倾斜于 Au(100) 电极。上述现象均与实验报道一致[67,72,84-86,93,101,181,188,233]。如 6.3.2 节所述，无论是否施加电场，[Bmim]TFSI 体系中的阳离子与电极相互作用最小，[Bmim]BF_4 和 [Bmim]PF_6 中的 $[Bmim]^+$ 与电极相互作用相差不大。不施加电场时，阴离子与电极的相互作用为 E_{TFSI^-}([Bmim]TFSI) > E_{PF6^-}([Bmim]PF_6) > E_{BF4^-}([Bmim]BF_4)，与电极斥力大小为 E_{BF4^-}([Bmim]BF_4) > E_{PF6^-}([Bmim]PF_6) > E_{TFSI^-}([Bmim]TFSI)。在阴离子空间位阻、阴阳离子与电极相互作用的双重影响下，阳离子在电极表面呈现不同的取向。不同的取向影响了阴阳离子在电极表面的分布方式、体系双电层结构和电化学性质，该内容在下一节中展开讨论。

6.3.3.3 质量密度分布

质量密度分布指单位体积内某离子（分子）的质量。根据模拟轨线，可由式（2-43）计算体系中离子（分子）的质量密度分布，进而研究 [Bmim]BF_4、[Bmim]PF_6 和 [Bmim]TFSI 在电极附近的双电层结构。图 6-5 为不同表面电荷时 [Bmim]BF_4、[Bmim]PF_6 和 [Bmim]TFSI 的质量密度分布图。与文献报道一致，由图 6-5 可观察到研究体系在电极表面均出现明显的长程有序结构[148,213]。无论是否施加

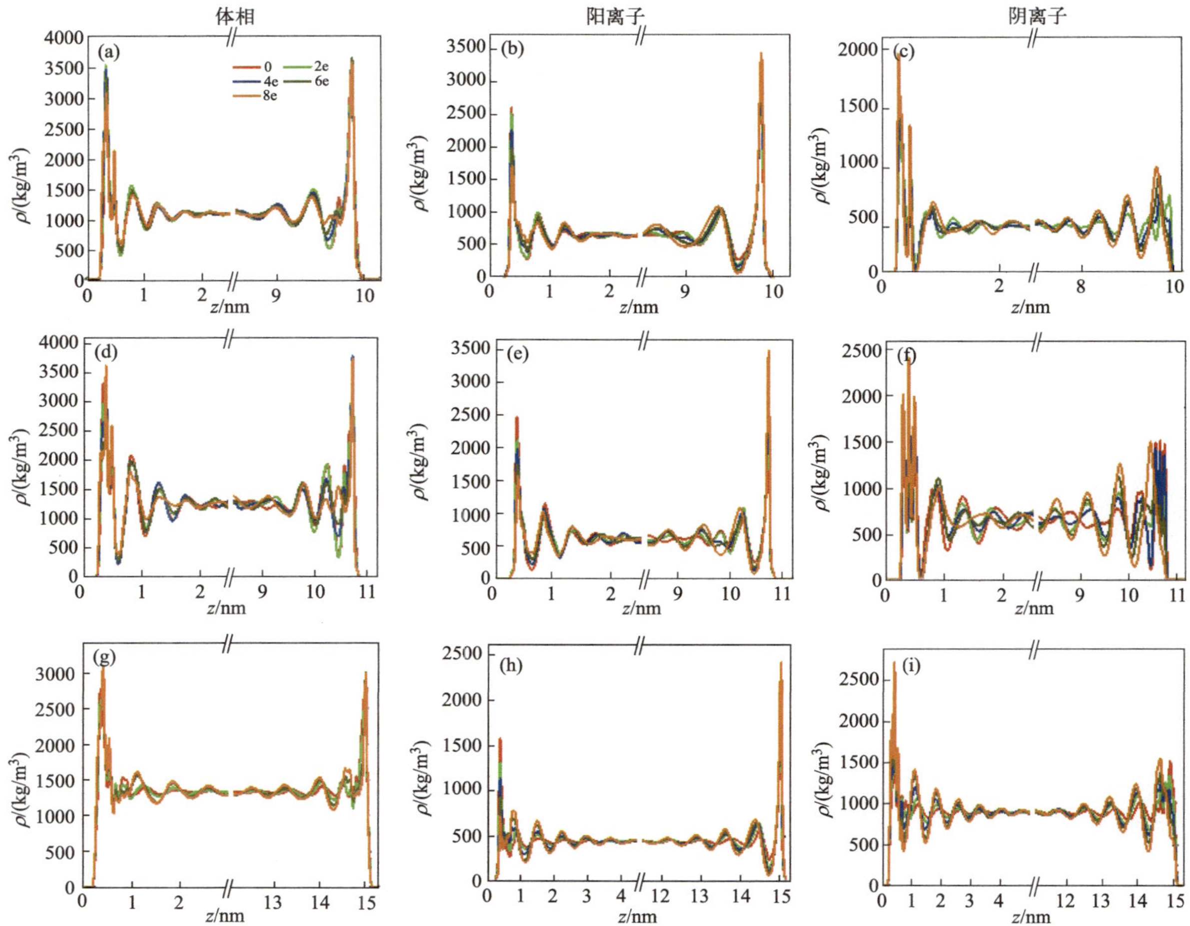

图 6-5　不同表面电荷时 [Bmim]BF_4、[Bmim]PF_6 和 [Bmim]TFSI 的质量密度分布图

电场，$[Bmim]BF_4$、$[Bmim]PF_6$ 和 [Bmim]TFSI 体系的质量密度分布明显振荡，而且第一层的振荡幅度比其余层明显。三个研究体系的第一层的厚度约为 0.6nm，$[Bmim]BF_4$ 体系为 0.58nm［见图 6-5（a）］，$[Bmim]PF_6$ 体系为 0.59nm［见图 6-5（d）］，[Bmim]TFSI 体系为 0.62nm［见图 6-5（g）］。图 6-5 中，（a）（d）（g）为 $[Bmim]BF_4$、$[Bmim]PF_6$ 和 [Bmim]TFSI 体相的分布；（b）（e）（h）为 $[Bmim]BF_4$、$[Bmim]PF_6$ 和 [Bmim]TFSI 体系中阳离子分布；（c）（f）（i）为 $[Bmim]BF_4$、$[Bmim]PF_6$ 和 [Bmim]TFSI 体系中阴离子分布。此外，受相互作用影响，不同体系的振幅各具特色。不施加电场时，$[Bmim]PF_6$ 和电极之间的相互作用最强（-107.18kJ/mol），$[Bmim]PF_6$ 呈现 4 层结构（厚度为 2.3nm），且该体系与电极相邻的第一层峰值强度大约是体相的 3 倍（$3.346g/cm^3$）［见图 6-5（d）］。与上述体系相比，$[Bmim]BF_4$ 和 [Bmim]TFSI 与电极相互作用比 $[Bmim]PF_6$ 弱（分别为 -96.64kJ/mol，-101.68kJ/mol），使 $[Bmim]BF_4$ 和 [Bmim]TFSI 体系在 Au(100) 表面仅形成厚度约为 1.5nm 的 3 层结构，而且在 $[Bmim]BF_4$ 和 [Bmim]TFSI 体系中，第一个峰的高度是体相的 2 倍［$[Bmim]BF_4$ 体系见图 6-5（a），[Bmim]TFSI 体系见图 6-5（g）］。受 $[Bmim]BF_4$ 和 $[Bmim]PF_6$ 体系中阳离子与电极较强相互作用的影响，$[Bmim]BF_4$ 和 $[Bmim]PF_6$ 体系中最靠近电极的第一个阳离子峰值约为 $2.64g/cm^3$ 和 2.49 g/cm^3，约占 $[Bmim]BF_4$ 和 $[Bmim]PF_6$ 体系总密度峰的 80%［$[Bmim]BF_4$ 体系见图 6-5（b），$[Bmim]PF_6$ 体系见图 6-5（e）］。而 [Bmim]TFSI 中，最靠近电极的第一个阴阳离子峰值分别约为 $1.49g/cm^3$ 和 $1.57g/cm^3$［图 6-5（h）（i）］，表明体系第一层的总质量密度由阳离子和阴离子共同贡献。同时，受阴离子特征结构的影响，不施加电场时，BF_4^- 在电极表面呈分裂峰，PF_6^- 呈三叉峰，而 $TFSI^-$ 呈多峰结构［见图 6-6（a）］。这与文献中报道的现象一致[138]。

图 6-6 为表面电荷为 0 和 ±8e 时，研究体系中阴离子、阳离子和体相分别在正负电极表面的质量密度分布对比图（横坐标为负数表示负电极表面的分布情况），红线、绿线和蓝线分别代表 $[Bmim]BF_4$、$[Bmim]PF_6$ 和 [Bmim]TFSI。如图 6-6 可知，随表面电荷增加，阳离子在正极的质量密度分布明显下降，在负极的分布明显增加。与阳离子分布相反，阴离子在正极的分布明显增加，在负极的分布明显下降。此外，阴离子在正极附近的杂峰减少，逐渐形成三叉峰［见图 6-6（a）］，且第一个阴离子峰逐渐加强，阴离子向正表面移动［见图 6-6（a）和（d）］，当电极表面电荷为 8e 时，阴离子几乎完全从阴极表面第一层排出。此外，随表面电荷增加，阳离子从电极表面第一层排出，第一个峰缩小，第二个峰明显增加［见图 6-6（b）和（e）］，当电极表面电荷为 +8e 时，它也无法完全从电极表面第一层排出。由于 E ([Bmim]TFSI) > E ($[Bmim]PF_6$) > E ($[Bmim]BF_4$)，因此，

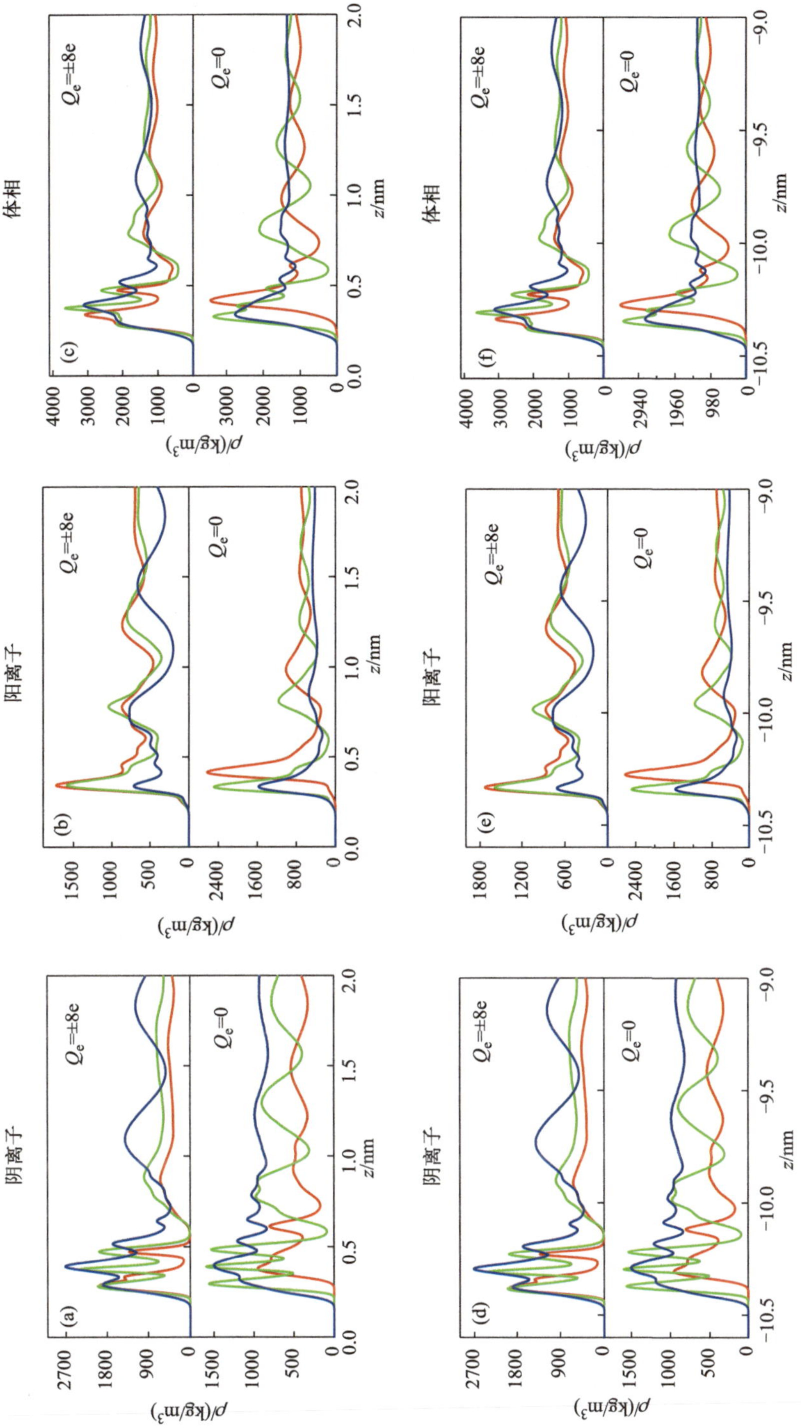

图 6-6　表面电荷为 0 和 ±8e 时，阴、阳离子和体相分别在正电极 [(a) (b) (c)] 和负电极 [(d)(e) (f)] 表面的质量密度分布

[Bmim]TFSI 在电极表面的振荡最远，[Bmim]BF_4 最近。此外，由于 [Bmim]BF_4、[Bmim]PF_6 和 [Bmim]TFSI 与正极相互作用小于负极，因此研究体系在正极附近的振荡范围比负极附近振荡范围近。根据文献报道，该振荡范围与电极表面有效双电层厚度相关，该有效双电层厚度直接影响了研究体系的电化学性能 [152]。

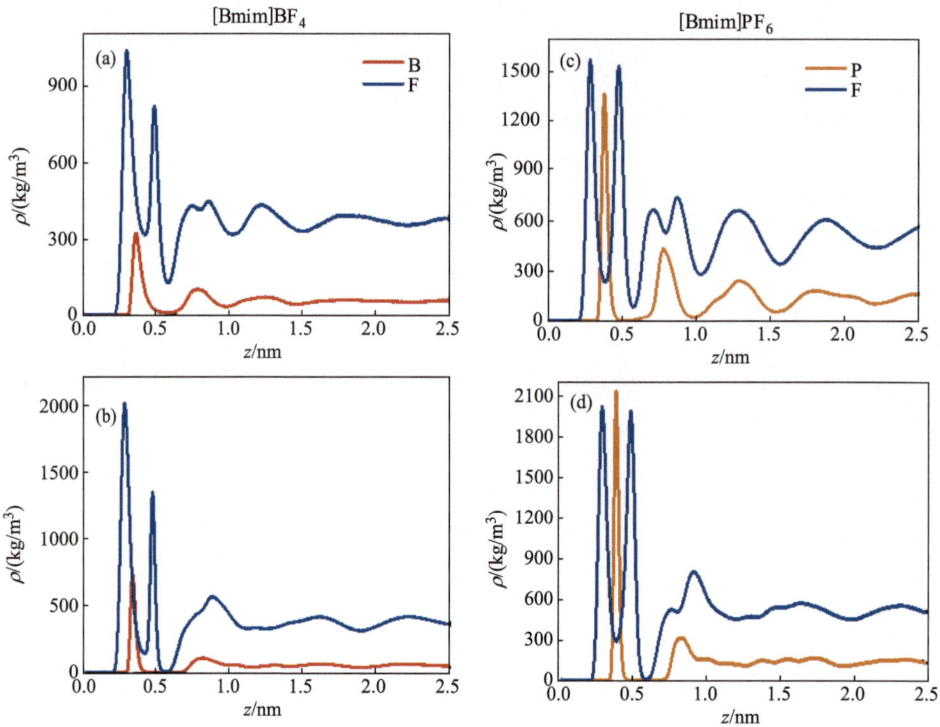

图 6–7　表面电荷为 0 和 ±8e 时，[Bmim]BF_4 和 [Bmim]PF_6 中阴离子的 B、P、F 原子的质量密度分布图

图 6-7 为表面电荷为 0 和 ±8e 时，[Bmim]BF_4 和 [Bmim]PF_6 中阴离子的 B、P 和 F 原子的质量密度分布（原子标签见图 6-1），用以进一步说明 [Bmim]BF_4 和 [Bmim]PF_6 中阴离子分离峰的详细原因，（a）、（c）为 [Bmim]BF_4 和 [Bmim]PF_6 在不施加电场时的分布；（b）、（d）为 [Bmim]BF_4 和 [Bmim]PF_6 在表面电荷为 8e 时的分布。从图 6-7（a）和（b）可知，在 [Bmim]BF_4 体系中 F 原子峰与阴离子裂隙位置完全对应，说明 3 个 F 原子位于 B 原子下方，1 个 F 原子位于 B 原子上方。从图 6-7（c）和（d）可知，在 [Bmim]PF_6 体系中 F 原子和 P 原子的质量密度分布峰与阴离子的峰值位置一致，说明 P 原子位于阴离子的中心，其余 6 个 F 原子均匀分布在阴离子上下。上述 B、P 和 F 原子构象均不受表面电荷影响。

6.3.3.4 数密度分布

虽然质量密度分布可以获得阴阳离子在 Au(100) 表面的层状结构，但不能量化它们的聚集情况。根据模拟轨线，可由式（2-42）计算体系中离子（分子）的数密度分布。通过数密度分布不但可以定量地分析研究体系在电极附近的双电层微观结构，还可以揭示离子的构象。因此，应用 [Bmim]BF_4、[Bmim]PF_6 和 [Bmim]TFSI 中阴阳离子的数密度分布被用于进一步定量地分析各体系的层结构特点。图 6-8 为不施加电场时 Au(100) 表面上阴阳离子的数密度分布。其中（a）、（c）和（e）分别为 [Bmim]BF_4、[Bmim]PF_6 和 [Bmim]TFSI 的总分布，（b）、（d）和（f）为 [Bmim]BF_4、[Bmim]PF_6 和 [Bmim]TFSI 分布的局部图。

由图 6-8 可知，和质量密度分布一样，数密度在电极表面分层振荡明显，且振荡范围受阴离子的影响很大。如 6.3.2 节所述，E ([Bmim]PF_6) $>$ E ([Bmim]TFSI) $>$ E ([Bmim]BF_4)，因此阴阳离子在 [Bmim]PF_6 体系分层振荡最远，[Bmim]BF_4 和 [Bmim]TFSI 体系次之［见图 6-8（b）、（d）和（f）］。此外，受阴离子空间位阻和阳离子取向的影响，各体系在电极表面填充程度不同。在 [Bmim]BF_4 和 [Bmim]PF_6 体系中，靠近电极表面第一层的阳离子数量相同，阴离子不同［见图 6-8（b）和（d）］；在 [Bmim]TFSI 体系中，阴阳离子积累均少于上述两个体系［见图 6-8（f）］。如 6.3.2 节所述，$E_{[Bmim]^+}$([Bmim]BF_4) 约为 −73.50kJ/mol，$E_{[Bmim]^+}$([Bmim]PF_6) 约为 −75.59kJ/mol，$E_{[Bmim]^+}$([Bmim]TFSI) 约为 −63.54kJ/mol；如 6.3.3.2 节所述，在 [Bmim]BF_4 体系中，$[Bmim]^+$ 倾斜 Au(100) 分布；在 [Bmim]PF_6 体系中，咪唑环主要平行 Au(100) 电极，但也有少量倾斜电极。因此，在阳离子取向的主要影响下，[Bmim]BF_4 和 [Bmim]PF_6 体系中的 $[Bmim]^+$ 在电极表面填充度相似，而 [Bmim]TFSI 中咪唑环倾斜于电极取向，且阳离子与电极相互作用较低，导致 $[Bmim]^+$ 填充度降低。如 6.3.1 节所述，BF_4^- 的体积最小、PF_6^- 次之、$TFSI^-$ 最大。因此 BF_4^- 更易于插入到阳离子空穴中，使 BF_4^- 的填充度最高，PF_6^- 次之。而 $TFSI^-$ 为柔性阴离子，空间位阻较大，难以插入阳离子空穴，因此填充度最低。上述研究结果与 Motobayashi 等人[211] 及 Pajkossy 等人[72,178] 报道的现象一致。

施加电场后，[Bmim]BF_4、[Bmim]PF_6 和 [Bmim]TFSI 在电极上各离子的数密度分布可用于阐述电极被赋予不同电荷后各体系阴阳离子在表面的结构特点。图 6-9（a）、（b）和（c）分别显示了 [Bmim]BF_4、[Bmim]PF_6 和 [Bmim]TFSI 在电极表面电荷为 ±2e、±4e、±6e、±8e 时的阴阳离子数密度分布，阳离子和阴离子的分布分别用红线和蓝线表示。由图 6-9 可知，随着表面电荷增加，三个体系的电极表面第一层逐渐被反离子填充，研究体系逐渐形成阴阳离子交替的振荡层。

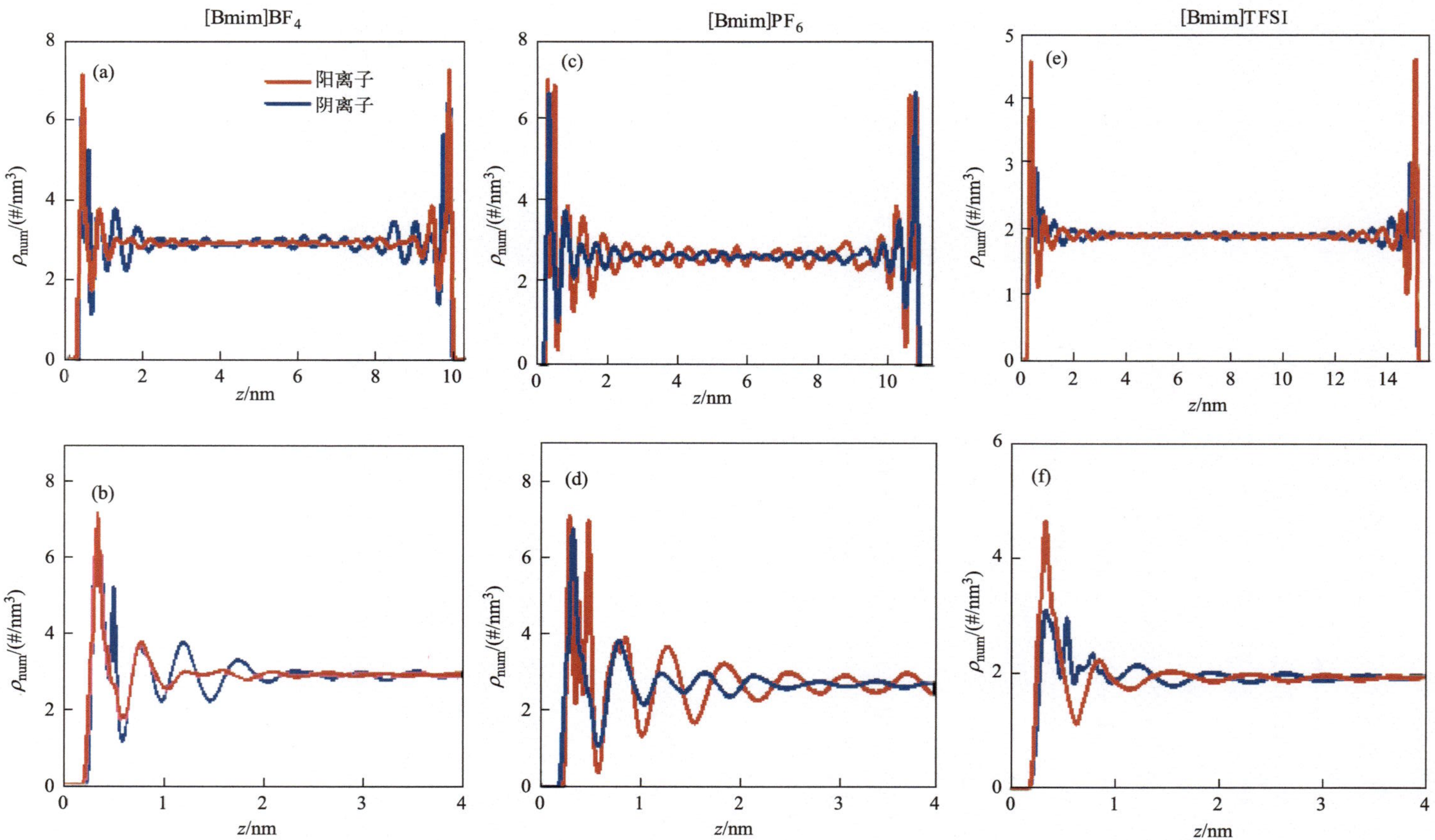

图 6-8 不施加电场时，[Bmim]BF$_4$(a) (b)、[Bmim]PF$_6$(c) (d) 和 [Bmim]TFSI(e) (f) 体系中阴阳离子在 Au(100) 表面的数密度分布

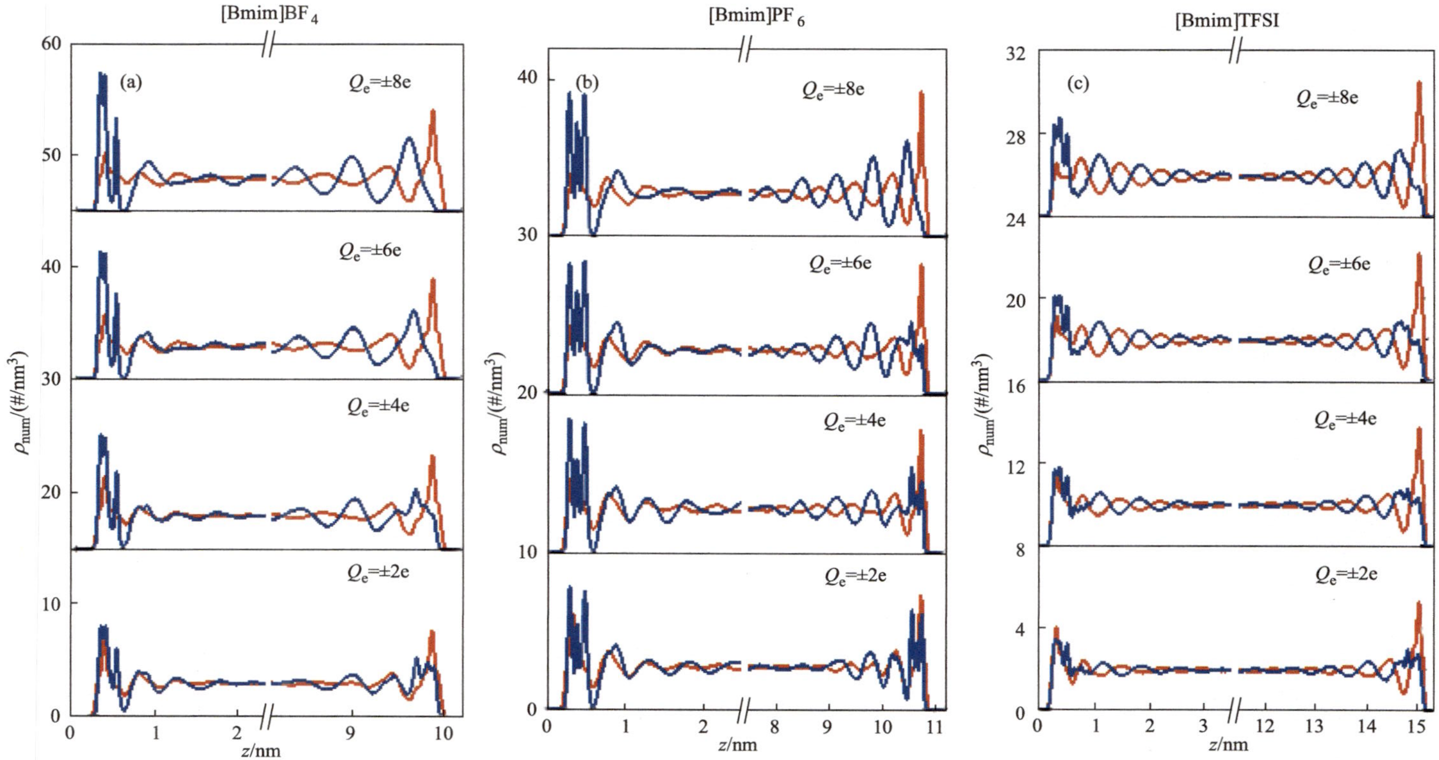

图 6-9　施加电场后 $[Bmim]BF_4$、$[Bmim]PF_6$ 和 [Bmim]TFSI 在 Au(100) 表面上的阴阳离子数密度分布图

与图 6-2 中观察到的现象一致，当表面电荷为 -8e 时，阴离子完全从负极表面第一层排出，而阳离子体积较大且不规则，使其完全从电极表面第一层排出需要较强的斥力，在研究范围内，阳离子与电极相互作用不足以驱动它完全从电极表面第一层排出，使得在正电极表面第一层仍然可以观察到少量的阳离子。

图 6-10 为表面电荷为 0 和 ±8e 时，阴阳离子在正负电极表面的数密度分布对比图（横坐标为负数表示负电极表面的分布情况），红线、绿线和蓝线分别代表 [Bmim]BF_4、[Bmim]PF_6 和 [Bmim]TFSI 体系的分布。由 6-10 可知，研究体系中的阴阳离子在电极表面均表现出明显的振荡行为，且振荡范围随表面电荷增加而扩大，而振幅随阴离子增大而降低。

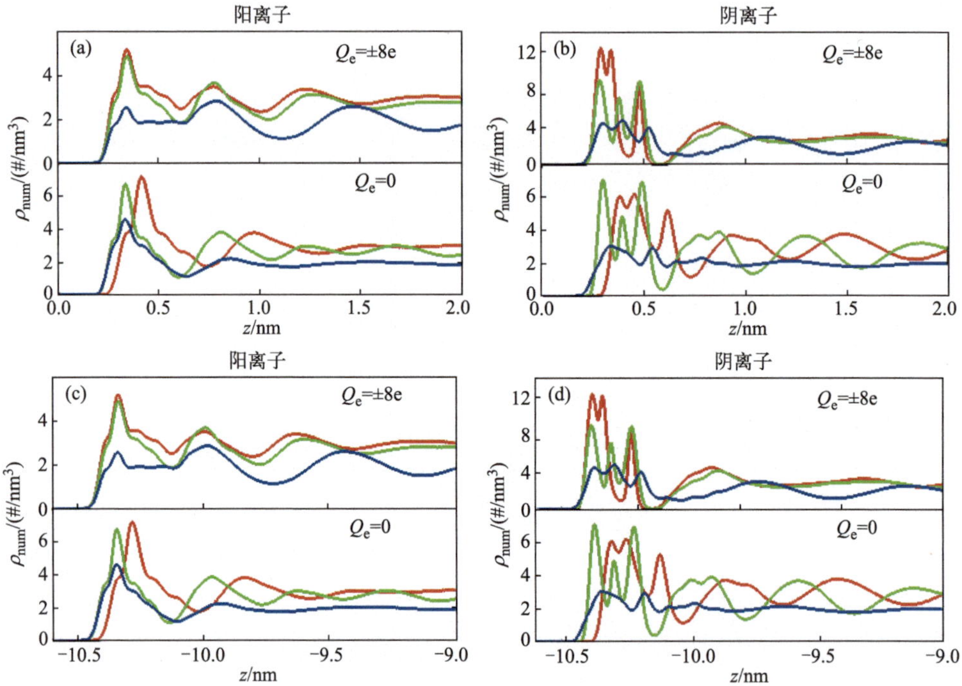

图 6-10　表面电荷为 0 和 ±8e 时，阳离子和阴离子分别在正 (a) (b) 负 (c) (d) 电极表面的数密度分布

综上，图 6-9 和图 6-10 从微观角度诠释了 [Bmim]BF_4、[Bmim]PF_6 和 [Bmim]TFSI 在 Au(100) 电极表面的结构，并与图 6-2 一起从分子尺度客观地描绘了 Motobayashi[211] 及 Pajkossy 等人[72,178] 的猜测。

图 6-11 为表面电荷为 0 和 ±8e 时阴离子中心原子（NI、B、P）和阳离子（C1）的数密度分布（原子标签见图 6-1），（a）、（c）、（e）为表面电荷为 0 时的分布图，（b）

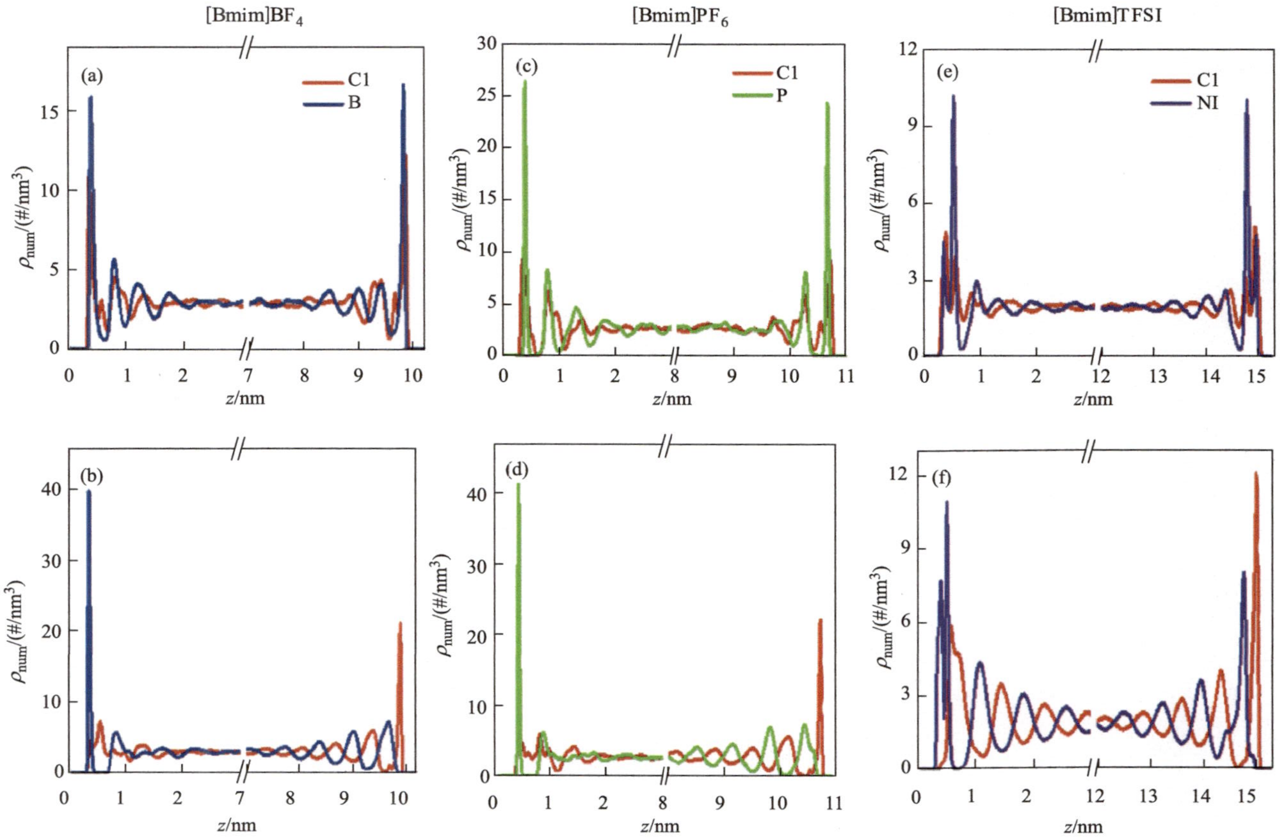

图 6-11　[Bmim]BF$_4$、[Bmim]PF$_6$ 和 [Bmim]TFSI 在 Au(100) 电极附近阴离子中心原子 (B、P、NI) 和阳离子 (C1) 的数密度分布图

(d)、(f)为表面电荷为 ±8e 时的分布图。由图 6-11(a)、(c)可知，不施加电场时，$[Bmim]BF_4$ 和 $[Bmim]PF_6$ 体系中 C1 原子在 0.34nm 处出现单峰，而 P 和 B 原子分别在 0.39nm、0.36nm 出现单峰。如 6.3.2 所述，$E_{[Bmim]^+}([Bmim]BF_4)$ 约为 −73.50kJ/mol，$E_{[Bmim]^+}([Bmim]PF_6)$ 约为 −75.59kJ/mol。二者与电极相互作用差距不大，使 C1 均在 0.34nm 处出现单峰；由于 PF_6^- 体积比 BF_4^- 大，P 原子比 B 原子的峰远离电极［见图 6-11（b）和（d）］，但 $E_{PF6^-}([Bmim]PF_6) > E_{BF4^-}([Bmim]BF_4)$，P 原子更容易积累在电极表面第一层。在 [Bmim]TFSI 体系中，双驼峰结构同时出现在 C1 (0.38nm 和 0.56nm) 和 NI (0.30nm 和 0.53nm) 的分布中。其中，NI 在 0.53nm 处的强度更高，表明阴离子更有可能在 0.53nm 处聚集［见图 6-11（f）］。

图 6-12 为表面电荷为 0e 和 ±8e 时，研究体系阴离子中心原子（NI、B、P）和阳离子（C1）的数密度分布对比图（横坐标为负数表示负电极表面的分布情况），红线、绿线和蓝线分别代表 $[Bmim]BF_4$、$[Bmim]PF_6$ 和 [Bmim]TFSI 体系的分布。当表面电荷为 ±8e 时，由图 6-12 可知，阴离子在正极表面聚集明显增加，阳离子在该表面的聚集明显减少。在正电极表面，B、P、NI 原子聚集状态发生变化，

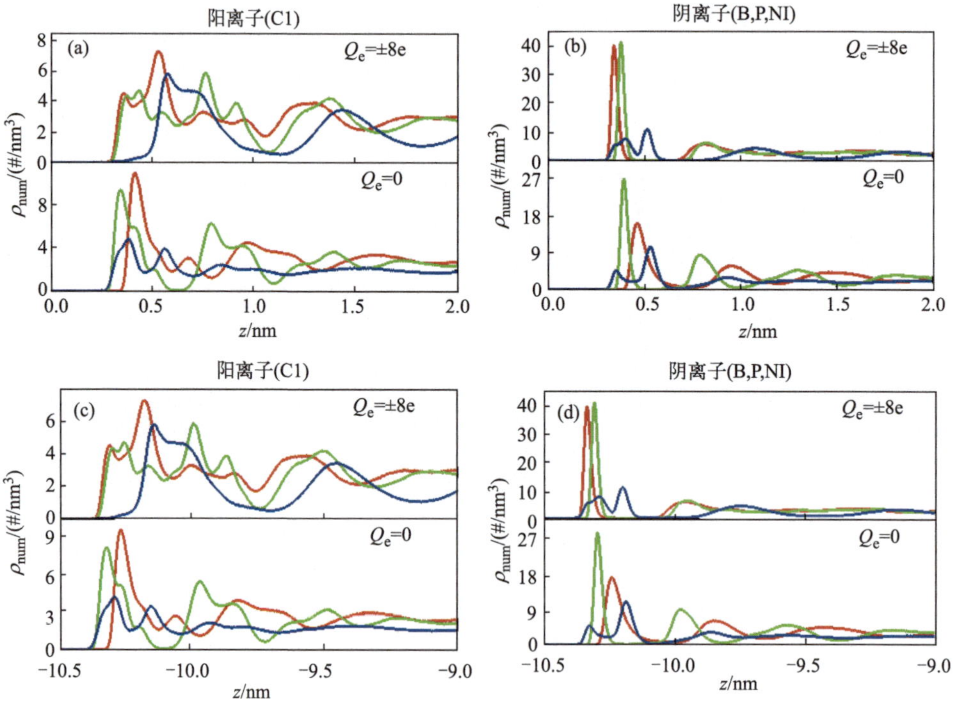

图 6–12　表面电荷为 0 和 ±8e 时，阳离子 (C1) 和阴离子中心原子 (B, P, NI) 分别在正电极 [(a) (b)] 和负电极 [(c)(d)] 表面的数密度分布

B 原子与 P 原子填充度相似，而 NI 原子的第一个峰值明显增加，第二个峰值基本不变[见图 6-12(b)和(d)]。然而，在负电极表面，C1 原子逐渐聚集，P、B、NI 原子从第一层完全排出。虽然阴阳离子在电极表面都形成了明显的有序振荡，但负电极表面的振荡范围比正电极表面的振荡范围更远[见图 6-12（a）和（c）]。根据 6.3.2 所述，上述现象均与阴阳离子与电极相互作用相关。

应用 $TFSI^-$ 中氧（OS）、氮（NI）和氟（FC）原子的数密度分布可以分析 [Bmim]TFSI 中 $TFSI^-$ 的构象。图 6-13 为表面电荷为 0e 和 ±8e 时 $TFSI^-$ 中氧（OS）、氮（NI）和氟（FC）原子的数密度分布（原子标签见图 6-1），（a）为表面电荷为 0e 时的分布图，（b）为表面电荷为 ±8e 时的分布图，绿色、橙色和紫色线分别代表 NI、OS 和 FC。由图 6-13 可知，无论是否施加电场，氧（OS）、氮（NI）和氟（FC）原子都呈现双峰分布，氟原子（FC）最接近电极，而氮原子（NI）离表面最远。上述现象表明 $TFSI^-$ 呈现直立在电极表面，其中一个 CF_3 指向电极，另一个 CF_3 指向体相。

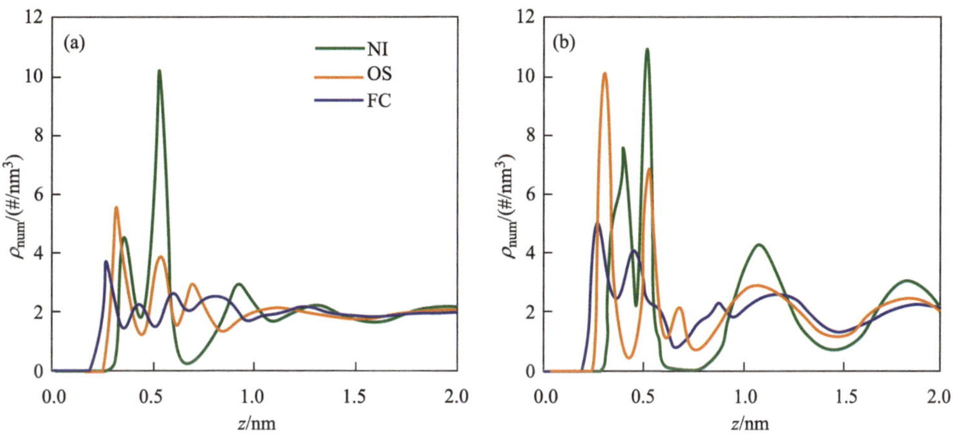

图 6-13　表面电荷为 0e 和 ±8e 时 $TFSI^-$ 中氧原子 (OS)、氮原子 (NI)、氟原子 (FC) 的数密度分布图

6.3.3.5　电荷密度分布

电极表面各粒子的电荷密度分布可用于分析研究体系致密层的电荷特性。根据模拟轨线，可由式（2-44）计算体系中离子（分子）的电荷密度分布。图 6-14（a）、（b）和（c）分别为不施加电场时 $[Bmim]BF_4$、$[Bmim]PF_6$ 和 [Bmim]TFSI 在电极表面阴离子、阳离子、阴阳离子总电荷密度分布，红、蓝、绿线分别代表阴离子、阳离子和阴阳离子总电荷的分布。

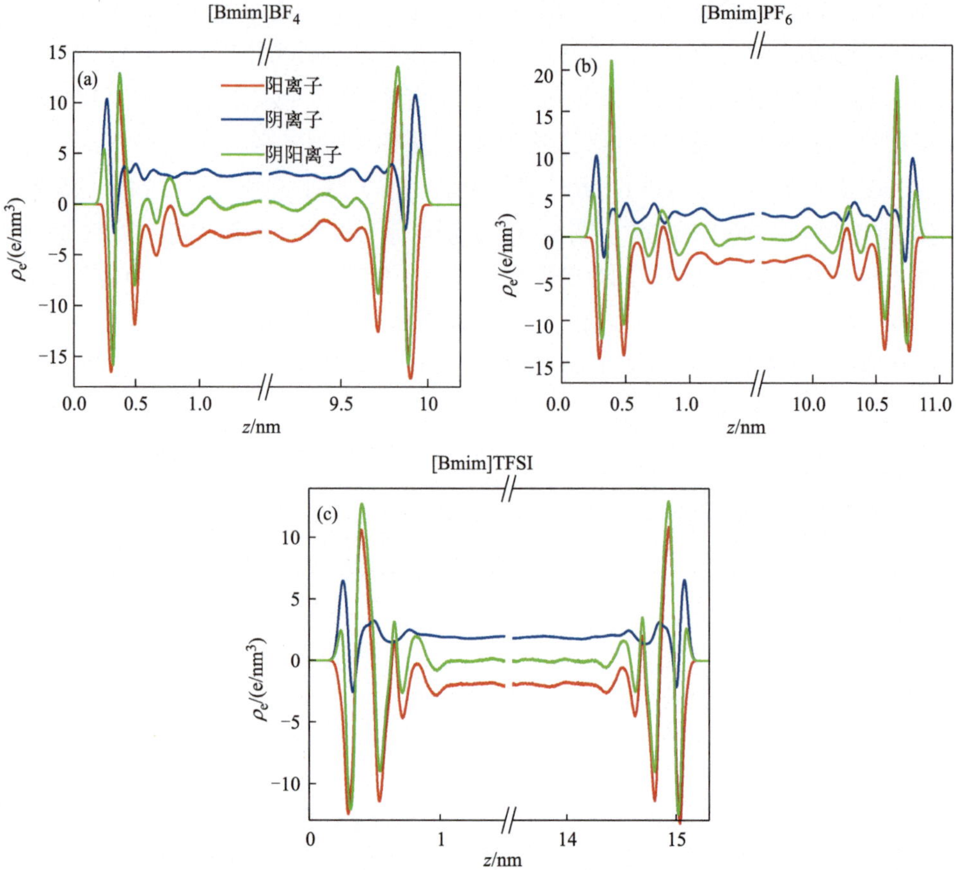

图 6–14　不施加电场时，[Bmim]BF_4、[Bmim]PF_6、[Bmim]TFSI 体系中 $[Bmim]^+$、阴离子和阴阳离子 Au(100) 电极附近的电荷密度分布图

由图 6-14 可以看出，电极上研究体系的电荷密度波动均由阴离子控制。除此之外，尽管三个体系最小峰值和与界面的相对距离略有不同，但总体非常相似，表明阴阳离子在电极表面的积累取决于离子液体本身而不受电极的影响[193]。除了上述共性以外，三个体系也有各自的分布特征。首先，由于 BF_4^- 空间位阻最小，它最易接近电极，因此过量负电荷最多，使得 [Bmim]BF_4 体系中的 $[Bmim]^+$ 在 0.27nm 处产生稍多的正电荷，阴离子随后产生局部过量的负电荷［见图 6-14（a)］。其次，在 [Bmim]TFSI 体系中，受到碳原子和硫原子正电荷的影响[171,174,231-232]，$TFSI^-$ 随后产生了过量的正电荷层［见图 6-14（a)］。除此之外，该体系还观察到

另外两个双电层，它们不但电荷密度较低，也不如第一层尖锐［见图 6-14（c）］。再次，在 [Bmim]BF_4 和 [Bmim]PF_6 体系中观察到比第一层更强的过量负电荷密度层，而 [Bmim]TFSI 体系虽然也有过量负电荷密度层，但振幅更小，范围更宽［见图 6-14（a）和（b）］。而在 [Bmim]BF_4 和 [Bmim]PF_6 中，最后的正电荷层由两个子层组成，且中间有一个轻微的负表面［见图 6-14（a）和（b）］。

施加电场后，[Bmim]BF_4、[Bmim]PF_6 和 [Bmim]TFSI 在电极上阴离子、阳离子、阴阳离子总电荷密度分布可用于研究体系在表面的电荷分布特点。图 6-15（a）、（b）和（c）分别显示了 [Bmim]BF_4、[Bmim]PF_6 和 [Bmim]TFSI 在 Au(100) 表面阳离子、阴离子和阴阳离子的电荷密度分布，红、蓝、绿线分别代表阴离子、阳离子和阴阳离子总电荷的分布。由图 6-15 可知，施加电场后，三个体系的电荷密度波动由阴离子和阳离子共同控制。随着表面电荷增加，正电极附近电荷密度波动主要由阴离子控制，且振荡随表面电荷增加而增加。由于阴离子完全从电极表面第一层排出，电荷密度分布主要由阳离子控制，因此负电极表面电荷密度波动较小。具体而言，在 [Bmim]BF_4、[Bmim]PF_6 和 [Bmim]TFSI 体系中，离负极 0.66nm、0.67nm 和 0.77nm 处分别产生一个过量的阳离子峰（见图 6-15）。随后，紧跟一个具有类似强度的阴离子局部过剩负电荷峰。

图 6-16 为表面电荷为 0 和 ±8e 时，研究体系中的阴离子、阳离子、阴阳离子总电荷分别在正负电极表面的电荷密度分布对比图（横坐标为负数表示负电极表面的分布情况），红色、绿色和蓝色线分别代表 [Bmim]BF_4、[Bmim]PF_6 和 [Bmim]TFSI 的分布。由图 6-16 可知，$[Bmim]^+$ 在 0.27nm 处产生了小的正电荷层，随后阴离子也产生一层多余的正电荷层，但振幅明显强于未施加电场体系。此外还发现，无论是否施加电场，局部电荷过剩只发生在 1.0nm 范围内。当距离大于 1.0nm 时，局部过剩电荷消失。上述模拟结果不但与 Kornyshev 课题组 [22] 关于电极表面由过度屏蔽结构逐渐转变为过度拥挤结构的报道一致，还证实了 Atkin 等人 [152] 关于离子液体德拜长度小于 1.0nm 的猜想。

综上，离子很容易吸附在电极上形成多层，受阴离子结构影响，[Bmim]BF_4、[Bmim]PF_6 和 [Bmim]TFSI 在 Au(100) 电极表面的双电层结构各具特色。楔形 BF_4^- 的底部 3 个 F 原子形成的平面、球形 PF_6^- 的底部 F 原子均面向 Au(100) 电极，$TFSI^-$ 直立在电极表面，其中一个 CF_3 朝向电极，另一个 CF_3 朝向体相。受上述阴离子吸附姿态的影响，[Bmim]BF_4 在 Au(100) 电极表面形成的双电层最薄；[Bmim]TFSI 在 Au(100) 电极表面形成的双电层最厚。

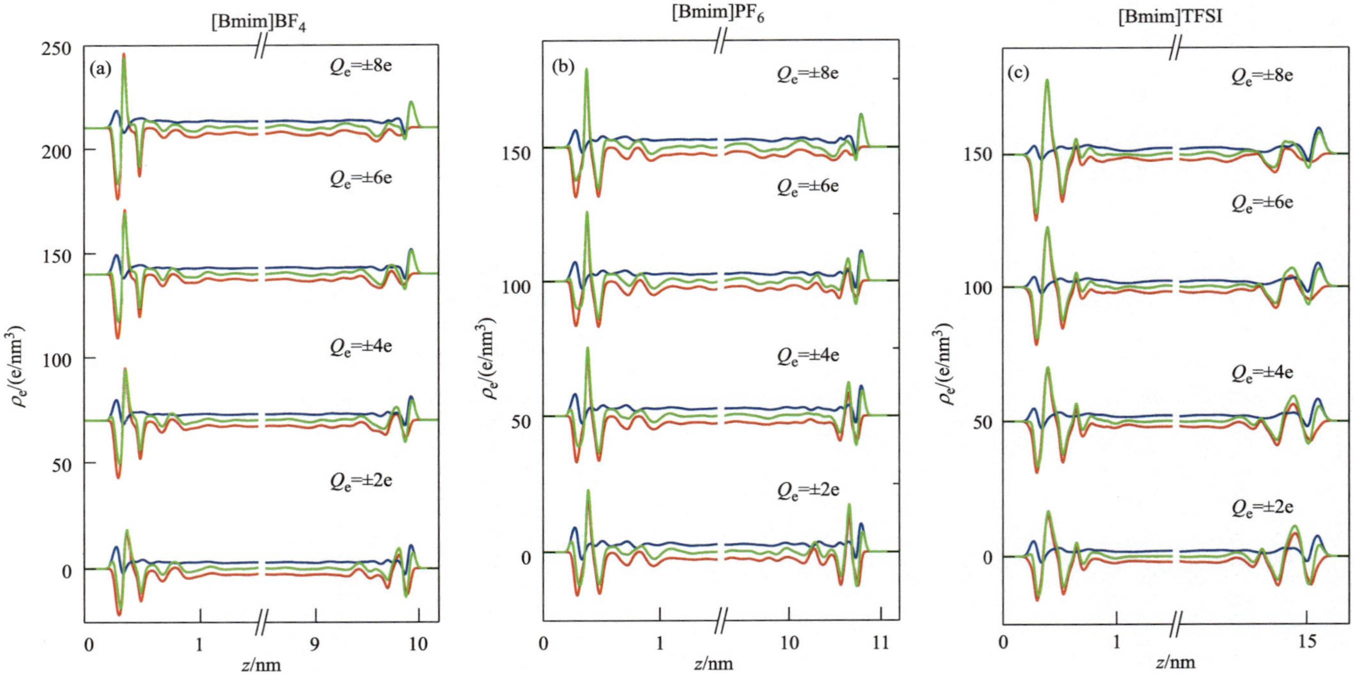

图 6-15　施加电场后，[Bmim]BF$_4$、[Bmim]PF$_6$、[Bmim]TFSI 体系中 [Bmim]$^+$、阴离子和阴阳离子在 Au(100) 电极附近的电荷密度分布图

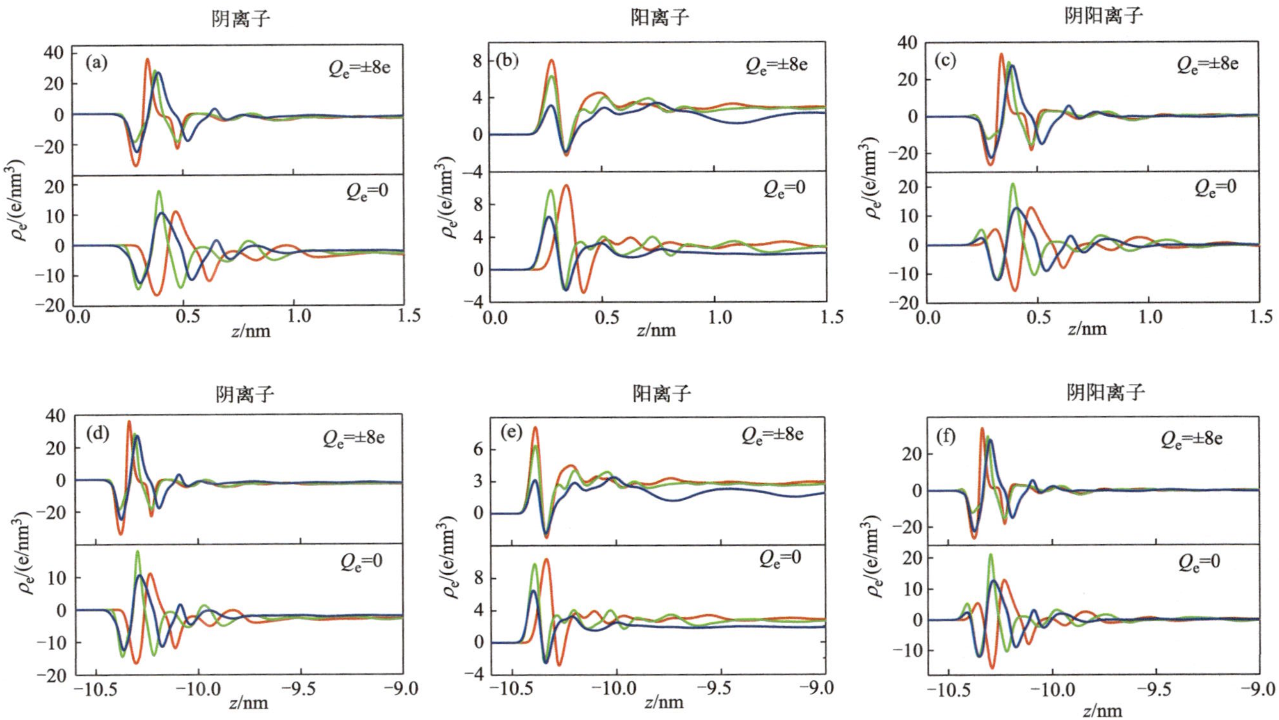

图 6-16 表面电荷为 0 和 ±8e 时，[Bmim]BF_4、[Bmim]PF_6 和 [Bmim]TFSI 体系中阴离子、阳离子和阴阳离子在正电极 [(a)(b)(c)] 和负电极 [(d)(e)(f)] 附近的电荷密度分布图

6.3.4 不同阴离子/金电极体系的电化学性质

6.3.4.1 [Bmim]Y/Au(100)体系的零电荷电势

零电荷电势（PZC）可以描绘电极表面剩余电荷为零时的电极电位。不施加电场时，PZC 可以由电极上的泊松电位与离子液体体相的泊松电位差确定。根据模拟轨线，PZC 可由式（2-47）计算。图 6-17 为未施加电场时，[Bmim]BF_4、[Bmim]PF_6、[Bmim]TFSI 体系沿 z 轴方向的电位降（z 轴方向如图 6-1 所示）。[Bmim]BF_4、[Bmim]PF_6和[Bmim]TFSI的PZC分别为0.144 V、0.293 V和0.054 V。此外，在 [Bmim]BF_4 和 [Bmim]PF_6 体系中，由于电极和 $[Bmim]^+$ 之间的强相互作用，使第二个最小电位降更靠近电极。模拟结果与 Pajkossy 等人[72,180] 通过实验方法测得 [Bmim]BF_4、[Bmim]PF_6 和 [Bmim]TFSI 体系的 PZC 值一致[72,178,233]。

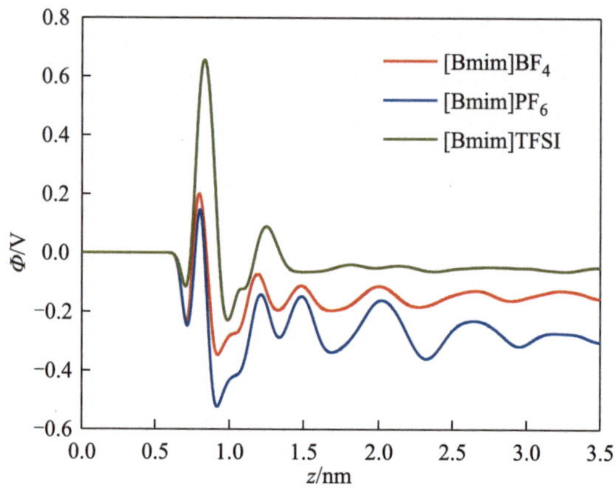

图 6-17　未施加电场时，[Bmim]BF_4、[Bmim]PF_6、[Bmim]TFSI 体系沿 z 轴方向的电位降

如 6.3.2 节所述，不施加电场时，研究体系阳离子与电极的相互作用大于阴离子与电极的相互作用。6.3.3.3 节和 6.3.3.4 节阐明，在相互作用影响下，阳离子在电极表面的积累程度大于阴离子，因此三个体系的 PZC 均为正值。然而，由于阳离子与电极间的相互作用能大小为 $E_{[Bmim]^+}$([Bmim]TFSI) < $E_{[Bmim]^+}$([Bmim]BF_4) < $E_{[Bmim]^+}$([Bmim]PF_6)，加之在 [Bmim]PF_6 和 [Bmim]TFSI 体系中，咪唑环与电极表面完全平行，削弱了阴离子靠近电极的能力，使得阴离子在表面的积累程度为 PF_6^- > BF_4^- > $TFSI^-$。此外，由于 PF_6^- 为球形，较难插入到平行于电极取向的 $[Bmim]^+$ 中，因此 [Bmim]PF_6 体系具有最大的 PZC。在 [Bmim]BF_4 体系中，由于阳离子倾斜于电极取向，BF_4^- 空间位阻较小，可轻易插入到阳离子空穴中，使 PZC 有所降低。而在 [Bmim]TFSI 体系中，$[Bmim]^+$ 平行于电极取向，$TFSI^-$ 中电

负性较大的 CF_3 朝向电极表面（如 6.3.1 节所述），因此 PZC 最小。

综上，楔形 BF_4^- 底部的 3 个 F 原子形成的平面、球形 PF_6^- 底部的 F 原子均面向 Au(100) 电极，$TFSI^-$ 直立在电极表面，其中一个 CF_3 朝向电极，另一个 CF_3 朝向体相。受上述阴离子吸附姿态的影响，施加电场后，研究体系 [Bmim]PF_6 中阴阳离子与电极表面相互作用最强、[Bmim]BF_4 次之，而 [Bmim]TFSI 最弱。不施加电场时，在相互作用的影响下，[Bmim]PF_6 中的阳离子虽有少量倾斜电极，但主要平行 Au(100) 电极分布；[Bmim]TFSI 中的阳离子平行电极分布；而 [Bmim]BF_4 中的阳离子倾斜电极分布。阳离子特征取向和阴离子的吸附姿态最终导致阴阳离子在 Au(100) 表面的积累不同。以上原因共同导致了 [Bmim]BF_4、[Bmim]PF_6 和 [Bmim]TFSI 体系的 PZC 随阴离子 ΔE 增加而逐渐增大。

6.3.4.2 [Bmim]Y/Au(100) 体系的微分电容

微分电容（C_d）可用于表征界面在一定电势下的电荷储存能力，与双电层结构息息相关[130-131]。根据模拟轨线，C_d 可由式（2-49 ~ 2-51）计算。图 6-18（a）为 [Bmim]BF_4、[Bmim]PF_6 和 [Bmim]TFSI 体系电极表面电荷密度（σ）和外加电极电位（U）的函数关系。由于 $C_d = d\sigma / dU$，通过对图 6-18（a）中的 σ-U 曲线进行微分可得到 [Bmim]BF_4、[Bmim]PF_6 和 [Bmim]TFSI 体系的 C_d-U 曲线，该曲线如图 6-18（b）所示。

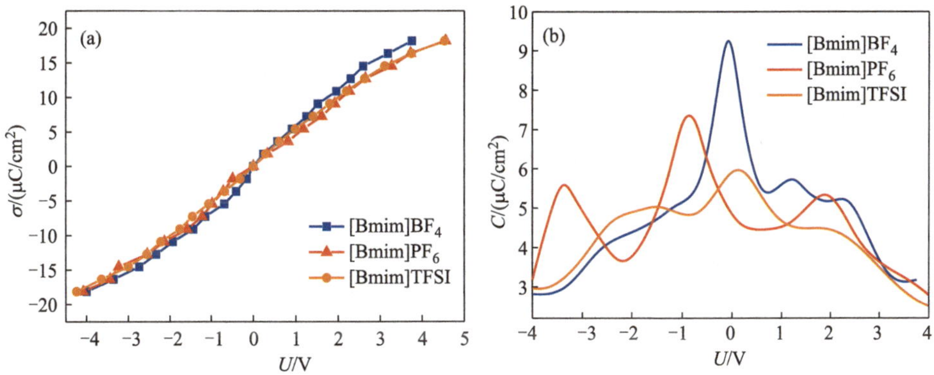

图 6-18 [Bmim]BF_4、[Bmim]PF_6 和 [Bmim]TFSI 体系表面电荷密度（σ）与双电层电势降（U）的函数关系 (a) 以及 [Bmim]BF_4、[Bmim]PF_6 和 [Bmim]TFSI 的 C_d 随双电层电势降的变化 (b)

由图 6-18（b）可知，[Bmim]BF_4 的 C_d-U 曲线呈钟形，且 C_d 值为 2.9 ~ 9.5μF/cm²；[Bmim]PF_6 和 [Bmim]TFSI 的 C_d-U 曲线呈驼峰形，且 C_d 值分别为 3.4 ~ 7.4μF/cm² 和 2.8 ~ 5.9μF/cm²。此外还发现研究体系的 C_d 最高值随阳阴

离子体积比减小而降低，且 [Bmim]BF_4 和 [Bmim]TFSI 体系的 PZC 在电容曲线的极大值处，而 [Bmim]PF_6 体系的 PZC 在电容曲线的极小值处。上述 C_d -U 曲线形状与多个课题组研究结果一致 [2,47,72,99,105,,178,227-228,233]。

由图 6-18（b）还发现，[Bmim]BF_4 和 [Bmim]TFSI 的微分电容在 −2.3 ～ −1.44V 电势范围内比 [Bmim]PF_6 体系高；[Bmim]PF_6 体系的微分电容在 −1.3 ～ −0.5V 电势范围内高于 [Bmim]BF_4 和 [Bmim]TFSI 体系；当电势大于 1.22V 时，受 BF_4^- 和 PF_6^- 弱空间位阻影响，[Bmim]BF_4 和 [Bmim]PF_6 的微分电容高于 [Bmim]TFSI 体系。[Bmim]TFSI 体系的 C_d 值在 1.1 ～ 2.3V 之间对电势有弱依赖性。如图 6-14（c）所示，[Bmim]TFSI 在正负电极表面均形成交替的阴阳离子层，而 [Bmim]BF_4 和 [Bmim]PF_6 体系只在负极附近观察到类似的振荡层。如 6.3.1 节和 6.3.2 节所述，$[Bmim]^+$ 和 $TFSI^-$ 的体积比为 1.1，且阴阳离子和 Au(100) 表面的相互作用比其他体系弱。在表面电荷的诱导下，[Bmim]TFSI 体系迅速形成类似亥姆霍兹层的双电层结构。[Bmim]TFSI 在 1.1 ～ 2.3V 之间几乎平坦的 C_d -U 曲线说明该范围内体系电化学性能稳定。此外，反离子过度拥挤导致双电层变厚，使 [Bmim]BF_4、[Bmim]PF_6 和 [Bmim]TFSI 体系的微分电容在高电位时急剧下降。

综上，从 BF_4^-、PF_6^- 和 $TFSI^-$ 结构特征而言，BF_4^- 是四面体（楔形），PF_6^- 是八面体（球形），而 $TFSI^-$ 是扭曲的折线形。不施加电场时，阴离子中心元素电负性越大，ΔE 越低，与电极相互作用越强，越易吸附在电极表面。通过阴阳离子与电极相互作用能证实，不施加电场时，离子在 Au(100) 上基本倾斜分布而呈现蠕虫状图案，但当一种离子与 Au(100) 的相互作用是另一种离子的大约 2 倍及以上时，该离子在 Au(100) 上平行分布呈直线形图案。在相互作用的影响下，阳离子在电极表面的积累程度高于阴离子，且各研究体系双电层结构各异，最终使 [Bmim]BF_4、[Bmim]PF_6 和 [Bmim]TFSI 在 Au(100) 表面的 PZC 为正值，该值受阳离子在电极表面的取向及阴离子体积双重影响。受电极表面双电层结构影响，[Bmim]BF_4 和 [Bmim]TFSI 体系的 PZC 在电容曲线的极大值处，而 [Bmim]PF_6 的 PZC 在电容曲线的极小值处，且 C_d 最高值随阳阴离子体积比减小而降低。因此阳阴离子体积比较大的体系电化学性能更优。

6.4 本章小结

在本章的研究中，揭示了不同阴离子组成的离子液体（[Bmim]BF_4、[Bmim]PF_6 和 [Bmim]TFSI）/Au(100) 界面的结构和性质。受阴离子不同的影响，发现如下规律。

（1）阴离子中心元素电负性越大，咪唑离子液体与 Au(100) 电极相互作用越强，越易吸附在电极表面。无论是否施加电场，[Bmim]TFSI 中的阳离子均平行电极分布；不施加电场时，$[Bmim]PF_6$ 中的阳离子平行 Au(100) 电极分布；施加电场后，该阳离子倾斜电极分布；不施加电场时，$[Bmim]BF_4$ 中的阳离子倾斜 Au(100) 电极分布；施加电场后，该阳离子平行电极分布。

（2）不施加电场时，$[Bmim]^+$ 呈双排结构，BF_4^- 和 $TFSI^-$ 呈蠕虫状图案，PF_6^- 呈岛屿图案（将各岛状图案连接后也可视为蠕虫状结构）。通过相互作用能证实，不施加电场时，离子在 Au(100) 上基本倾斜分布而呈现蠕虫状图案，但当一种离子与 Au(100) 的相互作用是另一种离子的大约 2 倍及以上时，该离子在 Au(100) 上平行分布呈直线形图案。

（3）受阳离子特征取向和阴离子吸附的影响，不施加电场时，研究体系阳离子与电极的相互作用大于阴离子与电极的相互作用。在相互作用的影响下，阳离子在电极表面的积累程度大于阴离子，因此三个体系的 PZC 均为正值。随表面电荷增加，阴阳离子与电极相互作用增大。$[Bmim]BF_4$ 体系中 $[Bmim]^+$ 与 BF_4^- 的体积比较大，其在 Au(100) 电极表面形成的双电层最薄；[Bmim]TFSI 体系中 $[Bmim]^+$ 与 $TFSI^-$ 的体积比较小，[Bmim]TFSI 在 Au(100) 电极表面形成的双电层最厚，且 $[Bmim]BF_4$ 和 [Bmim]TFSI 体系的 PZC 在 C_d -U 曲线的极大值处，而 $[Bmim]PF_6$ 的 PZC 在 C_d -U 曲线的极小值处，且 C_d 最高值随阳阴离子体积比减小而降低。综上，阳阴离子体积比较大的体系电化学性能更优。

第七章

结论与展望

7.1 结论

系统研究了阳离子不同烷基取代（[Mim]TFSI、[Emim]TFSI、[Emmim]TFSI）、阳离子侧链长度不同（[Emim]TFSI、[Bmim]TFSI、[Hmim]TFSI）及不同阴离子类型（[Bmim]BF_4、[Bmim]PF_6、[Bmim]TFSI）的咪唑离子液体在金电极表面的吸附特征、吸附状态及其对咪唑离子液体/金电极界面双电层结构和性质的影响。得出如下结论。

（1）通过阴阳离子与电极相互作用能证实了不施加电场时，离子在 Au(100) 上基本倾斜分布而呈现蠕虫状图案，但当一种离子与 Au(100) 的相互作用是另一种离子的大约 2 倍及以上时，该离子在 Au(100) 上平行分布呈直线形图案。

（2）获得了 [Emim]TFSI 和三个不同低指数金晶面 [Au(111)、Au(110) 和 Au(100)] 形成的离子液体/金电极体系的界面双电层结构和性质。发现了不施加电场时，表面能越低，阴阳离子与电极相互作用能越高；当电极表面被赋予电荷后，表面能越高，阳离子与电极相互作用能越高；而阴离子与电极的相互作用还与阳离子取向有关。证实了阳离子平行电极取向时，表面能越高，阴离子与电极相互作用越强；当阳离子倾斜电极取向时，倾斜角越小，阴离子与电极相互作用越强。无论是否施加电场，$[Emim]^+$ 均平行 Au(110) 表面，而倾斜 Au(111) 和 Au(100) 表面（倾斜角随表面电荷增加而略微增大）。受电极表面形貌影响，阴阳离子与电极相互作用越强，更多离子得以吸附到电极表面屏蔽电极表面电荷，阴阳离子聚集更加紧密、电极表面振幅增大、振荡范围降低、双电层有效厚度变薄、微分电容增大。

（3）得到了不同取代位点数的咪唑离子液体（[Mim]TFSI、[Emim]TFSI 和 [Emmim]TFSI）/ Au(100) 界面结构和性质。当 H1 和 H4 都被烷基取代后，更多电荷聚集到阳离子咪唑环上，使 $TFSI^-$ 主要与 $[Mim]^+$ 和 $[Emim]^+$ 咪唑环共面分布；而在 [Emmim]TFSI 体系中，$TFSI^-$ 主要集中在 $[Emmim]^+$ 上下分布。还发现了烷基取代增加，离子液体与电极相互作用增强，阳离子逐渐平行电极，阴阳离子排列紧密，双电层较薄，体系电化学性能较好。结合离子液体在不施加电场时电极表面的图案可知，阴阳离子呈直线形图案的离子液体电化学性能较优。

（4）阐明了阳离子侧链长度不同对咪唑离子液体 /Au(100) 界面双电层结构和性质的影响。发现了在不施加电场时，阳离子烷基链越长，咪唑环电荷密度越大，ΔE 值越低，阳离子与电极的相互作用越强，阳离子越容易吸附在电极表面。施加电场后，阳离子随侧链增长逐渐倾斜电极取向，使其与电极的相互作用减弱，导致阳离子在电极表面聚集受阻，最终使阴阳离子排列稀疏，Au(100) 表面的双电层厚度增加，电化学性能下降。

（5）发现了阴离子结构变化对离子液体 / 金电极体系界面双电层结构和性质的影响。阴离子中心元素电负性越大，咪唑离子液体与 Au(100) 电极相互作用越强，越易吸附在电极表面。四面体（楔形）BF_4^- 的底部三个氟原子和八面体（球形）PF_6^- 的底部氟原子面向 Au(100) 电极，$TFSI^-$ 直立在电极表面，其中一个三氟甲基（CF_3）朝向电极，另一个 CF_3 朝向体相。无论是否施加电场，[Bmim]TFSI 中的阳离子均平行电极分布；不施加电场时，$[Bmim]PF_6$ 中的阳离子平行 Au(100) 电极分布，施加电场后，该阳离子倾斜电极分布；不施加电场时，$[Bmim]BF_4$ 中的阳离子倾斜 Au(100) 电极分布，施加电场后，该阳离子平行电极分布。在相互作用、阳离子取向和阴离子吸附姿态的影响下，$[Bmim]BF_4$ 在 Au(100) 电极表面形成的双电层最薄；[Bmim]TFSI 在 Au(100) 电极表面形成的双电层最厚，因此，阳阴离子体积比较大的体系电化学性能更优。

7.2 展望

研究目的是深刻理解不同结构特性的阴阳离子在金电极表面的行为，从原子（分子）层次揭示阴阳离子结构差异对界面双电层结构与微分电容的影响，建立阴、阳离子结构特征与界面双电层及体系电化学性质的关联。值得注意的是，虽然已取得一系列有意义的结果，但仍有许多工作值得进一步研究。

（1）主要集中讨论了咪唑离子液体 / 平面金电极表面的微观结构。实际上，不同类型的离子液体（例如：吡咯离子液体、季铵盐离子液体、吡啶离子液体）在电极表面均会产生相应的特征双电层结构和性质。此外，实际工作中使用的电极远比平面金电极复杂得多，如电极的表面粗糙度、材料构成及电极形状等都会对界面结构产生很大影响。因此考虑不同组成、形貌、形状的电极与不同类型的离子液体构成的体系的界面结构和性质尤为重要。在将来构建模拟模型时，应尽可能还原实际工作场景，构建更贴近实际情况的电极表面，以揭示电极处理技术对界面结构和性质的影响。

（2）为研究便利，采用固定电荷的方法，未考虑电荷转移与极化现象。然而，在实际电化学系统中，带电离子间、离子与电极间的相互作用非常复杂，电荷转移和极化作用非常重要。将来的工作中要进一步考虑电荷转移与极化现象对离子液体 / 电极体系界面结构和性质的影响，借助机器学习、人工智能、多尺度模拟等方法，揭示双电层界面的电荷存储机制，从而为预测实验结果、揭示实际现象提供更合理的理论依据。

参考文献

[1] 梁文平，杨俊林，陈拥，等．新世纪的物理化学——学科前沿与展望 [M]. 北京：科学出版社，2004.

[2] Alam M T, Islam M M, Okajima T, et al. Capacitance measurements in a series of room-temperature ionic liquids at glassy carbon and gold electrode interfaces[J]. Journal of Physical Chemistry C, 2008, 112(42): 16600-16608.

[3] Lockett V, Horne M, Sedev R, et al. Differential capacitance of the double layer at the electrode/ionic liquids interface[J]. Physical Chemistry Chemical Physics, 2010, 12(39): 12499-124512.

[4] Kirchner K, Kirchner T, Ivaništšev V, et al. Electrical double layer in ionic liquids: structural transitions from multilayer to monolayer structure at the interface[J]. Electrochimica Acta, 2013, 110(11): 762-771.

[5] 王军，杨许召，吴诗德，等．离子液体的性能及应用 [M]. 北京：中国纺织出版社，2007.

[6] Gouy M. Sur la constitution de la charge électrique à la surface dun électrolyte[J]. Journal de Physique Théorique et Appliquée, 1910, 9(1): 457-468.

[7] Chapman D L, Li A. Contribution to the Theory of Electrocapillarity[J]. The London, Edinburgh, and Dublin Philosophical Magazine and Journal of Science, 1913, 25(148): 475-481.

[8] Kornyshev A A, Spohr E, Vorotyntsev M A. Electrochemical interfaces: at the border line[M]. New York: Wiley, 2002.

[9] Helmholtz H. Ueber einige gesetze der vertheilung elektrischer ströme in körperlichen leitern, mit anwendung aufdie thierisch-elektrischen versuche (schluss)[J]. Annalen der Physik, 1853, 165(7): 353-377.

[10] Pilon L, Wang H, D’ entremont A. Recent advances in continuum modeling of interfacial and transport phenomena in electrical double layer capacitors[J]. Journal of the Electrochemical Society, 2015, 162(5): A5158-A5178.

[11] Nanjundiah C, Mcdevitt S F, Koch V R. Differential capacitance measurements in solvent-free ionic liquids at Hg and C interfaces[J]. Journal of The Electrochemical Society, 1997, 144(10): 3392-3397.

[12] Fedorov M V, Kornyshev A A. Ionic liquid at electrified interfaces[J]. Chemical Reviews, 2014, 114(5): 2978-3036.

[13] Stern H O. Zur theorie der elektrolytischen doppelschicht[J]. Zeitschrift für Elektrochemie und Angewandte Physikalische Chemie, 1924, 30(21-22):508-516.

[14] Wilkes J S. A short history of ionic liquids-from molten salts to neoteric solvents[J]. Green Chemistry, 2002, 4(2): 73-80.

[15] Seddon K R. Ionic liquids for clean technology[J]. Journal of Chemical Technology and Biotechnology, 1997, 68(4): 351-356.

[16] Rogers R D, Seddon K R. Ionic liquids-solvents of the future[J]. Science, 2003, 302(5646): 792-793.

[17] Joson P H, Welton T. Room-temperature ionic liquids: Solvents for synthesis and catalysis[J]. Chemical Reviews, 1999, 99(7): 2071-2083.

[18] 张锁江 , 吕兴梅 . 离子液体——从基础研究到工业应用 [M]. 北京 : 科学出版社 , 2006.

[19] 王喜然 , 华一新 . 绿色电解液——离子液体电解铝的研究现状 [J]. 云南冶金 , 2007, 36(3): 28-31.

[20] Armand M, Endres F, MacFarlane D R, et al. Ionic-liquid materials for the electrochemical challenges of the future[J]. Nature Materials, 2009, 8(8): 621-629.

[21] Ito S, Zakeeruddin S M, Comte P, Liska P, Kuang D B, Gratzel M. Bifacial dye-sensitized solar cells based on an ionic liquid electrolyte[J]. Nature Photonics, 2008, 2(11): 693-698.

[22] Bazant M Z, Storey B D, Kornyshev A A. Double layer in ionic liquids: overscreening versus crowding[J]. Physical Review Letters, 2012,109(14): 149903.

[23] Freyland W. Interfacial phase transitions in conducting fluids[J]. Physical Chemistry Chemical Physics, 2008, 10(7): 923-936.

[24] Bai Y, Cao Y M, Zhang J, et al. High-performance dye-sensitized solar cells based on solvent-free electrolytes produced from eutectic melts[J]. Nature Materials, 2008, 7(8): 626-630.

[25] Buzzeo M C, Evans R G, Compton R G. Non-haloaluminate room-temperature ionic liquids in electrochemistry-a review[J]. ChemPhysChem, 2004, 5(8): 1106-1120.

[26] Ye C F, Liu W M, Chen Y X, et al. Room-temperature ionic liquids: a novel versatile lubricant[J]. Chemical Communications, 2001, 21: 2244-2245.

[27] 傅永春 . 室温离子液体中 Au 单晶电极上金属欠电位沉积的现场 STM 研究 [D]. 厦门 : 厦门大学 , 2010.

[28] Jeanmairet G, Rotenberg B, Salanne M. Microscopic simulations of electrochemical double-layer capacitors[J]. Chemical Reviews, 2022, 122(12): 10860-10898.

[29] Wasserscheid P, Welton T, Plechkova N V, et al. Ionic Liquids in Synthesis[M]. New York: Wiley, 2002.

[30] Miyatake K, Yamamoto K, Endo K, et al. Superacidified reaction of sulfides and esters for the direct synthesis of sulfonium derivatives[J]. Journal of Organic Chemistry, 1998, 63(21): 7522-7524.

[31] 邓有权 . 离子液体——性质、制备与应用 [M]. 北京 : 中国石化出版社 , 2006.

[32] Koch V R, Miller L L, Osteryoung R A. Electroinitiated friedel-crafts transalkylations in a room-temperature molten-salt medium[J]. Journal of the American Chemical Society, 1976,

98(17): 5277-5284.

[33] Holbrey J D, Seddon K R. The phase behavior of 1-alkyl-3-methylimidazolium tetrafluoroborates: ionic liquids and ionic liquid crystals[J]. Journal of the Chemical Society, Dalton Transactions, 1999, 13: 2133-2139.

[34] Bonhote P, Dias A P, Papageorgiou N, et al. Hydrophobic, highly conductive ambient-temperature molten salts[J]. Inorganic Chemistry, 1996, 35(5): 1168-1178.

[35] Lee S G. Functionalized imidazolium salts for task-specific ionic liquids and their applications[J]. Chemical Communications, 2006, 10: 1049-1063.

[36] MacFarlane D R, Meakin P, Sun J, et al. Pyrrolidinium imides: A new family of molten salts and conductive plastic crystal phases[J]. Journal of Physical Chemistry B. 1999, 103(20): 4164-4170.

[37] Davis J H, Forrester K J. Thiazolium-ion based organic ionic liquids (OILs). Novel OILs which promote the benzoin condensation[J]. Tetrahedron letters, 1999, 40(9): 1621-1622.

[38] Fuller J, Carlin R T, Delong H C, et al. Structure of 1-ethyl-3-methylimidazolium hexafluorophosphate: model for room temperature molten salts[J]. Journal of the Chemical Society, Chemical Communications. 1994, 3: 299-300.

[39] Lin I J B, Vasam C S. Metal-containing ionic liquids and ionic liquid crystals based on imidazolium moiety[J]. Journal of Organometallic Chemistry, 2005, 690(15): 3498-3512.

[40] 石家华 , 孙逊 , 杨春和 , 等 . 离子液体研究进展 [J]. 化学通报 , 2002, 4: 243-250.

[41] Wasserscheid P, Keim W. Ionic liquids-new “solutions” for transition metal catalysis[J]. Angewandte Chemie International Edition, 2000, 39(21): 3772-3789.

[42] Bowlas C J, Bruce D W, Seddon K R. Liquid-crystalline ionic liquids[J]. Chemical Communications, 1996, 14: 1625-1626.

[43] Huddleston J G, Visser A E, Reichert W H. Characterization and comparison of hydrophilic and hydrophobic room temperature ionic liquids incorporating the imidazolium cation[J]. Green Chemistry, 2001, 3(4): 156-164.

[44] 田中华 , 华贲 , 王键吉 , 等 . 室温离子液体物理化学性质研究进展 [J]. 化学通报 , 2004, 1: 1-10.

[45] Perry R, Jones K M, Scott W D, et al. Density, viscosities and conductivities of mixtures of selected organic cosolvents with the lewis basic aluminum chloride 1-methyl-3-ethylimidazolium chloride molten salt[J]. Journal of Chemical & Engineer Data, 1995, 40(3): 615-619.

[46] Bard A J, Faulkner L R. Electrochemical methods: fundamentals and applications[J]. Russian Journal of Electrochemistry, 2002, 38(12): 1364-1365.

[47] Kornyshev A A. Double-layer in ionic liquids: paradigm change[J]?. Journal of Physical Chemistry B, 2007, 111(20): 5545-5557.

[48] Fedorov M V. Kornyshev A A. Ionic liquids at electrified interfaces[J]. Chemical Reviews. 2014, 114, 2978-3036.

[49] Fedorov M V, Georgi N, Kornyshev A A. Double layer in ionic liquids: The nature of the camel shape of capacitance[J]. Electrochemistry Communications, 2010, 12(2): 296-299.

[50] Georgi N, Kornyshev A, Fedorov M V. The anatomy of the double layer and capacitance in ionic liquids with anisotropic ions Electrostriction vs lattice saturation[J]. Journal of Electroanalytical Chemistry, 2010, 649(1-2): 261-267.

[51] Zheng B, Li C W, Yang H C, et al. Design of supercapacitor electrodes using molecular dynamics simulations[J]. Nano-Micro Letters, 2018, 10: 33.

[52] Zhang Q, Han Y H, Wang Y L, et al. Comparing the differential capacitance of two ionic liquid electrolytes: Effects of specific adsorption[J]. Electrochemistry Communications, 2014, 38: 44-46.

[53] Gomes C, Costa R, Pereira C M, et al. The electrical double layer at the ionic liquid/Au and Pt electrode interface[J]. RSC Advances, 2014, 4(55): 28914-28921.

[54] Siinor L, Poom J, Siimenson C, et al. Electrochemical characteristics pyrolytic graphitelmixture of 1-ethyl-3-methylimidazolium tetrafluoroborate and 1-ethyl-3-methylimidazolium iodide interface[J]. Journal of Electroanalytical Chemistry, 2014, 719: 133-137.

[55] Martins V L, Rennie A J R, Sanchez-Ramirez N, et al. Improved performance of ionic liquid supercapacitors by using tetracyanoborate anions[J]. ChemElectroChem, 2018, 5(4): 598-604.

[56] Oll O, Siimenson C, Lust K, et al. Specific adsorption from an ionic liquid: impedance study of iodide ion adsorption from a pure halide ionic liquid at bismuth single crystal planes[J]. Electrochimica Acta, 2017, 247: 910-919.

[57] Atkin R, Borisenko N, Druschler M, et al. An in situ STM/AFM and impedance spectroscopy study of the extremely pure 1-butyl-1-methylpyrrolidinium tris(pentafluoroethyl) trifluorophosphate/Au(111) interface: potential dependent solvation layers and the herringbone reconstruction[J]. Physical Chemistry Chemical Physics, 2011, 13(15): 6849-6857.

[58] Hayes R, Borisenko N, Tam M K, et al. Double layer structure of ionic liquids at the Au(111) electrode interface: an atomic force microscopy investigation[J]. Journal of Physical Chemistry C, 2011, 115(14): 6855-6863.

[59] Tsai W Y, Come J, Zhao W, et al. Hysteretic order-disorder transitions of ionic liquid double layer structure on graphite[J]. Journal of Nano Energy and Power Research, 2019, 60: 886-893.

[60] Albrecht T, Moth-Poulsen K, Christensen J B, et al. Scanning tunneling spectroscopy in an

ionic liquid[J]. Journal of the American Chemical Society, 2006, 128(20): 6574-6575.

[61] Wen R, Rahn B, Magnussen O M. Potential-dependent adlayer structure and dynamics at the ionic liquid/Au(111) interface: a molecular scale in-situ video STM study[J]. Angewandte Chemie International Edition, 2015, 54(20): 6062-6066.

[62] Fu Y C, Rudnev A V. Scanning probe microscopy of an electrode/ionic liquid interface[J]. Current Opinion in Electrochemistry, 2017, 1(1): 59-65.

[63] Down M P, Banks C E. Freestanding three-dimensional graphene macroporous supercapacitor[J]. ACS Applied Energy Materials, 2018, 1(2): 891-899.

[64] Zhang N, Wang X R, Yuan Y X, et al. Probing double layer structure at Au/[Bmim]BF_4 interface by molecular length-dependent SERS stark effect[J]. Journal of Electroanalytical Chemistry, 2015, 751: 137-143.

[65] Motobayashi K, Minami K, Nishi N, et al. Hysteresis of potential dependent changes in ion density and structure of an ionic liquid on a gold electrode: in-situ observation by surface enhanced infrared absorption spectroscopy[J]. Journal of Physical Chemistry Letters, 2013, 4(18): 3110-3114.

[66] Zhou W, Inoue S, Iwahashi T, et al. Double layer structure and adsorption/desorption hysteresis of neat ionic liquid on Pt electrode surface -an in-situ IR-visible sum-frequency generation spectroscopic study[J]. Electrochemistry Communications, 2010, 12(5): 672-675.

[67] Zhou W, Xu Y, Ouchi Y. Hysteresis effects in the in-situ SFG and differential capacitance measurements on metal electrode/ionic liquids interface[J]. ECS Transactions, 2013, 50(11): 339-348.

[68] Baldelli S. Surface structure at the ionic liquid-electrified metal interface[J]. Accounts of Chemical Research, 2008, 41(3): 421-431.

[69] Zhan C, Lian C, Zhang Y, et al. Computational insights into materials and interfaces for capacitive energy storage[J]. Advanced Science, 2017, 4(7): 1700059-1700086.

[70] Pan G B, Freyland W. 2D phase transition of PF_6 adlayers at the electrified ionic liquid/Au(111) interface[J]. Chemical Physics Letters, 2006, 427(1-3): 96-100.

[71] Gnahm M, Pajkossy T, Kolb D M. The interface between Au(111) and an ionic liquid[J]. Electrochimica Acta, 2010, 55(21): 6212-6217.

[72] Muller C, Vesztergom S, Pajkossy T, et al. The interface between Au(100) and 1-butyl-3-methyl-imidazolium-bis(trifluoromethylsulfonyl)imide[J]. Journal of Electroanalytical Chemistry, 2015, 737, 218-225.

[73] Lin L G, Wang Y, Yan J W, et al. An in situ STM study on the long-range surface restructuring of Au(111) in a non-chloroaluminumated ionic liquid[J]. Electrochemistry Communications, 2003, 5(12): 995-999.

[74] Atkin R, Warr G G. Structure in confined room-temperature ionic liquids[J]. Journal of Physical Chemistry C, 2007, 111(13): 5162-5168.

[75] Wakeham D, Hayes R, Warr G G, et al. Influence of temperature and molecular structure on ionic liquid solvation layers[J]. The Journal of Physical Chemistry B. 2009, 113(17): 5961-5966.

[76] Atkin R, Abedin, S Z E, et al. AFM and STM studies on the surface interaction of [BMP] TFSI and [Emim]TFSI ionic liquids with Au(111)[J]. Journal of Physical Chemistry C, 2009, 113(30): 13266-13272.

[77] Kubo K, Hirai N, Tanaka T, et al. In situ observation on Au(100) surface in molten [Emim] BF_4 by electrochemical atomic force microscopy (EC-AFM)[J]. Surface Science, 2003, 546(1): 785-788.

[78] Yokota Y, Harada T, Fukui K I. Direct observation of layered structures at ionic liquid/ solid interfaces by using frequency-modulation atomic force microscopy[J]. Chemical Communications, 2010, 46(45): 8627-8629.

[79] Liu Y D, Zhang Y, Wu G Z, et al. Coexistence of liquid and solid phases of [Bmim]PF_6 ionic liquid on mica surfaces at room temperature[J]. Journal of the American Chemical Society, 2006,128(23): 7456-7457.

[80] Liu S, Peng J, Chen L, et al. In-situ STM and AFM studies on electrochemical interfaces in imidazolium-based ionic liquids[J]. Electrochimica Acta, 2019, 309: 11-17.

[81] Li M G, Chen L, Zhong Y X, et al. The electrochemical interface of Ag (111) in 1-ethyl-3-methylimidazolium bis(trifluoromethylsulfonyl)imide ionic liquid-A combined in-situ scanning probe microscopy and impedance study[J]. Electrochimica Acta, 2016, 197: 282-289.

[82] 陈莉 , 刘帅 , 李棉刚 , 等 . Au(111)/ 咪唑基离子液体界面结构研究 : 阳离子侧链长度的影响 [J]. 电化学 , 2018, 24(5): 511-516.

[83] Zhong Y X, Yan J W, Li M G, et al. The electrical double layer in an ionic liquid incorporated with water molecules: atomic force microscopy force curve study[J]. ChemElectroChem, 2016, 3(12): 2221-2226.

[84] Nanbu N, Sasaki Y, Kitamura F. In situ FT-IR spectroscopic observation of a room-temperature molten salt vertical bar gold electrode interphase[J]. Electrochemistry Communications, 2003, 5(5): 383-387.

[85] Nanbu N, Kato T, Sasaki Y, et al. In situ SEIRAS study of room-temperature ionic liquid vertical bar gold electrode interphase[J]. Electrochemistry, 2005, 73(8): 610-613.

[86] Rivera-Rubero S, Baidelli S. Surface spectroscopy of room-temperature ionic liquids on a platinum electrode: A sum frequency generation study[J]. Journal of Physical Chemistry B, 2004, 108(39): 15133-15140.

[87] Aliaga C, Baldelli S. Sum frequency generation spectroscopy and double-layer capacitance studies of the 1-butyl-3-methylimidazolium dicyanamide-platinum interface[J]. Journal of Physical Chemistry B, 2006,110(37): 18481-18491.

[88] Aliaga C, Baldelli S. A sum frequency generation study of the room-temperature ionic liquid-titanium dioxide interface[J]. Journal of Physical Chemistry C, 2008, 112(8): 3064-3072.

[89] Zhou W, Inoue S, Iwahashi T, et al. Electrochemical double-layer structure of Pt electrode/ionic liquids interface studied by in situ IR-visible sum frequency generation spectroscopy[J]. ECS Transactions, 2009, 16(49): 545-557.

[90] Lockett V, Sedev R, Ralston J, et al. Differential capacitance of the electrical double layer in imidazolium-based ionic liquids: Influence of potential, cation size, and temperature[J]. Journal of Physical Chemistry C, 2008, 112(19): 7486-7495.

[91] Druschler M, Huber B, Passerini S, Roling B. Hysteresis effects in the potential-dependent double layer capacitance of room temperature ionic liquids at a polycrystalline platinum interface[J]. Journal of Physical Chemistry C, 2010, 114(8): 3614-3617.

[92] Gore T R, Bond T, Zhang W B, et al. Hysteresis in the measurement of double-layer capacitance at the gold-ionic liquid interface[J]. Electrochemistry Communications, 2010, 12(10): 1340-1343.

[93] Santos V O, Alves M B, Carvalho M S, et al. Surface-enhanced Raman scattering at the silver electrode/ionic liquid ([Bmim]PF_6) interface[J]. Journal of Physical Chemistry B, 2006,110(41): 20379-20385.

[94] Ataka K I, Yotsuyanagi T, Osawa M. Potential-dependent reorientation of water molecules at an electrode/electrolyte interface studied by surface-enhanced infrared absorption spectroscopy[J]. Journal of Physical Chemistry, 1996, 100(25): 10664-10672.

[95] Gale R J, Osteryoung R A. The electrical double layer at mercury in room temperature aluminum chloride 1-butylpyridinium chloride ionic liquids[J]. Electrochimica Acta, 1980, 25(11): 1527-1529.

[96] Nanjundiah C, Goldman J L, McDevitt S F, et al. Differential capacitance measurements in solvent free ionic liquids at Hg and C interfaces[J]. Journal of the Electrochemical Society, 1997, 144(10): 3392-3397.

[97] Wang H N, Pilon L. Intrinsic limitations of impedance measurements in determining electrical double layer capacitances[J]. Electrochimica Acta, 2012, 63: 55-63.

[98] Han Y N, Huang S H, Yan T Y. A mean-field theory on the differential capacitance of asymmetric ionic liquid electrolytes[J]. Journal of Physics: Condensed Matter, 2014, 26(28): 284103.

[99] Su Y Z, Fu Y C, Yan J W, et al. Double layer of Au(100)/ionic liquid interface and its

stability in imidazolium-based ionic liquids[J]. Angewandte Chemie-International Edition, 2009, 48(28): 5148-5151.

[100] Druschler M, Borisenko N, Wallauer J, et al. New insights into the interface between a single-crystalline metal electrode and an extremely pure ionic liquid: slow interfacial processes and the influence of temperature on interfacial dynamics[J]. Physical Chemistry Chemical Physics, 2012, 14(15): 5090-5099.

[101] Wallauer J, Druschler M, Huber B, et al. The differential capacitance of ionic liquid metal electrode interfaces-a critical comparison of experimental results with theoretical predictions[J]. Zeitschrift Fur Naturforschung Section B-A Journal of Chemical Sciences, 2013, 68(10): 1143-1153.

[102] Si X J, Li S, Wang Y L, et al. Effects of specific adsorption on the differential capacitance of imidazolium-based ionic liquid electrolytes[J]. ChemPhysChem. 2012, 13(7): 1671-1676.

[103] Alam M T, Masud J, Islam M M, et al. Differential capacitance at Au(111) in 1-alkyl-3-methylimidazolium tetrafluoroborate based room-temperature ionic liquids[J]. Journal of Physical Chemistry C, 2011, 115(40): 19797-19804.

[104] Su Y Z, Yan J W, Li M G, et al. Electrical double layer of Au(100)/imidazolium-based ionic liquids interface: effect of cation size[J]. Journal of Physical Chemistry C, 2013, 117(1): 205-212.

[105] 赵娣, 黄青, 金先波, 等. 电极/离子液体界面电容 [J]. 物理化学学报, 2010, 26(5): 1239-1248.

[106] 王艳玲, 杨靖, 周尉, 等. 多晶铂电极在离子液体中的界面微分电容研究 [J]. 复旦学报 (自然科学版), 2012, 51(2): 240-244.

[107] Nishi N, Hashimoto A, Minami E, et al. Electrocapillarity and zero-frequency differential capacitance at the interface between mercury and ionic liquids measured using the pendant drop method[J]. Physical Chemistry Chemical Physics, 2015, 17(7): 5219-5226.

[108] Yuan Y X, Niu T C, Xu M M, et al. Probing the adsorption of methylimidazole at ionic liquids/Cu electrode interface by surface-enhanced Raman scattering spectroscopy[J]. Journal of Raman Spectroscopy, 2010, 41(5): 516-523.

[109] Komyshev A A, Vorotyntsev M A. Conductivity and space charge phenomena in solid electrolytes with one mobile charge carrier species, a review with original material[J]. Electrochimica Acta, 1981, 26(3): 303-323.

[110] Borukhov I, Andelman D, Orland H. Steric effects in electrolytes: a modified Poisson-Boltzmann an equation[J]. Physical Review Letters, 1997, 79(3): 435-438.

[111] Bedrov D, Piquemal J P, Borodin O, et al. Molecular dynamics simulations of ionic liquids and electrolytes using polarizable force fields[J]. Chemical Reviews, 2019, 119(13): 7940-

7995.
[112] Feng G, Zhang J S, Qiao R. Microstructure and capacitance of the electrical double layers at the interface of ionic liquids and planar electrodes[J]. Journal of Physical Chemistry C, 2009, 113(11): 4549-4559.
[113] Pinilla C, Del Popolo M G, Kohanoff J, et al. Polarization relaxation in an ionic liquid confined between electrified walls[J]. Journal of Physical Chemistry B, 2007, 111(18): 4877-4884.
[114] Kislenko S A, Samoylov I S, Amirov R H. Molecular dynamics simulation of the electrochemical interface between a graphite surface and the ionic liquid [Bmim]PF_6[J]. Physical Chemistry Chemical Physics, 2009, 11(27): 5584-5590.
[115] Lynden-Bell R M. Gas-liquid interfaces of room temperature ionic liquids[J]. Molecular Physics, 2003, 101(16): 2625-2633.
[116] Lynden-Bell R M, Kohanoff J, Del Popolo M G. Simulation of interfaces between room temperature ionic liquids and other liquids[J]. Faraday Discussions, 2005, 129: 57-67.
[117] Lynden-Bell R M, Del Popolo M G, Youngs T G A, et al. Simulations of ionic liquids, solutions, and surfaces[J]. Accounts of Chemical Research, 2007, 40(11): 1138-1145.
[118] Lynden-Bell R M, Frolov A I, Fedorov M V. Electrode screening by ionic liquids[J]. Physical Chemistry Chemical Physics, 2012, 14(8): 2693-2701.
[119] Ivanistsev V, Fedorov M V, Lynden-Bell R M. Screening of ion-graphene electrode interactions by ionic liquids: the effects of liquid structure[J]. Journal of Physical Chemistry C, 2014, 118(11): 5841-5847.
[120] Fedorov M V, Kornyshev A A. Ionic liquid near a charged wall: structure and capacitance of electrical double layer[J]. Journal of Physical Chemistry B, 2008, 112(38): 11868-11872.
[121] Fedorov M V, Kornyshev A A. Towards understanding the structure and capacitance of electrical double layer in ionic liquids[J]. Electrochimica Acta, 2008, 53(23): 6835-6840.
[122] Kornyshev A A, Luque N B, Schmickler W. Differential capacitance of ionic liquid interface with graphite: the story of two double layers[J]. Journal of Solid-State Electrochemistry, 2014, 18(5): 1345-1349.
[123] Merlet C, Salanne M, Rotenberg B, et al. Imidazolium ionic liquid interfaces with vapor and graphite: interfacial tension and capacitance from coarse-grained molecular simulations[J]. Journal of Physical Chemistry C, 2011, 115(33): 16613-16618.
[124] Merlet C, Salanne M, Rotenberg B. New coarse-grained models of imidazolium ionic liquids for bulk and interfacial molecular simulations[J]. Journal of Physical Chemistry C, 2012, 116(14): 7687-7693.
[125] Merlet C, Salanne M. Rotenberg B. et al. Influence of solvation on the structural and

capacitive properties of electrical double layer capacitors[J]. Electrochimica Acta, 2013, 101: 262-271.

[126] Feng G, Jiang D E, Cummings P T. Curvature effect on the capacitance of electrical double layers at ionic liquid/onion-like carbon interfaces[J]. Journal of Chemical Theory and Computation, 2012, 8(3): 1058-1063.

[127] Feng G, Jiang D E, Cummings P T. Molecular insights into carbon nanotube supercapacitors: capacitance independent of voltage and temperature[J]. Journal of Physical Chemistry C, 2013, 117(18): 9178-9186.

[128] Li S, Feng G, Cummings P T. Interfaces of dicationic ionic liquids and graphene: a molecular dynamics simulation study[J]. Journal of Physics-Condensed Matter, 2014, 26(28): 284106.

[129] Wang S, Li S, Cao Z, et al. Molecular dynamic simulations of ionic liquids at graphite surface[J]. Journal of Physical Chemistry C, 2010, 114(2): 990-995.

[130] Vatamanu J, Borodin O, Smith G D. Molecular insights into the potential and temperature dependences of the differential capacitance of a room-temperature ionic liquid at graphite electrodes[J]. Journal of the American Chemical Society, 2010, 132(42): 14825-14833.

[131] Vatamanu J, Borodin O, Smith G D. Molecular simulations of the electrical double layer structure, differential capacitance, and charging kinetics for N-methyl-N-propylpyrrolidinium bis(fluorosulfonyl)imide at graphite electrodes[J]. Journal of Physical Chemistry B, 2011, 115(12): 3073-3084.

[132] Vatamanu J, Xing L D, Li W S, et al. Influence of temperature on the capacitance of ionic liquid electrolytes on charged surfaces[J]. Physical Chemistry Chemical Physics, 2014, 16(11): 5174-5182.

[133] Vatamanu J, Borodin O, Bedrov D, et al. Molecular dynamics simulation study of the interfacial structure and differential capacitance of alkylimidazolium bis(trifluoromethane-sulfonyl)imide [$C_n$mim]TFSI ionic liquids at graphite electrodes[J]. Journal of Physical Chemistry C, 2012, 116(14): 7940-7951.

[134] Hu Z Z, Vatamanu J, Borodin O, et al. A comparative study of alkylimidazolium room temperature ionic liquids with FSI and TFSI anions near charged electrodes[J]. Electrochimica Acta, 2014, 145: 40-52.

[135] Hu Z Z, Vatamanu J, Borodin O, et al. A molecular dynamics simulation study of the electrical double layer and capacitance of and [Bmim]BF_4 room temperature ionic liquids near charged surfaces[J]. Physical Chemistry Chemical Physics, 2013,15(34): 14234-14247.

[136] Lu P F, Dai Q B, Wu L Y, et al. Structure and capacitance of electrical double layers at the grapheme-ionic liquid interface[J]. Applied Sciences-Basel, 2017, 7(9): 939.

[137] Lamperski S, Henderson D. Simulation study of capacitance of the electrical double layer of an electrolyte near a highly charged electrode[J]. Molecular Simulation, 2011, 37(4): 264-268.

[138] Sha M L, Zhang F C, Wu G Z, et al. Ordering layers of [Bmim]PF_6 ionic liquid on graphite surfaces: molecular dynamics simulation[J]. Journal of Chemical Physics, 2008, 128(13): 134504.

[139] Sha M L, Wu G Z, Fang H P, et al. Liquid-to-solid phase transition of a 1-3-dimethylimidazolium chloride ionic liquid monolayer confined between graphite walls[J]. Journal of Physical Chemistry C, 2008, 112(47): 18584-18587.

[140] Sha M L, Dou Q, Luo F B, et al. Molecular insights into the electrical double layers of ionic liquids on Au(100) electrodes[J]. ACS Applied Materials & Interfaces, 2014, 6(15): 12556-12565.

[141] Sha M L, Wu G Z, Liu Y S, et al. Drastic phase transition in ionic liquid [Dmim]Cl confined between graphite walls: new phase formation[J]. Journal of Physical Chemistry C, 2009, 113(11): 4618-4622.

[142] Jo S, Park S W, Noh C, et al. Computer simulation study of differential capacitance and charging mechanism in graphene supercapacitors: Effects of cyano-group in ionic liquids[J]. Electrochimica Acta, 2018, 284: 577-586.

[143] Jo S, Park S W, Shim Y, et al. Effects of alkyl chain length on interfacial structure and differential capacitance in graphene supercapacitors: A molecular dynamics simulation study[J]. Electrochimica Acta, 2017, 247: 634-645.

[144] Shim Y, Choi M Y, Kim H J. A molecular dynamics computer simulation study of room-temperature ionic liquids. I. Equilibrium solvation structure and free energetics[J]. Journal of Chemical Physics, 2005, 122(4): 44510.

[145] Shim Y, Jung Y, Kim H J. Graphene-based supercapacitors: a computer simulation study[J]. The Journal of Physical Chemistry C, 2011, 115(47): 23574-23583.

[146] Feng G, Qiao R, Huang J S, et al. The importance of ion size and electrode curvature on electrical double layers in ionic liquids[J]. Physical Chemistry Chemical Physics, 2011, 13(3): 1152-1161.

[147] Feng G, Huang J S, Sumpter B G, et al. A “counter-charge layer in generalized solvents” framework for electrical double layers in neat and hybrid ionic liquid electrolytes[J]. Physical Chemistry Chemical Physics, 2011, 13(32): 14723-14734.

[148] Liu X H, Han Y N, Yan T Y. Temperature effects on the capacitance of an imidazolium-based ionic liquid on a graphite electrode: a molecular dynamics simulation[J]. ChemPhysChem, 2015, 15(12): 2503-2509.

[149] Jin W Y, Liu X H, Han Y N, et al. Effects of repulsive interaction on the electrical double

layer of an imidazolium-based ionic liquid by molecular dynamics simulation[J]. Physical Chemistry Chemical Physics, 2015, 17(4): 2628-2633.

[150] Liu X H, Wang Y Y, Li S, et al. Effects of anion on the electrical double layer of imidazolium-based ionic liquids on graphite electrode by molecular dynamics simulation[J]. Electrochimica Acta, 2015, 184: 164-170.

[151] Voroshylova I V, Lembinen M, Ers H, et al. On the role of the surface charge plane position at Au(hkl)-[Bmim]PF_6 interface[J]. Electrochimica Acta, 2019, 318: 76-82.

[152] Hayes R, Warr G G, Atkin R. Structure and Nanostructure in Ionic Liquids[J]. Chemical Reviews, 2015, 115(13): 6357-6426.

[153] Zhang L, Hu X S, Wang Z P, et al. A review of supercapacitor modeling, estimation, and applications: A control/management perspective[J]. Renewable & Sustainable Energy Reviews, 2018, 81: 1868-1878.

[154] Alder B J, Wainwright T E. Phase transition for a hard sphere system[J]. The Journal of Chemical Physics, 1957, 27(5): 1208-1209.

[155] Youngs T G A, Hardacre C. Application of static charge transfer within an ionic-liquid force field and its effect on structure and dynamics[J]. ChemPhysChem, 2008, 9(11): 1548-1558.

[156] Lindahl E, Hess B, Van der Spoel D. Gromacs 3.0: a package for molecular simulation and trajectory analysis[J]. Journal of Molecular Modeling, 2001, 7(8): 306-317.

[157] Hess B, Kutzner C, Van der Spoel D, et al. Gromacs 4: algorithms for highly efficient, load-balanced, and scalable molecular simulation[J]. Journal of Chemical Theory and Computation, 2008, 4(3): 435-447.

[158] Pastor R W, Brooks B R, Szabo A. An analysis of the accuracy of langevin and molecular dynamics algorithms[J]. Molecular Physics, 1988, 65(6): 1409-1419.

[159] Lopes J N C, Deschamps J, Padua A A H. Modeling ionic liquids using a systematic all-atom force field[J]. Journal of Physical Chemistry B, 2004, 108(30): 11250-11250.

[160] Lopes J N C, Padua A A H. Molecular force field for ionic liquids composed of triflate or bistriflylimide anions[J]. Journal of Physical Chemistry B, 2004,108(43): 16893-16898.

[161] Jorgensen W L, Maxwell D S, Tirado-Rives J. Development and testing of the OPLS all-atom force field on conformational energetics and properties of organic liquids[J]. Journal of the American Chemical Society, 1996, 118(45): 11225-11236.

[162] Borodin O. Polarizable force field development and molecular dynamics simulations of ionic liquids[J]. Journal of Physical Chemistry B, 2009, 113(33): 11463-11478.

[163] Yan T Y, Burnham C J, Del Popolo M G, et al. Molecular dynamics simulation of ionic liquids: the effect of electronic polarizability[J]. Journal of Physical Chemistry B, 2004, 108(32): 11877-11881.

[164] Zhao W, Bi S, Balke N, et al. Understanding electrical double-layer gating based on ionic liquids: from nanoscale to macroscale[J]. ACS Applied Materials Interfaces, 2018, 10(49): 43211-43218.

[165] Koddermann T, Paschek D, Ludwig R. Molecular dynamic simulations of ionic liquids: a reliable description of structure, thermodynamics and dynamics[J]. ChemPhysChem. 2007, 8(17): 2464-2470.

[166] Lopes J N C, Padua A A H, Shimizu K. Molecular force field for ionic liquids IV: trialkylimidazolium and alkoxycarbonyl-imidazolium cations; alkylsulfonate and alkylsulfate anions[J]. Journal of Physical Chemistry B, 2008, 112(16): 5039-5046.

[167] Wu X P, Liu Z P, Huang S P, et al. Molecular dynamics simulation of room-temperature ionic liquid mixture of [Bmim]BF_4 and acetonitrile by a refined force field[J]. Physical Chemistry Chemical Physics, 2005, 7(14): 2771-2779.

[168] Wang Z X, Yang Y, Olmsted D L, et al. Evaluation of the constant potential method in simulating electrical double layer capacitors[J]. Journal of Chemical Physics, 2014, 141(18): 184101-184107.

[169] Yang J Y, Bo Z, Yang H C, et al. Reliability of constant charge method for molecular dynamics simulations on EDLCs in nanometer and sub-nanometer spaces[J]. ChemElectroChem, 2017, 4(10): 2486-2493.

[170] Prado C E R, Freitas L C G. Molecular dynamics simulation of the room-temperature ionic liquid 1-butyl-3-methylimidazolium tetrafluoroborate[J]. Journal of Molecular Structure, 2007, 847(1): 93-100.

[171] Rao C J, Krishnan R V, Venkatesan K A, et al. Thermochemical properties of some bis(trifluoromethyl-sulfonyl)imide based room temperature ionic liquids[J]. Journal of Thermal Analysis and Calorimetry, 2009, 97(3): 937-943.

[172] Carda-Broch S, Berthod A, Armstrong D W. Solvent properties of the 1-butyl-3-methylimidazolium hexafluorophosphate ionic liquid[J]. Analytical and Bioanalytical Chemistry, 2003, 375(2): 191-199.

[173] Toni G. Computing 1-D atomic densities in macromolecular simulations: the density profile tool for VMD[J]. Computer Physics Communications, 2014, 185(1): 317-322.

[174] Krummen M, Wasserscheid P, Gmehling J. Measurement of activity coefficients at infinite dilution in ionic liquids using the dilutor technique[J]. Journal of Chemical & Engineering Data, 2002, 47(6): 1411-1417.

[175] Rocha M A A, Neves C M S S, Freire M G, et al. Alkylimidazolium based ionic liquids: impact of cation symmetry on their nanoscale structural organization[J]. Journal of Physical Chemistry B, 2013, 117(37): 10889-10897.

[176] Morrissey S, Gathergood N, Husson P. Solvation of gases in biodegradable ionic

liquids[C]. Poster Presented at the Conference on Ionic Liquids COIL-2, Yokohama, Japan, Aug 5-10, 2007.

[177] Feng G, Li S, Zhao W, et al. Microstructure of room temperature ionic liquids at stepped graphite electrodes[J]. Aiche Journal, 2015, 61(9): 3022-3028.

[178] Gnahm M, Muller C, Repanszki R, et al. The interface between Au(100) and 1-butyl-3-methyl-imidazolium-hexafluorophosphate[J]. Physical Chemistry Chemical Physics, 2011, 13(24): 11627-11633.

[179] Costa R, Voroshylova I V, Cordeiro M N D S, et al. Enhancement of differential double layer capacitance and charge accumulation by tuning the composition of ionic liquids mixtures[J]. Electrochimica Acta, 2018, 261: 214-220.

[180] Pajkossy T, Muller C, Jacob T. The metal-ionic liquid interface as characterized by impedance spectroscopy and in situ scanning tunneling microscopy[J]. Physical Chemistry Chemical Physics, 2018, 20(33): 21241-21250.

[181] Wang R X, Bi S, Presser V, et al. Systematic comparison of force fields for molecular dynamic simulation of Au(111)/Ionic liquid interfaces[J]. Fluid Phase Equilibria, 2018, 463: 106-113.

[182] Frisch M J, Trucks G W, Schlegel H B, et al. Gaussian 09[CP]. Gaussian, Inc., Wallingford CT, USA, 2009.

[183] Dennington R, Keith T, Millam J, et al. GaussView, Version 6.0[CP]. Semichem Inc., Shawnee Mission, KS, USA, 2016.

[184] Jha K C, Liu H, Bockstaller M R, et al. Facet recognition and molecular ordering of ionic liquids on metal surfaces[J]. The Journal of Physical Chemistry C, 2013, 117(49): 25969-25981.

[185] Su Y Z. Yan J W. Li M G, et al. Adsorption of solvent cations on Au(111) and Au(100) in alkylimidazolium-based ionic liquids worm-like versus micelle-like structures[J]. Zeitschrift Fur Physikalische Chemie-International Journal of Research in Physical Chemistry & Chemical Physics, 2012, 226(9-10): 979-994.

[186] Wang Y, Sun Y F, Dong Y B, et al. Characterization of the interface structure of 1-ethyl-2,3-alkylimidazolium bis(trifluoromethylsulfonyl)imide on an Au(111) surface with molecular dynamics simulations[J]. Journal of Physical Chemistry B, 2021, 125(14): 3677-3689.

[187] Hunt P A. Why does a reduction in hydrogen bonding lead to an increase in viscosity for the 1-butyl-2,3-dimethyl-imidazolium-based ionic liquids[J]? Journal of Physical Chemistry B, 2007, 111(18): 4844-4853.

[188] Rollins J B, Fitchett B D, Conboy J C. Structure and orientation of the imidazolium cation at the room-temperature ionic liquid/SiO_2 interface measured by sum-frequency

vibrational spectroscopy[J]. Journal of Physical Chemistry B, 2007, 111(18): 4990-4999.

[189] Li H, Endres F, Atkin R. Effect of alkyl chain length and anion species on the interfacial nanostructure of ionic liquids at the Au(111)-ionic liquid interface as a function of potential[J]. Physical Chemistry Chemical Physics, 2013, 15:14624-14633.

[190] Chaban V V, Andreeva N A, Fileti E E. Graphene/ionic liquid ultracapacitors: does ionic size correlate with energy storage performance?[J]. New Journal of Chemistry, 2018, 42(22): 18409-18417.

[191] Rodrigues A S M C, Rocha M A A, Almeida H F D, et al. Effect of the methylation and N-H acidic group on the physicochemical properties of imidazolium-based ionic liquids[J]. Journal of Physical Chemistry B, 2015, 119(28): 8781-8792.

[192] Noh C, Jung Y. Understanding the charging dynamics of an ionic liquid electrical double layer capacitor via molecular dynamics simulations[J]. Physical Chemistry Chemical Physics, 2019, 21(13): 6970-6800.

[193] Ferreira E S C, Pereira C M, Cordeiro M N D S, et al. Molecular dynamics study of the gold/ionic liquids interface[J]. Journal of Physical Chemistry B, 2015, 119(30): 9883-9892.

[194] Black J M, Okatan M B, Feng G, et al. Topological defects in electrical double layers of ionic liquids at carbon interfaces[J]. Nano Energy, 2015, 15: 737-745.

[195] Martins M A R, Neves C M S S, Kurnia K A, et al. Analysis of the isomerism effect on the mutual solubilities of bis(trifluoromethylsulfonyl)imide-based ionic liquids with water[J]. Fluid Phase Equilibria, 2014, 381: 28-35.

[196] Mukai T, Yoshio M, Kato T, et al. Effect of methyl groups onto imidazolium cation ring on liquid crystallinity and ionic conductivity of amphiphilic ionic liquids[J]. Chemistry Letters, 2004, 33(12): 1630-1631.

[197] Endo T, Imanari M, Seki H, et al. Effects of methylation at position 2 of cation ring on rotational dynamics of imidazolium-based ionic liquids investigated by NMR spectroscopy: [C_4mim]Br vs [C_4C_1mim]Br[J]. Journal of Physical Chemistry A, 2011, 115(14): 2999-3005.

[198] Fumino K, Wulf A, Ludwig R. Strong, localized, and directional hydrogen bonds fluidize ionic liquid[J]. Angewandte Chemie International Edition, 2010, 47(45): 8731-8734.

[199] Koch V R, Nanjundiah C, Battista Appetecchi G, et al. The interfacial stability of Li with two new solvent-free ionic liquids: 1,2-dimethyl-3-propylimidazolium imide and methide[J]. Journal of the Electrochemical Society, 1995, 142: 116.

[200] Koch V R. The intrinsic anodic stability of several anions comprising solvent-free ionic liquids[J]. Journal of the Electrochemical Society, 1996, 143(3): 798-803.

[201] Bazito F, Kawano Y, Torresi R M. Synthesis and characterization of two ionic liquids with

emphasis on their chemical stability towards metallic lithium[J]. Electrochimica Acta, 2007, 52(23): 6427-6437.

[202] Sebastian P, Climent V, Feliu J M. Characterization of the interfaces between Au(hkl) single crystal basal plane electrodes and [Emmim]TFSI ionic liquid[J]. Electrochemistry Communications, 2016, 62: 44-47.

[203] Sebastian P, Gomez E, Climent V, et al. Investigating the M(hkl) ionic liquid interface by using laser induced jump temperature technique[J]. Electrochimica Acta, 2019, 311: 30-40.

[204] Sebastian P, Sandoval A P, Climent V, et al. Study of the interface Pt (111)/[Emmim]TFSI using laser induced temperature jump experiments[J]. Electrochemistry Communications, 2015, 55: 39-42.

[205] Lauw Y, Horne M D, Rodopoulos T, et al. Electrical double-layer capacitance in room temperature ionic liquids: ion-size and specific adsorption effects[J]. Journal of Physical Chemistry B, 2010, 114(34): 11149-11154.

[206] Suresh C H, Anila S. Molecular electrostatic potential topology analysis of noncovalent interactions [J]. Accounts of Chemical Research, 2023, 56: 1884-1895.

[207] Lamperski S, Outhwaite C W, Bhuiyan L B. The electrical double-layer differential capacitance at and near zero surface charge for a restricted primitive model electrolyte[J]. Journal of Physical Chemistry B, 2009, 113(26): 8925-8929.

[208] Daoud D, Douadi T, Hamani H, et al. Corrosion inhibition of mild steel by two new S-heterocyclic compounds in 1 M HC1: experimental and computational study[J]. Corrosion Science, 2015, 94: 21-37.

[209] Wang Y, Tian G. The influence of anion structure on the ionic liquids/Au(100) interface by molecular dynamics simulations[J]. Langmuir, 2021, 37(48): 14059-14071.

[210] Tu Y J, Wu S C, Mcdaniel J G. Importance of anion-anion pairing for capacitance of carbon/ionic liquid interfaces[J]. Journal of Physical Chemistry C, 2022, 126(48): 20213-20225.

[211] Motobayashi K, Nishi N, Inoue Y, et al. Potential-induced restructuring dynamics of ionic liquids on a gold electrode: Steric effect of constituent ions studied by surface-enhanced infrared absorption spectroscopy[J]. Journal of Electroanalytical Chemistry, 2017, 800(1):126-133.

[212] Noack K, Schulz P S, Natalia Paape N, et al. The role of the C2 position in interionic interactions of imidazolium based ionic liquids: a vibrational and NMR spectroscopic study[J]. Physical Chemistry Chemical Physics, 2010, 12: 14153-14161.

[213] Li D D, Yang Y R, Wang X D, et al. Electrical double layer of linear tricationic ionic liquids at graphite electrode[J]. Journal of Physical Chemistry C, 2020, 124(29): 15723-

15729.

[214] Sharma S, Kashyap H K. Interfacial structure of pyrrolidinium cation based ionic liquids at charged carbon electrodes: the role of linear and nonlinear alkyl tails[J]. Journal of Physical Chemistry C, 2017, 121(24): 13202-13210.

[215] Ruzanov A, Lembinen M, Jakovits P, et al. On the thickness of the double layer in ionic liquids[J]. Physical Chemistry Chemical Physics, 2017, 20(15): 10275-10285.

[216] Bedrov D, Vatamanu J, Hu Z Z. Ionic liquids at charged surfaces: insight from molecular simulations[J]. Journal of Non-Crystalline Solids, 2015, 407: 339-348.

[217] Fang A, Smolyanitsky A. Simulation study of the capacitance and charging mechanisms of ionic liquid mixtures near carbon electrodes[J]. Journal of Physical Chemistry C, 2019, 123(3): 1610-1618.

[218] Henderson D, Lamperski S, Bhuiyan, et al. The tail effect on the shape of an electrical double layer differential capacitance curve[J]. Journal of Chemical Physics, 2013, 138(14): 144704-144706.

[219] Razmkhah M, Mosavian M T H, Moosavi F. Structural analysis of an amino acid ionic liquid: bulk and electrical double layer[J]. Journal of Molecular Liquids, 2018, 268: 506-516.

[220] Oll O, Romann T, Siimenson C, et al. Influence of chemical composition of electrode material on the differential capacitance characteristics of the ionic liquid vertical bar electrode interface[J]. Electrochemistry Communications, 2017, 82: 39-42.

[221] Hayes R, Imberti S, Warr G G, et al. Amphiphilicity determines nanostructure in protic ionic liquids[J]. Physical Chemistry Chemical Physics, 2011, 13(8): 3237-3247.

[222] Lucio A J, Shaw S K, Zhang J, et al. Large-amplitude fourier-transformed AC voltametric study of the capacitive electrochemical behavior of the 1-butyl-3-methy-limidazolium tetrafluoroborate-polycrystalline gold electrode interface[J]. Journal of Physical Chemistry C, 2017, 121(22): 12136-12147.

[223] Hayes R, Imberti S, Warr G G, et al. Effect of cation alkyl chain length and anion type on protic ionic liquid nanostructure[J]. The Journal of Physical Chemistry C, 2014, 118(25): 13998-14008.

[224] Ma J L, Meng Q Q, Fan J. Charge driven lateral structural evolution of ions in electrical double layer capacitors strongly correlates with differential capacitance[J]. Physical Chemistry Chemical Physics, 2018, 20(12): 8054-8063.

[225] Prehal C, Weingarth D, Perre E, et al. Tracking the structural arrangement of ions in carbon supercapacitor nanopores using in situ small-angle X-ray scattering[J]. Energy & Environmental Science, 2015, 8(6): 1725-1735.

[226] Park S W, DeYoung A D, Dhumal N R, et al. Computer simulation study of graphene

oxide supercapacitors: charge screening mechanism[J]. Journal of Physical Chemistry Letters, 2016, 7(7): 1180-1186.

[227] Silva F, Gomes C, Figueiredo M, et al. The electrical double layer at the [Bmim]PF_6 ionic liquid/electrode interface-effect of temperature on the differential capacitance[J]. Journal of Electroanalytical Chemistry, 2008, 622(2): 153-160.

[228] Costa R, Pereira C M, Silva A F. Charge storage on ionic liquid electrical double layer: the role of the electrode material[J]. Electrochimica Acta, 2015, 167: 421-428.

[229] Li X H, Deng S D, Fu H, et al. Adsorption and inhibition effect of 6-benzylaminopurine on cold rolled steel in 1.0 M HCl[J]. Electrochimica Acta, 2009, 54(16): 4089-4098.

[230] Kislenko S A, Amirov R H, Samoylov I S. Molecular dynamics simulation of the electrical double layer in ionic liquids[J]. Journal of Physics: Conference Series, 2013, 418: 012021.

[231] Gu Z Y, Brennecke J F. Volume expansivities and isothermal compressibilities of imidazolium and pyridinium-based ionic liquids[J]. Journal of Chemical and Engineering Data, 2002, 47(2): 339-345.

[232] Neves R S, Motheo A J, Fartaria R P S, et al. Modelling water adsorption on Au(210) surfaces, II. monte carlo simulations[J]. Journal of Electroanalytical Chemistry, 2008, 612(2): 179-185.

[233] Müller C, Vesztergom S, Pajkossy T, et al. Immersion measurements of potential of zero total charge of Au(100) in an ionic liquid[J]. Electrochimica Acta, 2016,188:512-515.

附录 A　离子液体的缩写和中文名称

离子液体缩写	中文名称
[Emim]Cl	氯化-1-乙基-3-甲基咪唑
[Bmim]Cl	氯化-1-丁基-3-甲基咪唑
[Hmim]Cl	氯化-1-己基-3-甲基咪唑
[Emim]Br	溴化-1-乙基-3-甲基咪唑
[Bmim]Br	溴化-1-丁基-3-甲基咪唑
[Hmim]Br	溴化-1-己基-3-甲基咪唑
[Emim]I	碘化-1-乙基-3-甲基咪唑
[Bmim]I	碘化-1-丁基-3-甲基咪唑
[Hmim]I	碘化-1-己基-3-甲基咪唑
[Emim]BF_4	1-乙基-3-甲基咪唑四氟硼酸盐
[Bmim]BF_4	1-丁基-3-甲基咪唑四氟硼酸盐
[Pmim]BF_4	1-甲基-3-丙基咪唑四氟硼酸盐
[Hmim]BF_4	1-己基-3-甲基咪唑四氟硼酸盐
[Omim]BF_4	1-辛基-3-甲基咪唑四氟硼酸盐
[Bmim]PF_6	1-丁基-3-甲基咪唑六氟磷酸盐
[Pyr_{14}]PF_6	1-甲基-1-丁基吡咯六氟磷酸盐
[Emim]TF	1-乙基-3-甲基咪唑三氟甲烷磺酸盐
[Bmim]TF	1-丁基-3-甲基咪唑三氟甲烷磺酸盐
[Emim]FSI	1-乙基-3-甲基咪唑双氟磺酰亚胺盐
[Bmim]FSI	1-丁基-3-甲基咪唑双氟磺酰亚胺盐
[Pyr_{13}]FSI	1-甲基-1-丙基吡咯双氟磺酰亚胺盐
[Mim]TFSI	1-甲基咪唑双（三氟甲基磺酰）亚胺盐
[Emim]TFSI	1-乙基-3-甲基咪唑双（三氟甲基磺酰）亚胺盐
[Bmim]TFSI	1-丁基-3-甲基咪唑双（三氟甲基磺酰）亚胺盐

续表

离子液体缩写	中文名称
[Hmim]TFSI	1-己基-3-甲基咪唑双（三氟甲基磺酰）亚胺盐
[Emmim]TFSI	1-乙基-2,3-二甲基咪唑双（三氟甲基磺酰）亚胺盐
[Pyr_{13}]TFSI	1-甲基-1-丙基吡咯双（三氟甲基磺酰）亚胺盐
[Pyr_{14}]TFSI	1-甲基-1-丁基吡咯双（三氟甲基磺酰）亚胺盐
[Emim]FAP	1-乙基-3-甲基咪唑三(五氟乙基)三氟磷酸盐
[Hmim]FAP	1-已基-3-甲基咪唑三(五氟乙基)三氟磷酸盐
[Emim]SCN	1-乙基-3-甲基咪唑硫氰酸盐
[Emim]$N(CN)_2$	1-乙基-3-甲基咪唑双氰胺盐
[Emim]$C(CN)_3$	1-乙基-3-甲基咪唑三氰甲盐
[Emim] $B(CN)_4$	1-乙基-3-甲基咪唑四氰硼酸盐
[$EtNH_3$]NO_3	硝酸乙铵
[Bmim]ClO_4	1-丁基-3-甲基咪唑高氯酸盐
[Bmim]NO_3	1-丁基-3-甲基咪唑硝酸
[Bmim]DCA	1-丁基-3-甲基咪唑二氰胺盐
[Bmim]CH_3SO_4	1-丁基-3-甲基咪唑甲基硫酸盐

附录B　力场参数

表B-1　阴阳离子和金电极的原子类型、电荷及Lennard-Jones参数

原子类型	q/e	σ/nm	ε/(kJ・mol^{-1})	原子类型	q/e	σ/nm	ε/(kJ・mol^{-1})
C1	−0.1700	0.350000	0.27614	NA	0.1500	0.325000	0.71128
C2	0.0100	0.350000	0.27614	NAM	0.0400	0.325000	0.71100
CE	0.0100	0.350000	0.27614	NI	−0.6600	0.325000	0.21333
CR	−0.1100	0.213000	0.43932	SO	1.0200	0.408250	0.31372
CS	−0.1200	0.350000	0.27614	OS	−0.5300	0.346320	0.26353
CT	−0.1800	0.350000	0.27614	CF	0.3500	0.315000	0.08282
CW	−0.1300	0.301750	0.20501	FC	−0.1600	0.265500	0.06651
CRM	0.1900	0.355000	0.29300	B	1.1760	0.358140	0.39750
CCR	−0.2600	0.350000	0.27600	F	−0.5440	0.311810	0.25520
HA	0.2100	0.205700	0.08790	P	1.3400	0.374180	0.83680
HC	0.0600	0.250000	0.12552	F1	−0.3900	0.311810	0.25520
H1	0.1300	0.250000	0.12552	F2	−0.3900	0.311810	0.25520
HCA	0.2100	0.205700	0.08790	Au	0.000	0.3293	4.3932

表B-2　阴阳离子键伸缩振动势中的力常数k_{ij}^{b}和平衡键长r_{ij}

键	k_{ij}^{b}/(kJ・mol^{-1}・nm^{-2})	r_{ij}/nm
CR-HA	307179	0.1080
CW-HA	307179	0.1080
CW-HCA	307179	0.1080
CCR-HC	284580	0.1090
C1-H1	284580	0.1090
C2-HC	284580	0.1090
CE-HC	284580	0.1090
CS-HC	284580	0.1090
CT-HC	284580	0.1090
CR-N	199600	0.1315
CRM-NAM	199600	0.1315

续表

键	k_{ij}^{b}/(kJ·mol^{-1}·nm^{-2})	r_{ij}/nm
CW-N	178700	0.1378
CW-NAM	178700	0.1378
CW-CW	217600	0.1341
N-C1	141000	0.1466
NAM-C1	141000	0.1466
C1-C2	224200	0.1529
C1-CE	224200	0.1529
CRM-CCR	224200	0.1529
C2-CS	112100	0.1529
CS-CT	112100	0.1529
CF-FC	369700	0.1323
CF-SO	197000	0.1818
SO-OS	533100	0.1422
NI-SO	311300	0.1570
B-F	242680	0.1390
P-F1	795000	0.1600
P-F2	795000	0.1600

表B-3 阴阳离子键角弯曲振动势中的力常数k_{ijk}^{b}和平衡键角θ_{ijk}

键角	k_{ijk}^{b}/(kJ·mol^{-1}·rad^{-2})	θ_{ijk}/deg
CW-N-CR	292.6	108.0
CW-N-C1	292.6	125.6
CR-N-C1	292.6	126.4
N-CR-HA	146.3	125.6
N-CR-N	292.6	109.8
N-CW-CW	292.6	107.1
N-CW-HA	146.3	122.0
CW-CW-HA	146.3	130.9
N-C1-H1	156.6	110.7
C1-C2-HC	156.6	110.7
C1-CE-HC	156.6	110.7
C2-C1-H1	156.6	110.7

续表

键角	k_{ijk}^{b}/(kJ · mol^{-1} · rad^{-2})	θ_{ijk}/deg
CE-C1-H1	156.6	110.7
C2-CS-HC	156.6	110.7
CS-C2-HC	156.6	110.7
CT-CS-HC	156.6	110.7
HC-C2-CS	156.6	110.7
CS-CT-HC	156.6	110.7
HC-CS-CT	156.6	110.7
N-C1-C2	418.4	112.7
C1-C2-CS	418.4	112.7
C2-CS-CT	418.4	112.7
H1-C1-H1	138.1	107.8
HC-C2-HC	138.1	107.8
HC-CE-HC	138.1	107.8
HC-CS-HC	138.1	107.8
HC-CT-HC	138.1	107.8
CW-NAM-CRM	292.6	108.0
CW-NAM-C1	292.6	125.6
CRM-NAM-C1	292.6	126.4
NAM-CRM-NAM	292.6	109.8
NAM-CW-CW	292.6	107.1
NAM-CW-HCA	146.3	122.0
CW-CW-HCA	146.3	130.9
NAM-C1-H1	156.6	110.7
NAM-C1-H1	156.6	110.7
NAM-C1-C2	418.4	112.7
CRM-CCR-HC	156.6	110.7
NAM-CRM-CCR	418.4	112.7
HC-CCR-HC	138.1	107.8
FC-CF-FC	781.0	107.1
SO-CF-FC	694.0	111.8
OS-SO-CF	870.0	102.6
OS-SO-OS	969.0	118.5
OS-SO-NI	789.0	113.6

续表

键角	k^b_{ijk}/(kJ·mol^{-1}·rad^{-2})	θ_{ijk}/deg
CF-SO-NI	816.0	100.2
SO-NI-SO	671.0	125.6
F-B-F	418.4	109.5
F1-P-F1	335.0	90.0
F2-P-F2	335.0	90.0
F1-P-F2	334.7	180.0

表B-4 阴阳离子二面角扭转势能中的扭转势垒V_m

键	V_1/(kJ/mol)	V_3/(kJ/mol)	V_3/(kJ/mol)
CW-N-C1-H1	0.0000	0.0000	0.5190
CW-N-C1-H1	0.0000	0.0000	0.5190
CR-N-C1-H1	0.0000	0.0000	0.0000
CR-N-C1-H1	0.0000	0.0000	0.0000
CR-N-C1-C2	−5.2690	0.0000	0.0000
CR-N-C1-CE	−5.2690	0.0000	0.0000
CW-N-C1-C2	−7.1540	6.1060	0.7940
CW-N-C1-CE	−7.1540	6.1060	0.7940
N-C1-C2-CS	−0.7480	3.1640	−1.2030
N-C1-C2-HC	0.0000	0.0000	0.0000
N-C1-CE-HC	0.0000	0.0000	0.0000
C1-C2-CS-HC	0.0000	0.0000	1.5310
C2-CS-CT-HC	0.0000	0.0000	1.5310
CT-CS-C2-HC	0.0000	0.0000	1.5310
CS-C2-C1-H1	0.0000	0.0000	1.5310
H1-C1-C2-HC	0.0000	0.0000	1.3310
H1-C1-CE-HC	0.0000	0.0000	1.3310
HC-C2-CS-HC	0.0000	0.0000	1.3310
HC-CS-CT-HC	0.0000	0.0000	1.3310
C1-C2-CS-CT	7.2800	−0.6570	1.1670
HA-CR-N-C1	0.0000	19.4600	0.0000
HA-CR-N-CW	0.0000	19.4600	0.0000

续表

键	V_1/(kJ/mol)	V_3/(kJ/mol)	V_3/(kJ/mol)
CW-N-CR-N	0.0000	19.4600	0.0000
N-CR-N-C1	0.0000	19.4600	0.0000
HA-CW-CW-HA	0.0000	44.9800	0.0000
N-CW-CW-N	0.0000	44.9800	0.0000
HA-CW-CW-N	0.0000	44.9800	0.0000
CR-N-CW-HA	0.0000	12.5500	0.0000
CR-N-CW-CW	0.0000	12.5500	0.0000
C1-N-CW-HA	0.0000	12.5500	0.0000
CRM-NAM-C1-C2	1.0009	0.00000	0.0000
NAM-C1-C2-CS	−2.1522	−0.3149	4.9504
NAM-CRM-NAM-CW	0.0000	19.4600	0.0000
CCR-CRM-NAM-C1	0.0000	19.4600	0.0000
CCR-CRM-NAM-CW	0.0000	19.4600	0.0000
NAM-CRM-NAM-C1	0.0000	19.4600	0.0000
NAM-CW-CW-HCA	0.0000	44.9800	0.0000
NAM-CW-CW-NAM	0.0000	44.9800	0.0000
HCA-CW-CW-HCA	0.0000	44.9800	0.0000
CRM-NAM-CW-HCA	0.0000	12.5500	0.0000
CRM-NAM-CW-CW	0.0000	12.5500	0.0000
C1-NAM-CW-HCA	0.0000	12.5500	0.0000
C1-NAM-CW-CW	0.0000	12.5500	0.0000
CW-NAM-C1-H1	0.0000	0.0000	0.5190
CRM-NAM-C1-H1	0.0000	0.0000	0.0000
CW-NAM-C1-C2	−7.1540	6.1060	0.7940
NAM-C1-C2-HC	0.0000	0.0000	0.0000
C2-CS-CT-HC	0.0000	0.0000	1.5310
HC-CCR-CRM-NAM	0.0000	0.0000	0.0000
FC-CF-SO-OS	0.0000	0.0000	1.4510
SO-NI-SO-OS	0.0000	0.0000	−0.0150
FC-CF-SO-NI	0.0000	0.0000	1.3220
SO-NI-SO-CF	32.7730	−10.4200	−3.1950